U0175689

# 数字建造发展报告（安全篇）

品茗股份研究院　编

中国建筑工业出版社

**图书在版编目（CIP）数据**

数字建造发展报告．安全篇 / 品茗股份研究院编
．—北京：中国建筑工业出版社，2021.9
ISBN 978-7-112-26477-3

Ⅰ.①数… Ⅱ.①品… Ⅲ.①数字技术—应用—建筑
工程—安全管理—研究报告—中国 Ⅳ.①TU71-39

中国版本图书馆CIP数据核字（2021）第162975号

《数字建造发展报告（安全篇）》是以“数字建造是实现建筑行业数字化转型升级必由之路”为核心理念的系列研究报告之一，为工程技术和管理人员、行业数字化从业人员研究建筑企业高质量发展实施路径提供参考。

本书共分为8章：数字建造、数字建造现状分析、数字建造发展趋势、安全是发展的基础、管理是安全的保障、数字建造在安全管理方面的典型应用、数字建造在安全管理方面的典型实践、安全建造技术发展趋势。《数字建造发展报告（安全篇）》希望通过“安全业务条线”的数字化探索和实践，为数字建造在其他业务条线探明方向、积累成功经验，实现“科技为建筑行业赋能”持续挺进。

责任编辑：王砾瑶 范业庶
责任校对：张惠雯

**数字建造发展报告（安全篇）**
品茗股份研究院 编
*
中国建筑工业出版社出版、发行（北京海淀三里河路9号）
各地新华书店、建筑书店经销
北京点击世代文化传媒有限公司制版
北京建筑工业印刷厂印刷
*
开本：787毫米×960毫米 1/16 印张：15½ 字数：243千字
2021年10月第一版 2021年10月第一次印刷
定价：**52.00** 元
ISBN 978-7-112-26477-3
（38032）

**版权所有 翻印必究**
如有印装质量问题，可寄本社图书出版中心退换
（邮政编码 100037）

# 本书编委会

**编写单位：** 杭州品茗安控信息技术股份有限公司

**顾 问 组：** 李云贵　中国建筑集团有限公司首席专家

何关培　广州优比建筑咨询有限公司 CEO

金　睿　浙江省建工集团有限责任公司总工程师

**编 写 组：** 方敏进　陈可越　陈　玮　方海存　彭爱军

盛　黎　吴　建　刘　栋　周元聪　池秋平

陈发钦　丁俊凯　金建斌　王大伟　陈　哲

蓝胜波　刘　跃

# 序一

我国建筑业是一个庞大的产业，是国民经济支柱产业之一，为我国经济和城镇化的快速发展做出了重要贡献，但也是高消耗、高排放、粗放型的传统产业。虽然规模上已经达到全球第一，但发展质量和科技水平还有待提升，劳动密集型产业特征依然明显。传统建造方式面临资源、环境、人力等资源供给的制约，难以满足新时期高质量发展要求，迫切需要转变建造方式，创新组织管理模式，促进中国建造从中低端价值链向中高端转变，形成新发展格局下的新增长点和竞争新优势。

当前，我国正处于实现“两个一百年”奋斗目标的历史交汇点，在新时期数字经济蓬勃发展的背景下，建筑业迎来新的发展机遇。以新一代信息技术为代表的第四次科技革命，为建筑业实现数字化转型提供了动力。党的十九届五中全会对我国“十四五”时期加快数字化发展，推动产业数字化、数字产业化，推动数字经济和实体经济深度融合，坚定不移建设数字中国做出重大部署；构建了以国内大循环为主体、国内国际双循环相互促进的新发展格局；“双碳”目标的确立，勾画了中国未来绿色低碳转型发展的光明图景。“双碳”目标直接关系着建筑业未来的可持续发展，将对建筑业产生巨大冲击和影响，同时也蕴藏着广阔的市场机遇。建筑业要把握数字化变革机遇，顺应“新基建”“新城建”带来的产业格局变化，围绕“双碳”目标实现，加快推进新一代信息技术与工程建造技术深度融合，释放数字中潜藏的价值，大力发展以绿色化、数字化（智慧化）和工业化为代表的新型建造方式。

当今的建筑业正处于以新型工业化变革生产方式、以数字化推动全面转型、以绿色化实现可持续发展的创新发展新阶段。推进行业数字化转型的意义重大而深远，其关键就是要推动建造方式向数字建造发展。一方面，借助数字技术，以新型工业化发展为契机，形成构件的标准化、规模化、智能化生产体系，变革建筑生产方式；另一方面，通过 BIM 和 IoT、4G/5G、AI 等新一代信息技术的集成与创新应用，推进行业和企业数字化转型，塑造建筑新业态。

在品茗股份研究院发布的《数字建造发展报告（安全篇）》（以下简称《报告》）中，对我国目前数字建造技术在一线作业的应用，尤其是工程安全保障方面的应用及案例进行详细的阐述，也对数字建造在未来的发展进行了展望。希望从业人员能通过《报告》对数字建造有更深入的了解，并关注数字技术在建筑业安全生产中发挥的作用。

中国施工企业管理协会副会长、信息化工作委员会主任

李清旭

# 序二

作为国民支柱产业，建筑业是传统产业，建造方式相对落后、信息化程度较低；建筑业又是新兴产业，在时代的推动下，科技赋予其新生。新一代信息技术正加速与建筑业融合，应用发展日新月异，推动了全要素的数字化新动能，促进了建筑工业化生产方式的实现，开拓了工程总承包、全过程咨询的商业模式新探索，支撑了数据生产要素潜力激活的新实践。

建筑企业数字化转型是高质量发展阶段的新时代命题，各种路径的探索共同织就了勇于创新的赛道画卷。数字建造依托科技，结合实际，扎根工程建造，施行“硬变软、软变硬”的数字路线，筑牢与时俱进的产业数字化广泛基础。“硬变软”是增强多维连接，通过数据采集、分析、应用，智能分析与判断，辅助决策，实现数据价值的延伸；“软变硬”是深入现场，通过各类传感器等终端设备，实时感知，增强触点能力，信息获取效率得到极大的提升，达到即时管控和智能化管理的目标。杭州品茗安控信息技术股份有限公司经过数十年在软件、硬件产品上的研发与沉淀，结合 BIM、大数据、人工智能等新一代信息技术，积累了一系列的产品和应用，特别是在安全管理方面，从人员、机械、施工方案和现场组织等多维度，有效预防安全风险，规避安全事故的发生，提升了安全管理水平。

《数字建造发展报告（安全篇）》以施工现场安全管理为数字建造研究切入口，从虚拟建造“预见”到实体建造“记录”，从人力“替代”到脑力“增强”，总结了在施工安全领域数字应用的成果和经验，推荐给行业，抛砖引玉，希望有一定的借鉴意义。

杭州品茗安控信息技术股份有限公司总裁

# 专家寄语

建筑业正处于生产方式改革和承包方式改革的关键时期，建筑企业正在从施工总承包向工程总承包转型发展。数字建造能有效解决政府监管、企业管理经营以及建造过程中存在的各环节独立运作的碎片化问题。数字建造有利于设计施工一体化的提质增效；有利于各市场参与主体强化安全责任意识，增强关键部位与工序的检查和监管；有利于工程建设中科技集成和创新，提高企业核心竞争力。当前要大力学习和运用BIM技术，推动数字建造，实现建筑业又好又快的发展。

江苏省建筑行业协会常务副会长　纪迅

建筑信息模型（BIM）的价值在于对它理解与应用的深度和广度。应用BIM技术，使其发挥最大价值，首要任务是正确理解BIM。BIM的价值在于创建并利用数字模型，在项目周期各阶段的安全应用中转化为生产力并发挥它的价值，为采用该模型的建筑企业带来极大的附加值，同时，通过促进项目周期各阶段的知识共享，开展更加密切的合作。这样可以改善项目易建性和安全性，加强对项目计划和预算的控制和整个建筑生命周期的管理，并提高各方参与人员的生产效率。

广州优比建筑咨询有限公司CEO　何关培

面对数字化浪潮和“中国建造”新理念，建筑企业一直在提倡集约化、精益化、全寿命，但由于信息技术应用和数据应用的匮乏，生产效率与先进制造业还有着较大的差距。数字建造通过机器学习和人工智能，从体系上改变了建造边界的条件设定，实现精准化；通过智能交互和逻辑关系，实现了以虚控实、垂直整合和横向融合，提升事前控制、风险控制精细化管理水平；通过大数据实现信息共享、协同合作，实现建造进度、质量、成本、风险信息互通可控。数字建筑的集成方式，结合精益建造理论方法等，实现建筑建造全过程的数字化、实时化、智能化，将实现建筑业项目管理从量变到质变的飞跃。

中国建筑第三工程局有限公司副总工程师　彭明祥

数字建造是在建筑全生命期各阶段，对建造（设计、制造、安装）和运行过程融入数字技术，对各环节、各要素（各方主体、人、材料、设备等）进行技术优化和管理提升的过程。以高质量发展为总目标，建筑业数字化转型要由点、块、条、面逐级过渡展开，尊重行业逻辑，符合工程实际，合理经济地选用先进科技。

浙江省建工集团有限责任公司总工程师　金睿

生命至上，安全第一。在建筑施工过程中风险点多面广，且随着空间、时间动态变化；现场作业立体交叉、人机混杂，导致安全隐患丛生、防不胜防，管控难度极大，“认不清、想不到、盯不牢”的情况时有发生。借助数字建造技术，对危险物品、危险作业、危险部位、危险区域实时识别、动态跟踪、及时预警，时刻保障现场安全；而对施工过程进行前期策划、技术交底和施工方案推演，明晰设计意图，同时进一步优化技术方案和施工部署，厘清每一个环节中的风险点，提前预控预防，实现本质安全；通过数字平台、VR 技术进行安全体验及施工工艺、施工方案的动画演示，增加管理人员及工人体验感，从意识上强化安全理念；可穿戴设备、智能化装备，使风险可见、可测、可控，有效减少危险和繁重作业，提升单兵作业的安全保障能力。数字建造，于安全，于生命，善莫大焉。

中天建设集团有限公司总工程师　刘玉涛

安全管理工作简单来讲就是事前预防、事中应急、事后总结，核心是事前预防。因此行业内一直在探索研究通过技术手段将安全事故消除在萌芽状态，随着 5G、AI、VR 及物联网等数字技术的发展与应用，建筑行业数字化将进入发展快车道，这也为安全管理带来巨大变革。在人员安全教育方面，可以通过 VR/AR 技术进行沉浸式实景培训提升从业人员安全生产意识；在危险性较大分部分项工程、大型机械设备方面，通过物联网技术、AI 等技术可提前识别安全隐患并及时预警，避免将隐患变为事故；使用机器人执行特定的危险作业也可进一步提升安全生产水平，降低事故概率。大量数字技术的运用将会提升整个建筑业的安全生产管理水平，进一步推动整体生产管理水平。

中国建筑第七工程局有限公司首席信息官　尹超

安全是建筑工程的底线，利用数字化思维模式和新一代信息技术手段提升建造过程的安全水平是智能建造的重要组成，也是建筑业数字化转型的重要任务。在这个过程中，数据作为新型生产要素处于关键核心位置，驱动着业务场景和生产模式的变革。参与这个变革的各方，政府、企业、科研机构、厂商都需要深入分析这个行业中数据采集、存储、传输、应用规律，穷尽政策、机制、技术等一切手段促进数据的可靠流动。对抗社会、市场的复杂不确定性。杭州品茗安控信息技术股份有限公司作为行业中扎根价值应用的优秀企业，能投入精力站在行业发展的视角研究数字建造、研究智能建造、研究安全场景是非常难能可贵的。希望大家能从《数字建造发展报告（安全篇）》中找到价值，发现问题，促进思考，投身建筑业数字化转型趋势中，促进这个行业的高质量发展。

北京建工集团有限公司信息部副部长、智能建造中心常务副主任　杨震卿

随着政策、标准的推广与完善，以及数字建造技术的不断进步、应用实践的不断深入，数字建造在建筑业中展现了全新的面貌，引发建筑工业化与信息化的深度融合和快速发展，为建筑企业带来实实在在的价值。通过数字

化转型，建造过程各阶段、各组织边界将被打破，向网络化协作转变，构建数据化、透明化、轻中心化的组织模式，产生高度协同效应，实现项目建造全过程一体化管理，使工程进度、质量、安全、成本等多方面的效率得以全面提升。

深圳市市政工程总公司总工程师　于芳

中国的超高层钢结构建筑从无到有，通过几十年的施工摸索、总结、提高、创新，逐步赶上并达到世界一流的技术水平。随着建筑业的转型升级，一些更具科技含量的新业务，特别是在危险环境中施工作业，一定要动脑筋、想办法在技术上进行改进创新。一方面，技术创新产生的经济效益非常显著，可以缩短工期、降低成本、提升建造效益；另一方面，数字建造越来越得到广泛的应用，使得工程在设计阶段可视化，可用于施工前交底，确保工程进展顺利，有利于保障施工安全和施工质量。中国建筑秉承先辈的先进经验，加大技术创新探索，保质保量地建好每一项基础设施、民生工程，让百姓需求得到更好的满足，实现生活品质的全面提升。

中建科工有限公司华南大区总工程师　陆建新

安全生产是建筑业健康发展的根本保证，人防、物防、技防这三项工作是安全生产管理工作的重要抓手。在全球数字建造蓬勃发展的今天，数字化是实现安全生产技防的重要支撑，数字建造使得安全生产办公自动化、隐患排查治理信息化、重大危险源监控精准化、应急救援指挥系统科学化得以实现，是建筑业走向安全本质化的根本途径。

河南三建建设集团有限公司总工程师　李雪

随着西部开发和水利水电建设的迅猛发展，我国高坝筑坝技术不断取得创新突破，不仅在使用新技术、新材料、新工艺和新设备等方面取得众多突破性科技成果，较好地解决了300m级特高拱坝、高土石坝及面板堆石坝、碾压混凝土等施工关键技术难题，还针对高坝建造技术复杂、工期紧强度大、施工质量及安全要求严格等难题，提供数字建造和智能建造技术解决方案。建立全过程、全方位的施工监测与仿真分析系统，综合运用工程技术、计算机技术、物联网技术、三维可视化技术等，实现从设计、计划到施工生产、质量与安全控制全过程管控。实时集成施工全过程数据，并结合在线数值计算与理论分析方法，实现动态分析与反馈，形成“数字大坝”，为工程验收、安全鉴定和运行期安全评价及智能化管控提供重要数据和应用支撑，促进工程建设从数字化建设迈向智能化运营管理，实现电站库坝运维期智能化管控，提高库坝安全保障和管理能力，提升了水利水电工程数字化建筑和智能建造水平。

中国水利水电第八工程局有限公司基础设施公司总工程师　黄巍

建筑业作为传统经济支柱产业，仍处于劳动密集型阶段，过去10年的高速发展并没有如制造业一般带来产业升级和规模效应的成本降低，工业化、绿色化、智能化的国家发展战略，要求建筑业企业必须要数字化转型，数字化在提升产业链效率、降低企业运营成本的同时，也为企业制定整体产业发展战略提供更加优化的决策依据，为建筑业高质量发展提供新引擎。

中建四局华南建设有限公司总工程师　吴新星

安全是底线，更是建筑企业可持续发展的根本保障。当前，用工荒、作业人员老龄化、新冠肺炎疫情、环保要求高等新形势、新问题对建筑业的安全管控提出新挑战。面对新问题，必须要有新办法。该书提出的BIM、无人机、智慧管理平台等数字建造方式为我们提供了一种思路，值得我们在安全管控中参考借鉴。

中建五局第三建设有限公司副总工程师　曾波

近年来，国家对数字技术创新应用愈发重视，新技术不断涌现，促进建筑业的数字化进程。目前建筑业数字化程度仍然较低，尽管已经有许多数字技术被用于建造的各个阶段，但可开拓的空间依然巨大。把握数字建造技术将是建筑企业重塑竞争力的机会。在数字建造技术的驱动下，可以形成全新的生产力形式和产业价值链，实现建筑业的高质量发展。

山河建设集团有限公司总工程师　程秋明

2020 年以来，住房城乡建设部提出加快新型建筑工业化发展以带动建筑业全面转型升级的意见，其中“新”很重要的一方面在于数字技术与建筑业的融合。得益于物联网、5G、人工智能等新一代数字技术的不断发展，建筑业的数字化进程得到不断推进，BIM、智慧工地、数字施工平台、移动终端 App 等应用给建筑业生产方式带来巨大改变。安全生产是建筑业贯穿始终的红线，数字技术的应用为施工阶段的安全防护、安全管理带来全新的工具，给建筑业平稳完成转型升级提供了保障。

城市建设技术集团（浙江）有限公司总工程师　厉天数

建筑业是国民经济的重要产业，但建筑业事故多发，安全形势依然严峻，安全生产问题依然十分突出，然而传统方式的安全管控不仅费时费力，还收不到很好的效果。智慧工地、BIM 等新技术的应用改变了建筑施工的生产管理，在项目建设的方方面面都提供了先进的安全保障工具，将数字时代的技术实实在在地转化为建筑生产帮手。《数字建造发展报告（安全篇）》针对数字时代建筑产业的安全应用发展情况进行了详细的展示，希望从业人员能够在这份报告中获取一些灵感，推动建筑业整体安全管理水平的升级。

中建四局建设发展有限公司总工程师　祝国梁

随着建筑企业的飞速发展，项目越来越多且规模越来越大，形成项目群。

由于工程项目群的特殊性，传统的单一项目管理模式已经无法满足企业的管理需求。近几年数字建造技术概念被引入项目群管理中，“智慧工地”项目管理平台等新管理模式不断在项目施工环节普及应用，平台包含集成管理和协同管理两种功能，企业通过自身需要选择和调整，对项目群进行管理决策，有效优化资源配置，保证施工质量和人员安全，实现施工质量精细化管理。

浙江大学建筑工程学院工程管理研究所所长、教授　张宏

近年来，随着社会的进步、科技的发展，众多行业生产效率得以极大地提高，但建筑业的发展却相对缓慢，“面朝大地背朝天”的作业方式仍未彻底转变，安全事故也时有发生，坚守“发展决不能以牺牲人的生命为代价”这条红线，是每个建筑从业人员的使命；借助 BIM 技术、多维度信息采集与处理技术、虚拟现实技术等数字化手段，在安全管理领域施行精确化管理，解决安全管理中的诸多难点和痛点，为生产安全保驾护航，是建筑业摆脱粗放式发展，实现由传统建造向数字智造的跨越、走上集约化发展之路的必要措施。

江苏建工集团有限公司副总工程师　沙学政

由品茗股份研究院编著的《数字建造发展报告（安全篇）》，以施工现场安全管理为数字建造研究的切入口，从虚拟建造“预见”到实体建造“记录”，总结了施工安全领域数字应用的丰富经验，拓展了数字化应用的广阔空间，读后令人耳目一新。对全面了解建筑业数字化、智能化转型发展，推动数字化在施工管理全过程的深化应用，促进新型建筑工业化和高质量发展意义重大。当前，我国建筑业以物联网、5G 通信、人工智能、BIM 等信息技术集成，推动建筑业由传统管理模式向数字化智能化加快转型。而创新数字建造及建筑工业化应用场景，有助于数字化、智能化与新型建筑工业化的深度融合，为建筑业持续健康发展增添新动能，展现美好前景。

吉林建工集团有限公司副总工程师　浦建华

在行业数字化背景下，数字建造是建筑行业发展的必然趋势。数字建造能够在实现工程实体价值的同时,实现工程数字资源的增值。围绕数字化转型、工程安全两大核心需求，建筑企业应充分利用数字化资源，补齐安全生产监管短板，着力防范化解重大安全风险，提升安全管理水平，本书对此有指导意义。

宁波建工工程集团有限公司工程技术研究院常务副院长　管小军

# 前言

《数字建造发展报告（安全篇）》（以下简称《报告》）是以“数字建造推动建筑业数字化转型”为核心理念的系列研究报告之一，为工程技术和管理人员、行业数字化从业人员研究建筑企业高质量发展实施路径提供参考。

数字建造理念落地的关键在于服务于工程项目的岗位级数字化工具是否有用、健硕、成熟，也在于“点－线－面－体－链”各类应用的数据是否能够连接、共享、使用。数字建造小至岗位级的数字化工具创新，大至行业级的数字化转型，都是在不同层级、不同条件下的创造性求变，存在限制性、不均衡性，也存在不确定性，呈现阶梯式螺旋上升的总体发展态势，也呈现溅射式不平衡发展的客观实际，受限于科学技术的成熟度，也受限于生产组织的进步性。

那么，数字建造实际应用情况如何？数字建造落地最健硕的支点又在哪里呢？《报告》试图从社会热点、行业焦点、企业特点、项目难点、技术高点中寻找突破口和实现路径。安全是红线，也是生命线；安全是责任重叠区，也是利害重叠区；安全关乎个体，也关乎企业。安全说再大也不过分，说再小也不能重来。计算机、互联网、物联网等信息技术，在建造安全领域围绕危险源防控，从20世纪90年代起已持续不断地与建筑行业融合应用，在技术、方案、人员、物料、机械、环境、工艺等方面取得长足发展，“技防”辅助“人防”，科技铸就安全，已不再是镜花水月。

《报告》分为8章：数字建造、数字建造现状分析、数字建造发展趋势、安全是发展的基础、管理是安全的保障、数字建造在安全管理方面的典型应用、数字建造在安全管理方面的典型实践、安全建造技术发展趋势。《报告》希望通过“安全业务条线”的数字化探索和实践，为数字建造在其他业务条线探明方向、积累成功经验，为实现“科技为建筑行业赋能”持续挺进。

限于时间仓促和编者水平，不足及疏漏之处在所难免，衷心希望业界专家学者批评指正。我们将积极听取各方意见，并在后续报告中进行完善。

本书编写组

# 目录

## 第一部分　数字建造篇

## 第二部分　安全篇

# 第一部分　数字建造篇

# 1　数字建造

随着信息技术加快普及应用，数据已成为驱动社会经济发展的关键生产要素，正推动着实体经济发展模式、生产方式深刻变革。世界经济数字化转型已是大势所趋，对传统建筑业而言，数字化转型已成为关乎生存和长远发展的关键。我们要认真贯彻“十四五”规划纲要关于推进产业数字化转型的部署，把握数字化、网络化、智能化方向，推动 BIM、互联网、大数据、人工智能等新一代信息技术与工程建造技术深度融合，加快建筑业转型升级。

## 1.1　数字建造推动建筑业数字化转型

### 1.1.1　转型升级中的建筑业

当前，世界百年未有之大变局正加速演进。我国全面建成小康社会，实现了第一个百年奋斗目标，正开启实现第二个百年奋斗目标的新征程。在 2019 年新年贺词中，习近平总书记提出：“这一年，中国制造、中国创造、中国建造共同发力，继续改变着中国的面貌。”2020 年两会期间，习近平总书记强调：“逐步形成以国内大循环为主体、国内国际双循环相互促进的新发展格局，培育新形势下我国参与国际合作和竞争新优势。”在 2020 年中国国际服务贸易交易会上，建筑服务专题展首次亮相便带动了 303 亿元的境外工程签约额，中国建造正成为国家新名片。站在实现“两个一百年”奋斗目标的历史交汇点，我国建筑业发展挑战和机遇并存。

建筑业是我国国民经济的传统支柱产业。2020 年，我国建筑业总产值约 26.4 万亿元，全国具有资质等级的建筑业企业有 116716 家，从业人数达 5366.94 万人。每年支撑约 0.9% 的城镇化发展，第七次全国人口普查数据显示我国常住人口城镇化率 63.89%，专家测算 2035 年有望达到发达国家同等水平。建筑业在推进新型城镇化建设、吸纳人员就业及维护社会稳定等方面发挥着显著作用。

但同时，我国建筑业依然存在"大而不强"、资源消耗大，污染排放高等问题。2020 年，我国水泥表观消费量为 23.77 亿吨，占全球水泥表观消费量的 58%。2011 ~ 2013 年我国消耗水泥 64 亿吨，1901 ~ 2000 年美国共消耗水泥 44 亿吨，我国 3 年的水泥使用量超过美国 100 年的使用量。2020 年我国钢铁表观消费量为 9.95 亿吨，占全球钢铁表观消费量的 56%。2020 年水泥和钢铁分别约占全国碳排放总量的 14.3% 和 15%。建筑和基础设施在中国资源、能源消耗和温室气体排放中占较大比例，据不完全统计，我国建筑业每年消耗全球产量近 25% 的水泥和钢铁。

传统生产方式正在让青年人失去就业的意愿。建筑业是劳动密集型产业，工作时间长、劳动强度高，现场作业环境差，在年轻人的就业意愿上正失去热度，老龄化、用工荒成为行业普遍现象。根据《农民工监测调查报告》，农民工平均年龄从 2008 年的 34 岁到 2020 年的 41.4 岁，增加了 7.4 岁；40 岁以上农民工所占比例从 2008 年的 30% 到 2020 年的 50.6%，增长了 1.7 倍，首次超过了一半，并还在增长中。建筑业现场农民工 40 岁以上占比更是高达 61.77%。

疫情的严峻考验，加速了建筑业变革。2020 年初，突如其来的新冠肺炎疫情在全球肆虐，数十亿人的工作和生活方式发生重大改变，全球经济遭受史无前例的重挫。此次疫情对建筑业的影响是全方位的，特别是对企业的生产经营、财务成本、内部管理、市场开拓、产品服务、信息化建设等都造成了巨大冲击。许多企业面临着回款困难、现金流压力大、经营成本增加、市场开拓压力巨大、内部管理精细化要求高、线上线下协同工作量加大等多方面的影响。新冠肺炎疫情对促进建筑业变革产生了深远影响：在社会民生方面，将更加重视城市更新和人居环境建设；在经济发展方面，加速由传统的第二产

业向第三产业拓展；在科学技术方面，以“新基建”和数字化、智能化为特征的新科技成为关注焦点。

经济新发展阶段赋予建筑业新使命。党的十九大以来，我国经济已由高速增长阶段转向高质量发展阶段，正处在转变发展方式、优化经济结构、转换增长动力的攻关期。供给侧结构性改革的潜力和机遇巨大，但也同时面临着经济增速放缓、产业结构调整、经济发展动能转换及挑战增多等复杂的形势。建筑业正处于转变生产方式、提质增效、绿色低碳发展的关键时期，这是新时代赋予的新使命。

建筑业的转型升级正阔步向前。

### 1.1.2 数字时代带来转型机遇

**技术升级速度越来越快**。从12000年前的“农业革命”，到200年前的“工业革命”，再到现在的“信息革命”，从1G到2G时代的演进用了30年，从2G到3G时代的演进用了15年，从3G到4G时代的演进用了5年。科技，决定未来世界的竞争格局。

**数字技术影响深远而广泛**。2007年第一代苹果手机推出市场时，人们并没有感觉到明显改变，但当第二代、第三代苹果手机在3G、4G的浪潮推动下到来时，彻底改变了整个互联网世界，移动互联网使人们真正地随时与世界互联。互联网技术在购物、支付等领域的渗透与应用，直接导致了人们购物方式、消费观念和生活习惯的改变，并在社会发展中同步催生了在线经济、网络经济、流量经济等。接下来，100倍速4G的5G移动互联网、连接一切的物联网、建立全球信任和价值互联网的区块链技术，将赋能各行各业，加速每个产业周期的迭代，让下一个十年一切皆可能重来。

**把握数字化变革机遇**。2017年10月18日，党的十九大报告作出“我国经济已由高速增长阶段转向高质量发展阶段”的重要判断，明确指出“坚持效益优先，推动效率改革，提高全要素生产率，增强我国经济创新力和竞争力”的发展路线。2018年4月20日，习近平总书记在全国网络安全和信息化工作会议中指出：“要发展数字经济，加快推动数字产业化，依靠信息技术创新驱动，不断催生新产业新业态新模式，用新动能推动新发展。要推动产业数字化，利用互联网新技术新应用对传统产业进行全方位、全角度、全链条的改造，提高全要素生产率，释放数字对经济发展的放大、叠加、倍增作用”。当今数字经济已经成为全球最重要的经济形态，数字经济的突出表现引导着社会经济各方面的数字化转型。

**数字经济取得高速增长。**在第四届数字中国建设峰会上，中国信息通信研究院发布了《中国数字经济发展白皮书（2021）》。统计数据显示，2020 年在新冠肺炎疫情冲击和全球经济下行的叠加影响下，我国数字经济依然保持 9.7% 的高位增长，约是同期 GDP 名义增速的 3.2 倍，成为我国稳定经济增长的关键动力。

**数字化建筑业成为数字经济的核心产业。**在数字经济蓬勃发展的背景下，建筑行业迎来更广阔的发展空间，呈现巨大的增长潜力。BIM、4G/5G、IoT、AI 等现代数字技术和机器人等相关设备的快速发展和广泛应用，形成数字世界与物理世界的交错融合和数据驱动发展的新局面，正在引起生产方式、生活方式、思维方式以及治理方式的深刻革命。根据《数字经济及其核心产业统计分类（2021）》（国家统计局令第 33 号），数字化建筑业成为数字经济的核心产业，产业代码是 050903。数字化建筑业是指利用 BIM 技术、云计算、大数据、物联网、人工智能、移动互联网等数字技术与传统建筑业的融合活动，属于产业数字化部分。产业数字化部分是指应用数字技术和数据资源为传统产业带来的产出增加和效率提升，是数字技术与实体经济的融合。

**数据成为第五大生产要素。**2020 年 4 月 10 日，《中共中央 国务院关于构建更加完善的要素市场化配置体制机制的意见》将数据作为一种新型生产要素写入文件，提出加快培育数据要素市场。《中华人民共和国国民经济和社会发展第十四个五年规划和 2035 年远景目标纲要》提出：“迎接数字时代，激活数据要素潜能，推进网络强国建设”“打造数字经济新优势”。数字资产是未来数字经济时代可配置的重要资源，这为我们的工作指明了方向，提供了根本遵循。

数字化成为建筑业转型升级的必然趋势。

### 1.1.3 新时期建筑业数字化转型要求

2019年习近平总书记在中国北京世界园艺博览会讲话中提出：“让子孙后代既能享有丰富的物质财富，又能遥望星空、看见青山、闻到花香”。2020年9月22日，习近平主席在第七十五届联合国大会一般性辩论上发表重要讲话：“中国将提高国家自主贡献力度，采取更加有力的政策和措施，二氧化碳排放力争于2030年前达到峰值，努力争取2060年前实现碳中和”。勾画了中国未来绿色低碳转型发展的光明图景。中国建造未来发展需解决的主要问题是提升品质和节能环保。

住房城乡建设部等七部门联合印发《关于绿色建筑创建行动方案的通知》（建标〔2020〕65号），做了重点任务部署：加强技术研发推广，积极探索5G、IoT、AI、建筑机器人等新技术在工程建设领域的应用，推动绿色建造与新技术融合发展。

住房城乡建设部等十三部门联合发文《关于推动智能建造与建筑工业化协同发展的指导意见》（建市〔2020〕60号），做了重点任务部署：全过程应用BIM等技术，加快建筑工业化升级；加强基础共性技术和关键核心技术创新；提升信息化水平，构建数字化体系，建设无人工厂；培育新型组织方式、流程和管理模式；积极推行以节约资源、保护环境为核心的绿色建造；打造“机器代人”应用场景；创新工程质量、安全行业监管与服务模式。

住房城乡建设部等九部门联合印发《关于加快新型建筑工业化发展的若干意见》（建标规〔2020〕8号），做了重点任务部署：加强系统化集成设计，优化构件和部品部件生产，推广精益化施工，加快信息技术融合发展，创新组织管理模式。新型建筑工业化，指通过新一代信息技术驱动，以工程全寿命期系统化集成设计、精益化生产施工为主要手段，整合工程全产业链、价值链和创新链，实现工程建设高效益、高质量、低消耗、低排放的建筑工业化。

国资委《关于加快推进国有企业数字化转型工作的通知》作出六项工作要求：（1）提高认识，深刻理解数字化转型的重要意义；（2）加强对标，着力夯实数字化转型基础；（3）把握方向，加快推进产业数字化创新；（4）技术赋能，全面推进数字产业化发展；（5）突出重点，打造行业数字化转型示范样板；（6）统筹部署，多措并举确保转型工作顺利实施。

综上，相关数字化转型政策的相继出台，为建筑企业的数字化转型进一步地指明了方向，明确了要求。接下来，需要对建筑企业数字化转型的方法和路径进一步地探讨。

### 1.1.4 数字建造推动建筑业数字化转型

**建筑业数字化转型的关键是工程数字化。**工程项目是各参建方经济活动的中心，连接着建设、勘察、设计、施工、监理、分包、供应商等市场主体；是各部门市场行为监管的中心，连接着发展和改革、规划、城建、档案、交通、公安、环境卫生、人民防空、消防等行政主管。直接从工程项目获取数据或信息，成为发挥数字对企业经营、行业监管、产业链创新、客户服务等增值提效作用的最短路径，因此建筑业数字化转型的关键是工程数字化。

**工程数字化主要形成期在建造阶段。**工程投资在建造阶段实际支出，工程质量在建造阶段形成，工程安全在建造阶段保障，而建造阶段工期约占工程全生命期的4%，工程建设任务和资源使用消耗在建造阶段高度集中，因此建造阶段是工程数字化的主要阶段。建造阶段是工程数字化的正向过程，也是工程数字化价值发挥的起始阶段。所以工程数字化的主要形成期在建造阶段。可以说，建造阶段的工程数字化水平制约了建筑业数字化转型升级的速度和质量。

**数字建造是工程数字化的重要途径。**当今建筑企业信息化和行业监管电子政务的发展进入瓶颈期，主要原因除了数据不能高效流转外，还因为数据的生产是人工输入的、是事后的、是经过主观加工的，应用结果是一线作业人员负担增加、数据与业务不同步、信息不真实等。数字建造运用信息技术改造建造阶段的技术系统、生产系统、管理系统、监测系统，在发挥数字对工程设计、施工、运维的增效、提质、增值作用的同时生成数据，数据在信息加工、知识赋能的作用下，又为各层级管理或监管服务，推动数字化转型升级的总势能增加，以量变引起质变。

若说数字化以计算机的出现为开始，数字建造则以计算机辅助工程设计出现为起点。20世纪60年代商品化计算机绘图设备出现，世界进入以计算机

绘图替代图板手工绘图的时代，我国在 20 世纪 90 年代末基本实现了“甩图板”，CAD（计算机辅助设计）大幅提高了工程设计效率，促进了工程设计生产力的解放。利用基于有限元分析方法的软件对建筑力学、光学等性能进行分析辅助设计，逐步形成 CAE（工程设计中的计算机辅助工程）体系。CAD 的融入承担了 CAE 数据输入和结果输出双重功能，降低了设计成本，提高了工程合理性。面向工程生产过程，工艺设计人员利用软件进行工艺方案设计，如工程建造中的施工深化设计，逐步形成 CAPP（计算机辅助工艺过程设计）体系。在机械化、自动化程度较高的工艺环节，将工艺设计转换为数控指令，直接驱动机械设备进行自动化生产，如钢筋加工发展形成 CAM（计算机辅助制造）体系。CAD/CAE/CAPP/CAM 在制造业中已形成产品设计生产的全过程应用链，建筑业借鉴制造业的发展思路，在装配式建筑中进行规模化应用实践。21 世纪初进行的施工总承包特级资质新标准认定，有效推动了以 ERP（企业资源计划）系统为核心的企业信息化建设步伐。进入 2010 年后，以 BIM 技术为代表的新一代信息技术，在工程建造活动中得到广泛有效的应用。武汉火神山医院施工 5G 直播吸引 4000 万人同时在线“云监工”；VR 安全培训让安全意识植入建筑工人心灵深处；BIM 技术提高了工程设计品质和沟通协作效率；视频 AI 让工地现场实现全时不间断安全监管。传统的现场管理和工程技术难题在新一代信息技术的帮助下正被逐一克服，释放出蓬勃的创新活力和显著的社会经济效益。

综上所述，数字建造不仅是建造技术的提升，更是经营理念的转变、建造方式的变革、企业发展的转型以及产业生态的重塑。数字建造是推动工程、企业、行业数字化转型的重要助力。

## 1.2　数字建造的定义、内涵和相关术语理解

### 1.2.1　定义

“数字建造是什么”目前还没有统一的表述，随着应用实践的不断深入，其定义和内涵的理解还会不断深化和调整。中国工程院院士丁烈云在《数字建造导论》中提出，数字建造即利用现代信息技术，通过规范化建模、全要

素感知、网络化分享、可视化认知、高性能计算以及智能化决策支持，实现数字链驱动下的工程项目立项策划、规划设计、施工、运维服务的一体化协同，进而促进工程价值链提升和产业变革，其目标是为用户提供以人为本、绿色可持续的智能化工程产品与服务。

### 1.2.2 内涵

数字建造，顾名思义是数字技术与工程技术的融合应用，虽然各行各业的业务内容和生产方式不尽相同，但数字化技术以其自身特点和优势，在工业、金融、运输、旅游等产业中的规模化成功应用，为建筑行业数字化转型带来借鉴和示范。随着数字建造应用广度和深度的不断延伸，对其内涵认知也必将更加深刻。

**一是生产效率提升。**数字建造着力于全要素生产率的提升，提高工程建造水平，既包括智能化、机械化施工，也包括劳动力要素、物资要素、环境要素、场地要素、管理要素等的目标优化实现和资源动态平衡，是对工程建造全过程、全要素、全方位的数据链驱动创造，代表的是先进生产力。

**二是生产方式变化。**低质量的施工方案、粗放式的现场布置、高损耗的材料加工、未识别的安全隐患，容易造成的后果是工期违约、资源浪费、效益减少、品质降低和风险增加。数字化建造方式，通过工程经验封装的智能算法或数字化工具软件，运用 BIM 技术深化设计和虚拟施工，对提升施工组织设计水平、降低固废减少排放、提高增值服务能力具有现实意义。

**三是建造过程数字化。**通过物联网、人工智能、移动技术等新一代信息技术，全要素感知和数据记录工程建造过程，以数字空间映射真实世界，既反馈计划执行，也报警分析偏差。积累的海量结构化数据，结合应用场景可进行大数据挖掘。

**四是利于实现建造运维一体化。**建造阶段包括设计和施工，是工程从设计蓝图到实体交付的建造过程；运维阶段是工程从交付后到拆除前的使用过程。建造与运维不宜割裂，而应一脉相承，特别是新建工程，运维数字化基于建筑数字化，建筑数字化源于建造数字化。从数字建造到智能建筑，从智能建筑到智慧城市，这也是数字链驱动的意义所在。

**五是其他新型建造的重要基础。**数字化、智能化、智慧化是信息化发展到不同高度的特征化表达，数字建造构成了智能建造、智慧建造等其他新型建造的广泛基础，在相当长的时间内，多种建造方式会并存，符合建筑行业信息化发展的实际情况。数字化是路径，智能化或智慧化是目的，数字化是新型建造方式的必经之路。

### 1.2.3 相关术语理解

20 世纪 60 年代起，计算机技术就已辅助工程设计，发挥了重要的生产力作用，拉开了建筑业信息化、工业化的大幕。在现今数字时代，新一代信息技术发展日新月异，正迅速地与工程建造融合应用创新，新建造方式、新管理模式、新发展理念不断地刷新、引领人们认知的同时，也带给数字化、智能化新竞争格局下从业人员一些困惑和不解，因此对一些相关术语进行区别和联系是有必要的，亦能更好地理解本书观点、把握叙述逻辑。

1. 信息与数据

信息是指音讯、消息、通信系统传输和处理的对象，泛指人类社会传播的一切内容。人们通过获得、识别自然界和社会的不同信息来区别不同事物，得以认识和改造世界。1948 年，数学家香农在题为“通信的数学理论”的论文中指出：“信息是用来消除随机不定性的东西”。

数据是事实或观察的结果，是对客观事物的逻辑归纳，是用于表示客观事物的未经加工的原始素材。数据可以是连续的值，比如声音、图像，称为模拟数据；也可以是离散的，如符号、文字，称为数字数据。

2. 信息化与数字化

信息化，1997 年首届全国信息化工作会议给出的定义，是指培养、发展以计算机为主的智能化工具为代表的新生产力，并使之造福于社会的历史过程。信息化的概念起源于 20 世纪 60 年代的日本，由日本学者梅棹忠夫首先提出，在 20 世纪 80 年代传入我国。从 20 世纪 90 年代初，我国开始广泛使用“信息化”术语，先后提出了“信息化带动工业化，工业化促进信息化”“信息化与工业化融合”“信息化与工业化深度融合”等理念与要求，并于 2008 年组建了工业和信息化部。信息化由此成为一个极其流行的术语，并衍生出企业信息化、政务信息化等诸多术语。

数字化是将众多复杂多变的信息转变为可度量的数字、数据，形成一系列二进制代码，便于计算机处理。[1]数字化源于20世纪40年代的美国。进入21世纪以来，各种新兴的技术，特别是新一代信息技术的广泛应用，不仅改变着企业内部的运营模式，也在彻底变革企业的营销模式、研发模式、服务模式、管理模式和决策模式，已经远远超出了传统的“信息化”范畴，全球迅速涌现数字化大潮。我国企业全面开展数字化转型的一个重要标志就是2020年9月，国资委发布了《关于加快推进国有企业数字化转型工作的通知》。

信息化是记录系统，偏重提取真实世界中的关键信息，并将其放入计算机世界进行管理，信息本身要进行“降噪”加工处理，属于事后分析。信息化是流程驱动，体现的思想是管理思维，强调管控“管严、管死、管好”，关注结果是否能够实现，缺乏有效解决用户效率的思想。数字化是将物理世界完整地放入计算机世界中，不必以消除“噪点”为前提，是对物理世界完整的虚拟。数字化是实时系统，通过算法处理系统数据，核心是要解决用户效率和管理效益，属于生产力系统。数字化是数据和算法驱动，为业务赋能，关注方案是否现实可行。

3. 数字建造与智能建造、智慧建造

数字建造、智能建造、智慧建造的表述已见于行业论坛、专业书籍和政策文件中，但因仍处于快速发展中，尚未形成统一定义。本文引用几位专家见解，以供参考。

中国工程院院士肖绪文在《中国建设报》的“智能建造务求实效”一文中认为：智能建造是面向工程产品全寿命期，实现泛在感知条件下建造生产水平提升和现场作业赋能的高级阶，是工程立项策划、设计和施工技术与管理的信息感知、传输、积累和系统化过程，是构建基于互联网的工程项目信息化管控平台，在既定的时空范围内通过功能互补的机器人完成各种工艺操作，实现人工智能与建造要求深度融合的一种建造方式。

中国建筑股份有限公司总工程师毛志兵在《建筑工程新型建造方式》中

[1] 丁烈云．数字建造导论[M]. 北京：中国建筑工业出版社，2019.

认为:智慧建造，指在建造过程中，充分应用BIM、物联网、大数据、人工智能、移动通信、云计算及虚拟现实等信息技术与机器人等相关装备，通过人机交互、感知、决策、执行和反馈，提高工程建造的生产力和效率，解放人力，从体力替代逐步发展到脑力增强，提高人的创造力和科学决策能力，是大数据、人工智能等信息技术与工程建造技术的深度融合与集成。

中国工程院院士钱七虎在2020年中国国际服务贸易交易会专题演讲上认为:智慧是对大系统和巨系统而言，例如城市是一个巨系统，包括人、自然和社会等的综合体，所以有智慧城市。建设工程也是一个大系统，包括工程本体、工程环境、工程建设者和运营者的综合体，所以有智慧工程。而智能是对某项技术、某个功能和某种设备单元而言，不是复杂系统，如智能手机、智能传感器等。

中国工程院院士丁烈云在《数字建造导论》中认为:数字建造是智能建造的基础，两者并不矛盾，而是一个统一的整体。立足工程建造行业现状，以数字建造为切入点，补足工程建造机械化、自动化方面的短板，切实推进工程建造的数字化变革，在逐步提升工程建造整体效率的同时，为智能建造积累数字资源，同时积极拥抱人工智能技术发展的最新成果，有序推进工程建造自动化、数字化、智能化、智慧化的协调发展，是工程建造理性发展的可行之道。

## 1.3 数字建造的实现路径

数字建造是基于信息技术的进步而发展的，可实现的业务场景也在不断地拓展和更新。企业数字化转型是一个长期过程，一边建设和维护信息化管理系统，一边更新信息获取路径和方式，一边梳理并整理业务数据、报表和模型，这将是常态。通过推行场景闭环进化路线，依靠技术进步稳扎稳打逐步改造，运用数字建造理念和方式，不断地迭代更新企业数字化系统，是可行的实现路径。

1. 开局于通过赋能促管控项目

赋能项目是指企业提供效率提升、效益提升、安全保障的智能化工具或系统，帮助项目把事情做得更好。整体规划、全面推进的传统信息化建设，尤其是那些高度依赖用户操作而用户又不依靠系统进行作业的，已不适宜数字化转型发展的需要。当用户依赖数字化应用，则自然会产生数据，且是高质量的数据。而数据恰好是企业需要的，通过数据收集、提取、分析、比较，可得到业务进展实际、部门协作任务、企业风险提醒等信息，通过大数据分析，还可提供项目风险预警和防控措施等增值服务，形成“应用自下而上，管控自上而下”的正向循环。管控项目的目标实现高度主要取决于业务数字化程度和数据应用水平。

2. 行动于精益迭代的进化路线

建筑企业数字化建设依靠信息技术，而信息技术的特点是技术革新和智能装备发展迅速，因此很难通过系统规划实现企业数字化，原因在于推动所需的动能要求大和信息技术发展进程的不确定性。建筑企业在数字化建设布局上应统筹规划，明确大方向、大目标和总原则，但在里程碑节点和实现方式上，应遵循信息技术发展情况和规律，采用精益迭代的进化路线。用新技术解决老问题，有具体的对象目标，有可行的技术措施，能够保证投入取得实效，是务实的举措。

得益于新一代信息技术的突飞猛进，以往那些看似困难的问题得到了很好的解决，如传统安全教育很难见效，VR 安全体验则能触及灵魂；如传统人员行为劝服式、惩戒式管理收效甚微，AI 行为识别则能现场提醒并全时监管；如传统复杂节点施工难以表达，BIM 技术则能可视化生动交底。“螺旋上升、阶梯发展”是数字化升级的主旋律，是指用合适的先进信息技术保持系统的持续活力，击穿信息壁垒，拓展项目和企业不同层级的业务场景，不断培育、壮大企业数字化能力。

3. 着眼于可闭环可复制的场景

这里的场景泛指各层级业务的数字化实现，有“点”上的，如临时支撑结构的安全验算；有“线”上的，如建筑工人的安全教育；有“面”上的，如施工现场安全管理；有“块”上的，如企业安全管控；有“体”上的，如数字企业。企业数字化转型是否要全面数字化？轻重缓急应如何划分？需要结合场景能否闭环、业务标准化程度、技术成熟度、价值工程大小、管理协调难度、

使用交互复杂性等因素综合确定。串珠成环、串珠成链，是不同场景下的应用组合，需要良好的技术底座，能够规范组织、权限、应用、数据、接口等，以支撑场景闭环的拓展。

4. 落脚于提升作业一线的效率

传统的信息化系统建设，往往让用户在决策中边缘化、没有发言权。如今这一现象正在被扭转，作业一线是否愿意使用成为系统成功建设的决定性因素，“帮忙不添乱”“减负不添负”成为系统建设决策的重要考察指标，这些都是在很多次失败后的教训反省和经验总结。在高质量可持续发展的时代背景下，建筑企业面临着工人减少和老龄化的困难、精细化管理和减员增效的冲突、管理效能提升和风险识别管控的压力，呈现出远比过去强烈的管理效率、劳动效率提升的迫切需要。唯有落脚于提升作业一线的效率，才是数字建造的正确打开方式。

5. 成长于积累数据资产的方法

“数据是重要的资产”已是一般共识。不论企业是刚开始信息化建设还是正准备数字化转型，不论信息是通过人工填报还是运用 IoT、BIM、AI 等新一代信息技术智能填报，都需要重视数据管理和使用的问题，因为在系统后端存储的都只是数据。例如：如何管理基础数据、过程数据、结果数据，如何实现数据采集、数据存储、数据清洗、数据分析，如何建立预警模型、指标模型、等级模型、知识模型，如何规范组织编码、工程编码、构件编码、材料编码，如何定义术语、字段、数据格式、数据字典。所以，建筑企业需要持续不断地整体统筹治理数据，打造数据能力，形成高效、便捷、智能的数字经营和数字管理新模式，构建企业核心竞争力。

# 2 数字建造现状分析

建筑业一直是劳动密集型的传统行业，根据麦肯锡的统计，从应用、资产、生产力水平等方面综合评估，建筑业在所有行业中数字化水平处于倒数第二的位置，仅高于农业。随着国家进步和技术发展，数字化、信息化已经成为各行各业转型升级的必然选择，建筑业作为我国名副其实的支柱产业必将融入数字化转型的巨大浪潮中，从而催生了工程建设领域的数字建造发展。

2017 年 2 月 21 日，国务院办公厅正式发布了《关于促进建筑业持续健康发展的意见》，明确提出推进建筑产业现代化，其核心是借助工业化思维，推广智能和装配式建筑，推动建造方式创新，提高建筑产品品质。《2016 ~ 2020 年建筑业信息化发展纲要》同样提到“十三五”时期，全面提高建筑业信息化水平，着力增强 BIM、大数据、智能化、移动通信、云计算、物联网等信息技术集成应用能力，提升数据资源利用水平和信息服务能力，初步建成一体化行业监管和服务平台。同时各省市陆续颁布了建筑行业数字化转型相关技术标准，以及相应试点示范机制和保障措施。

随着技术和创新实践的深入，数字建造相关应用逐步得到从业人员的认可并成为行业发展趋势，越来越多的工程建设相关企业参与到数字建造体系的构建中。为了厘清当前数字建造的发展情况以及未来发展趋势，本书编写组在国内工程建设领域开展了数字建造整体应用情况的调研，力求从一线从业人员的视角对数字建造现状进行调研分析和总结，还原当前数字建造应用和普及的真实情况，为行业技术的应用方向和工程建设企业数字化转型提供参考。

## 2.1　调研情况

### 2.1.1　调研过程

本次调研采用线上问卷的方式，针对数字建造相关技术应用和发展情况，面向从业人员进行数据采集。本次调研通过文献分析和专家访谈的形式，拟定了数字建造相关的问题大纲，并从多个维度设置数字建造应用评价因素进行调查问卷的设计。将问卷通过线上和线下等方式定向发放到行业论坛、网站、社群中，最终收集到相应的问卷答案，去除无效问卷后进行调研分析。

本次问卷主要从用户背景、数字建造理念接受情况、数字建造技术认知、数字建造应用情况、数字建造价值体现、数字建造发展六个方面进行内容设置。

1. 用户背景

主要对参加调研用户的年龄层次、企业性质、企业类别、人员岗位、工程背景等进行调研，获取人员的行业相关属性。

2. 数字建造理念接受情况

主要对参加调研用户初次接触数字建造的时间、获取信息媒介、对数字建造的熟悉程度、认知中的数字实现路径、数字建造范围等进行调研，全面了解用户对数字建造的整体概念。

3. 数字建造技术认知

主要对参加调研用户对数字建造关键技术了解程度、实际过程中应用到的技术、技术成熟度的认知进行调研，了解用户对新兴技术与数字建造结合情况的认知。

4. 数字建造应用情况

主要对参加调研用户在数字建造应用业务、实际应用数字建造技术的经验、数字建造应用成熟度的认知以及数字建造最佳应用案例进行调研，分析用户对数字建造与工程建设相关业务结合的理解情况。

5. 数字建造价值体现

主要对参加调研用户对数字建造价值体现、价值认可度、未来价值体现等的理解进行调研，获取用户对数字建造价值的认知。

6. 数字建造发展

主要对参加调研用户对数字建造发展的阻碍、推动因素和主体、人才岗位及技能需求、资金投入、技术发展趋势等的认知进行调研，激发用户对数字建造未来的深入思考和展望。

### 2.1.2 采集结果

本次调查问卷共分两次收集：3 月 8 日 ~ 3 月 15 日，通过线上问卷的方式，在行业论坛和从业人员社群中发送调查问卷；5 月 10 日 ~ 5 月 17 日，通过线下问卷的方式，给工程建设相关企业人员发放调查问卷。共收集调查问卷 1746 份，其中 23 份由于信息填写不全为无效问卷，最终获得有效问卷 1723 份。

## 2.2 调研分析

### 2.2.1 单因素分析

根据数字建造问卷的内容，以单因素维度对数字建造相关内容进行因素分解，从数据建造概念、技术内容、应用情况、发展方向等 21 个方面进行分析，详细了解受访用户对数字建造的认知情况。

1. 数字建造概念熟悉程度

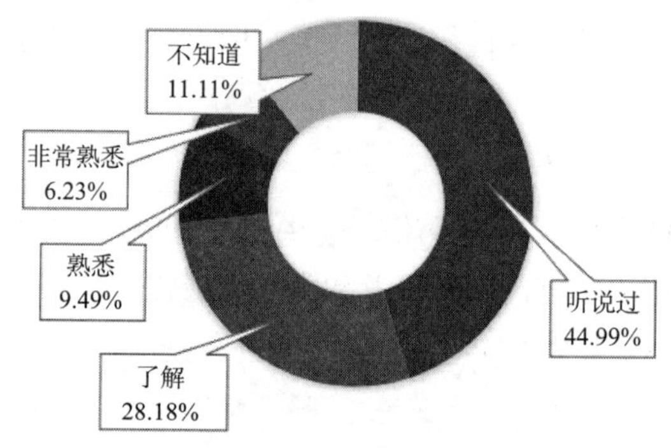


数据来源：品茗股份研究院

**图 2-1 受访用户对数字建造概念熟悉程度**

图 2-1 中，在用户熟悉度方面，88.89% 的受访用户或多或少对数字建造有一定的了解，但是其中有一半用户只是停留在听说过的层面，而熟悉和非常熟悉的用户在 15% 左右，还维持在一个较小的体量，这说明数字建造技术的推广具有一定的用户基础，但相关的认知还很有限，需要对行业用户进行进一步的知识普及。

2. 接触数字建造时间

图 2-2 中，在数字建造概念普及方面，从时间轴上来看，自 2016 年以来是一个逐步增长的过程，在 2019 年达到高点。数字建造自 2006 年从国外引入到现在已经有 15 年历程，从调查问卷看出，将近 80% 的用户是在最近 5 年内接触到数字建造概念，这也侧面反映出数字建造在国内的热度和发展趋势。

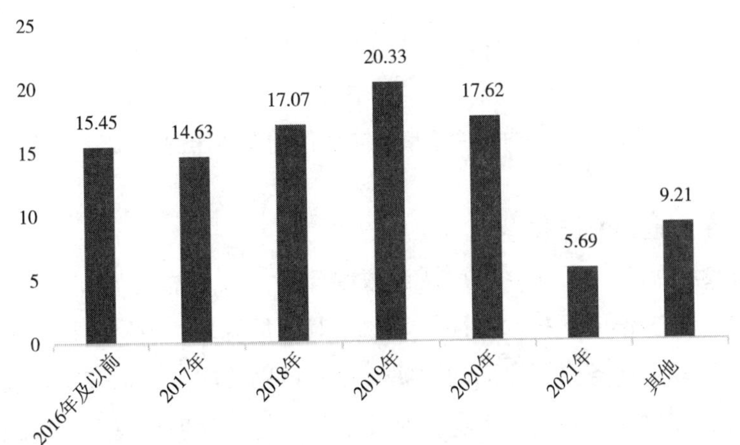


数据来源：品茗股份研究院

**图 2-2　受访用户初次接触数字建造时间的比例（%）**

3. 数字建造技术了解渠道

由图 2-3 可知，大部分用户通过互联网以及行业推广了解到数字建造概念，传统纸媒和期刊的比例只略微超过 7%，由此可知数字建造是伴随着信息化技术的发展逐步普及和发展起来的；与此同时得益于互联网信息互通的优势，多达 57.99% 的用户通过互联网了解到数字建造相关概念。此外，由于工程建设行业具有较高的行业深度和要求，行业论坛、行业会议及内外部培训在数字建造技术的推广普及中也发挥了重大作用，分别为数字建造概念的普及提供了 47.7%、35.77%、36.04% 的信息源，这也从侧面反映出行业相关组织和管理人员及行业用户对数字建造的潜在需求。

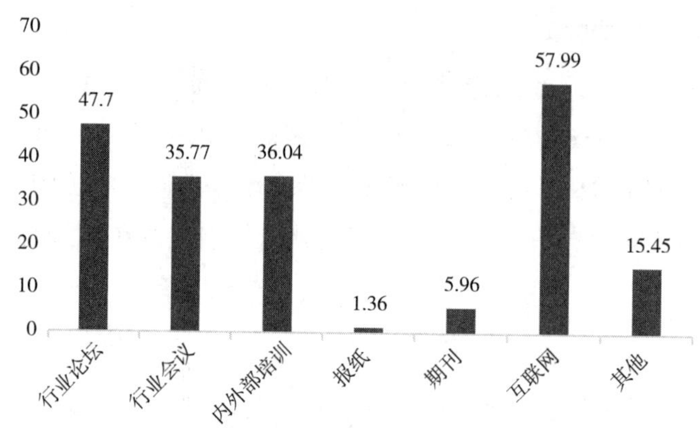


数据来源：品茗股份研究院

**图 2-3　受访用户了解数字建造的渠道比例（%）**

4. 数字建造相关技术

由图 2-4 可知，大部分用户认为数字建造主要内容为 BIM、智慧工地、智能建造，更多偏向新技术层面的认知，对项目规划、项目管控、现场管理等实际数字建造业务目标层面的关联性没有特别关注，这也表明目前行业用户对数字建造更看重新技术本身，对技术带来的实际项目建造管理融合还缺乏思考。此外，得益于 2016 ~ 2019 年行业对 BIM 技术的普及和推广，行业相关人员对 BIM 的认同度越来越高，高达 89.7% 的用户认为 BIM 技术与数字建造具有强关联性，相关推广初见成效。同时，随着大数据、物联网、云计算的推广，近两年才逐步发展和成熟起来的智慧工地和智慧建造概念正在不断地深入人心，66.67% 和 57.45% 的用户将其纳入数字建造的范畴。相对来说，大部分用户暂时认为传统的项目规划、协同办公、项目管控、现场管理、项目运营等业务与数字建造没有很强的关联性。

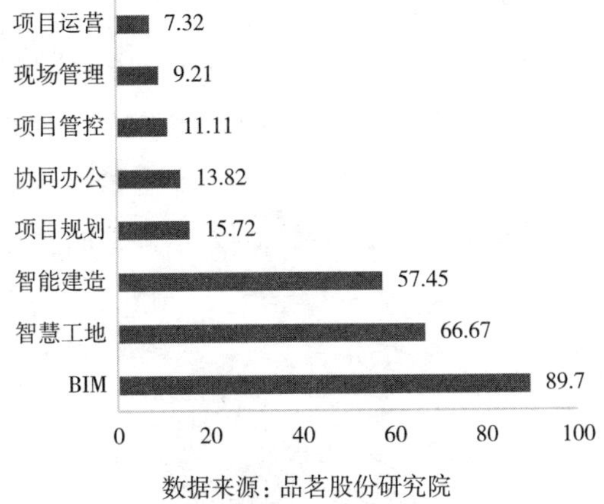


数据来源：品茗股份研究院

**图 2-4 受访用户对数字建造的认知比例（%）**

5. 数字建造实现关键路径

由图 2-5 可知，从用户层面来看，虽然数字建造从概念上偏重新技术和新方法的应用，但更多的人把数字建造成功的关键定位在解决实际需求问题，有 31.71% 的用户认为数字建造的成功应该以实际项目需求作为驱动；以行业视角从上到下做好顶层设计也被摆在一个重要的位置，比例达到 19.51%；而试点项目逐步推广，按照规划分步实施，以底层思维做规划指导以及以目标为导向的重要性则相对不被广泛认可。

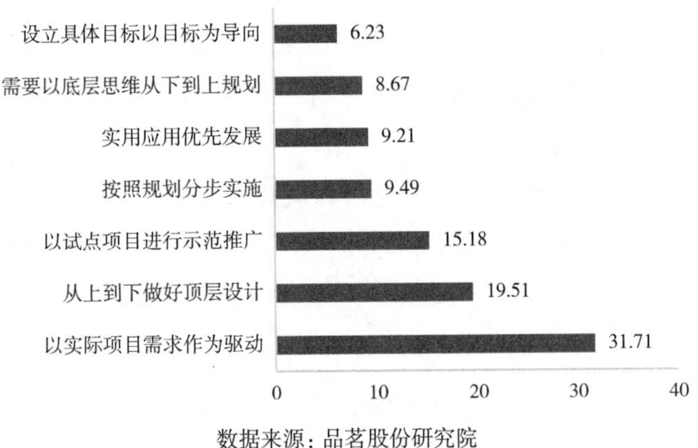


数据来源：品茗股份研究院

**图 2-5 受访用户对数字建造实现路径的看法比例（%）**

6. 数字建造未来发展

从图 2-6 中可以看出，用户对数字建造的发展是充满信心的，除了 5.42% 的用户保留看法（选择不知道）外，只有 2.71% 的用户对数字建造没有信心或不看好，非常看好的用户占 27.37%，比较有信心的用户占 39.84%，有点信心的用户占 24.66%。总体上看，受访用户对数字建造的发展持乐观态度。

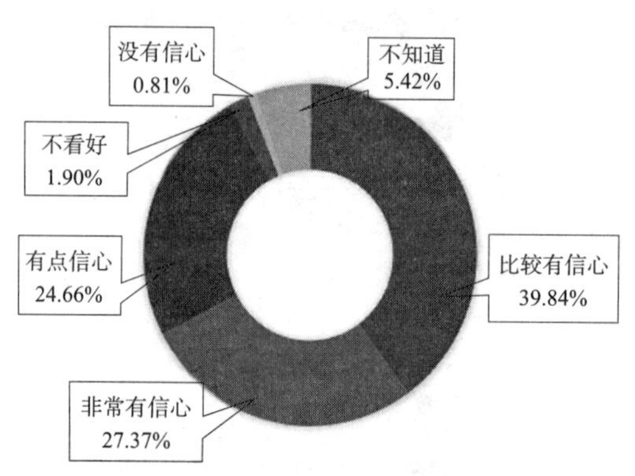


数据来源：品茗股份研究院

**图 2-6　受访用户对数字建造发展的信心**

7. 驱动数字建造关键技术

由图 2-7 可知，在驱动数字建造成功的关键技术层面，BIM 技术排在第一位，认同率达到 90.79%；大数据技术排在第二位，有 75.61% 的用户选择；此外，云技术、人工智能、信息化系统、物联网分别以 61.52%、60.43%、54.2%、53.93% 的选择率排在第三 ~ 六位。

8. 实际工作过程中用到的数字建造相关技术

由图 2-8 可知，在实际工作过程中使用过的数字建造技术方面，BIM 技术同样以 88.89% 的选择率排在第一位；大数据被使用到的概率为 47.7%，排在第二位；此后是云计算、信息化系统、物联网、工具软件，排在第三 ~ 六位；在关键技术中排到第四位的人工智能技术只以 24.66% 的选择率落后物联网和工具软件，排到第七位。

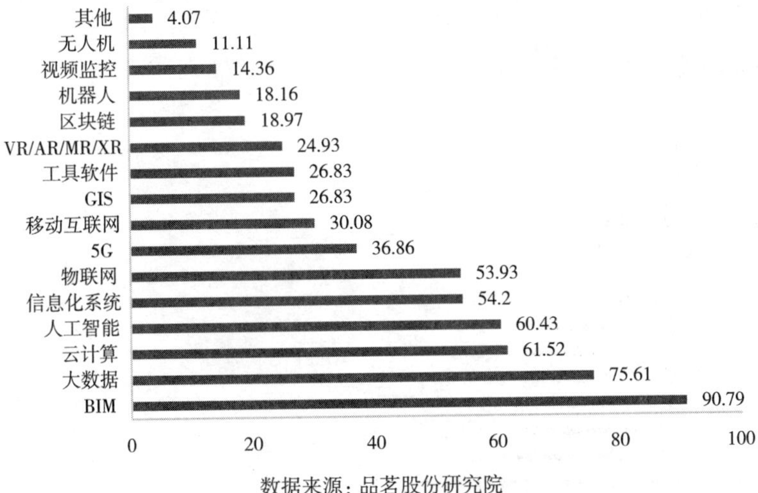


数据来源：品茗股份研究院

**图 2-7　受访用户对数字建造关键技术的看法比例（%）**

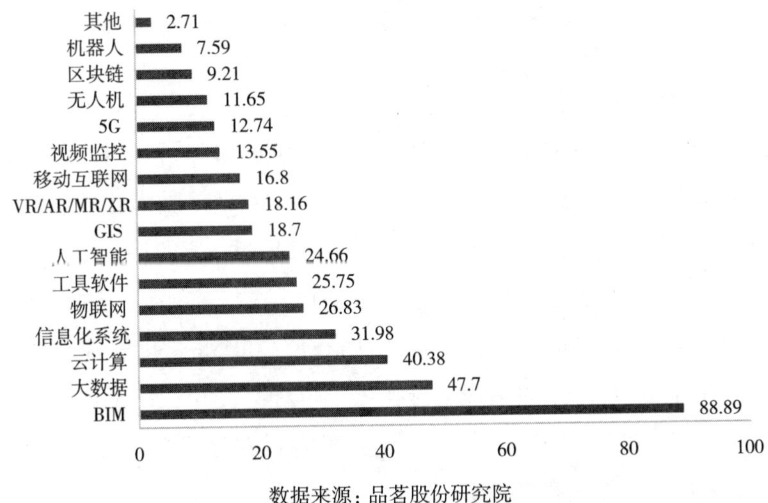


数据来源：品茗股份研究院

**图 2-8　受访用户使用过的数字建造技术比例（%）**

9. 数字建造成熟技术

由图 2-9 可知，在技术成熟度方面，BIM 技术、云计算、大数据依然以 74.8%、30.35%、27.91% 的选择率排在前三位；物联网技术则以 22.49% 的选择率上升到第四位；大部分用户认为5G、区块链、机器人等技术在工程建设方面的应用还有待探索和普及。

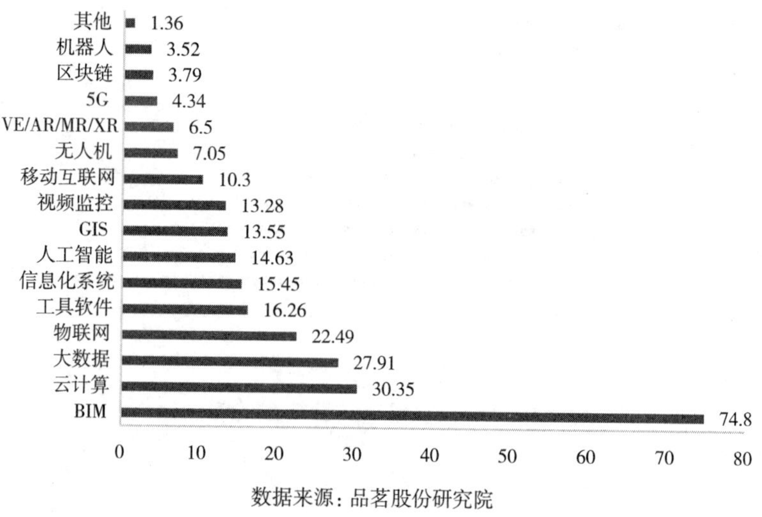


数据来源：品茗股份研究院

**图 2-9 受访用户对数字建造成熟技术的认知比例（%）**

10. 工程建设中用到的数字建造业务

由图2-10可知，通过对数字建造业务方面的调研分析表明，在安全管理、进度管理、成本管理、质量管理、信息管理、协同管理、技术管理、项目管理、合同管理、生产管理、经营管理等方面，均有超过1/4的用户认为其可以用到数字建造，说明在普遍认知中，数字建造已经覆盖了大部分的工程业务范围。其中安全管理以79.4%的选择率排在第一位；其次是进度管理和成本管理，分别以77.51%和70.19%的选择率排在第二位和第三位；最低的是经营管理，但仍然有25.47%的用户认为可以通过新技术将经营管理纳入数字建造体系。

11. 采用数字建造处理的业务

由图2-11可知，在实际数字建造应用中，安全管理仍然以60.98%的比例排在第一位，是工程建设数字建造中最常见的业务场景；其次，进度管理和成本管理分别以59.35%和47.15%排在第二位和第三位，信息管理、质量管理以及协同管理紧随其后；经营管理以7.05%垫底。

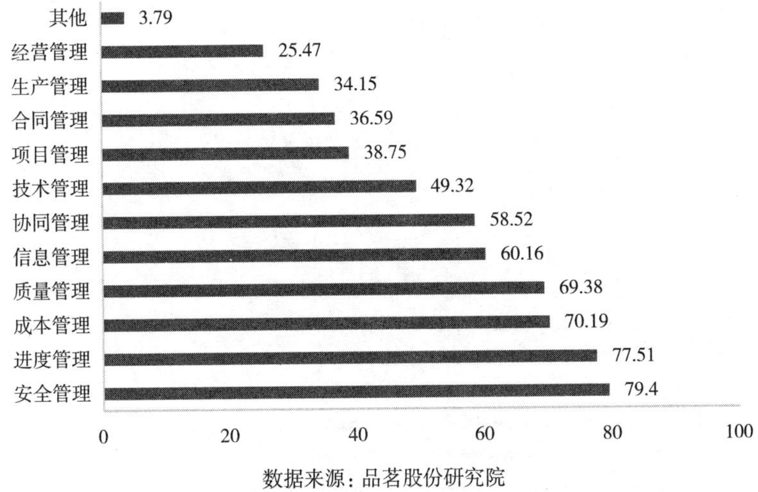


数据来源：品茗股份研究院

**图 2-10　受访用户对数字建造适用业务的认知比例（%）**

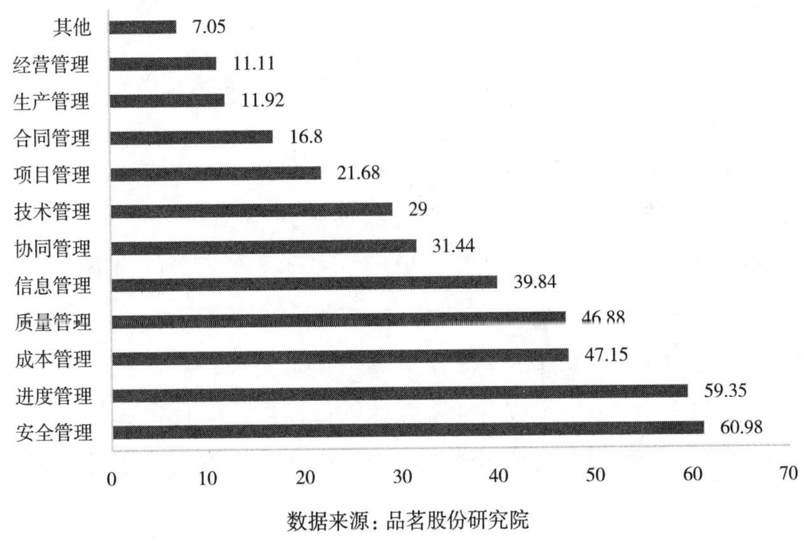


数据来源：品茗股份研究院

**图 2-11　受访用户使用过的数字建造技术业务比例（%）**

12. 数字建造应用比较成熟的业务

由图 2-12 可知，在应用成熟度方面，安全管理以 50.63% 的选择率领先进度管理的 40.51%，排在第一位，这表明大量的数字建造技术正逐步被应用到安全管理中；成本管理、质量管理分别以 34.18% 和 31.65% 排在第三位和第四位；除了安全管理以外，其他业务的数字建造应用成熟度均低于 50%，总体有较大的提升空间。

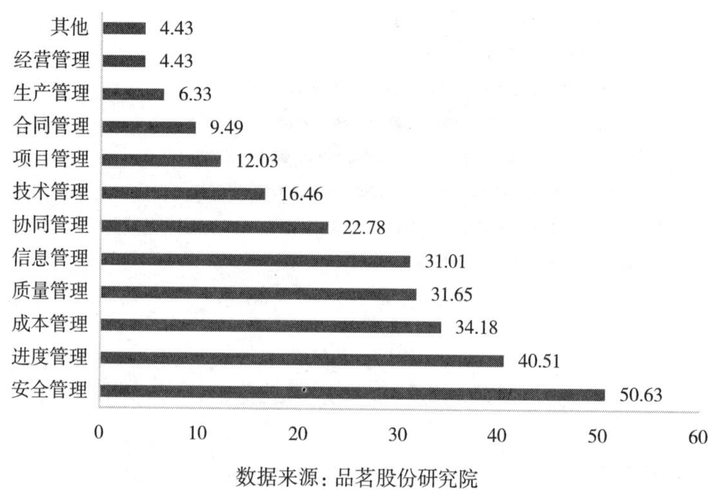


数据来源：品茗股份研究院

**图 2-12 受访用户对数字建造业务成熟度的认知比例（%）**

13. 最看好的数字建造业务应用

由图 2-13 可知，在用户最看好的数字建造应用场景中，安全管理以 25.2% 的比例排在第一位，而在其他指标中一直排在第二位和第三位的进度管理和成本管理，却以 8.94% 和 8.4% 排在第六位和第七位；项目管理和信息管理分别以 11.92% 和 10.3% 排在第二位和第三位；进度管理和成本管理虽然在实际工程建设过程中有着非常重的管理权重，但其本身业务复杂性和牵涉范围过大，导致用户对数字建造能否解决工程建设进度和成本问题持有怀疑态度。

14. 数字建造最大价值体现

由图 2-14 可知，有 41.46% 的受访用户认为数字建造在工程建设过程中最大的价值体现在效率提升；排在第二位和第三位的分别是安全保障和节约成本，分别占比 21.14% 和 17.07%。由此可知，受访用户对数字建造的价值体现主要聚焦在日常项目工作中，体现其实用性的一面。

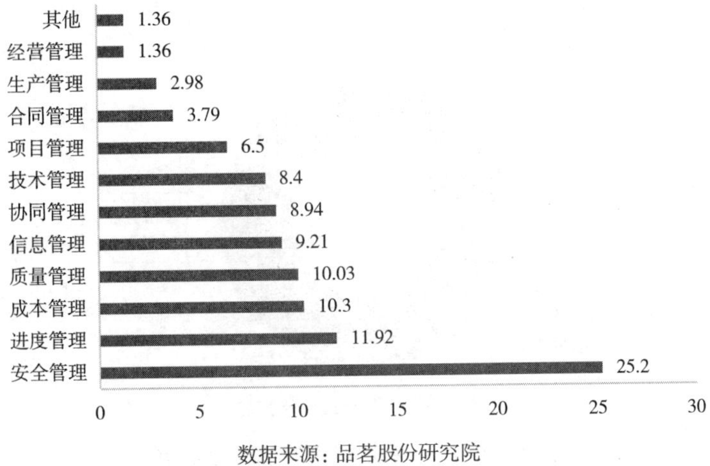


数据来源：品茗股份研究院

**图 2-13 受访用户最看好的数字建造业务应用比例（%）**

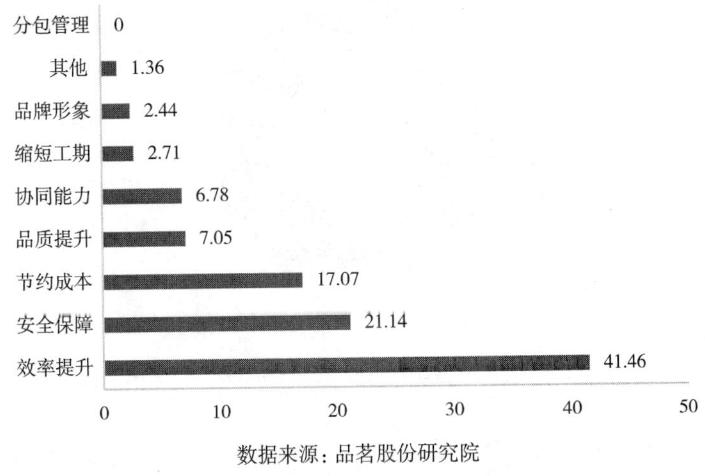


数据来源：品茗股份研究院

**图 2-14 受访用户对数字建造价值体现的看法比例（%）**

15. 数字建造的作用

由图 2-15 可知，在针对当前数字建造的认可方面，有 96.75% 的用户认可数字建造对工程建设具有一定的作用；在大部分用户眼中，数字建造在工程建设中还是发挥了较大的作用，认为非常有用的占 45.26%，比较有用的占 32.25%；而认为当前数字建造并未发挥作用的用户仅占 1.08%。

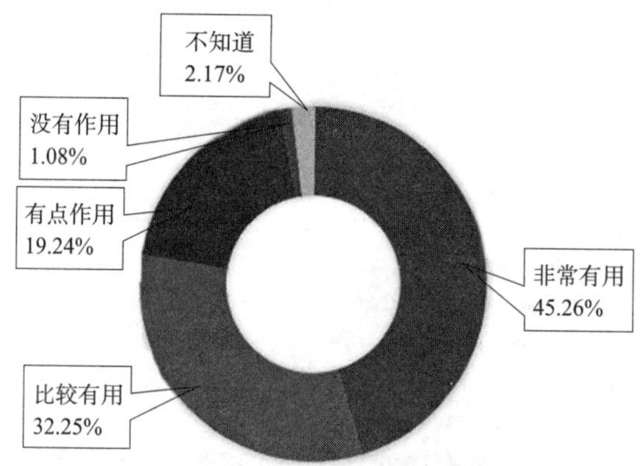


数据来源：品茗股份研究院

**图 2-15　受访用户对数字建造作用的看法**

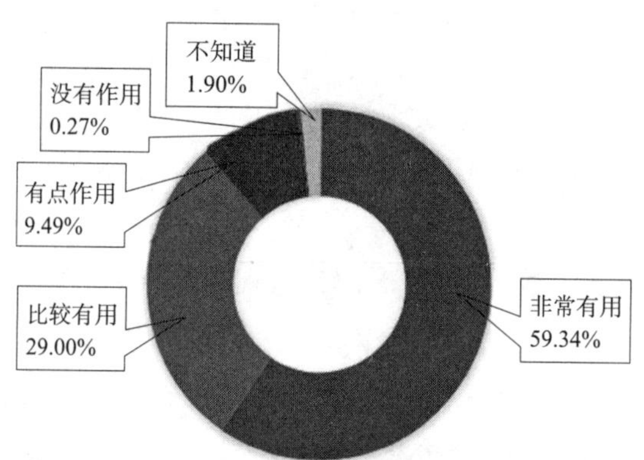


数据来源：品茗股份研究院

**图 2-16　受访用户对数字建造未来的看法**

由图 2-16 可知，当着眼于未来时，有 97.83% 的用户认为未来数字建造技术会在工程建设中发挥作用，相较于用户对目前数字建造作用认可度的 96.75%，小幅上涨了 1.08%。但是认为未来数字建造在工程建设中将会非常有用的用户占 59.34%，与当前的 45.26% 相比上涨了 14.08%；而认为数字建造在未来对工程建设没有作用的用户下降到 0.27%。这表明受访用户对数字建造的认可度极高，而且对未来的发展充满信心。

16. 阻碍数字建造发展的主要因素

由图 2-17 可知，在数字建造技术发展方面，受访用户认为影响数字建造

发展的主要原因有缺乏相关人才、相应标准不健全、缺少成功经验等。其中缺乏相关人才排在第一位，有 59.08% 的用户认为缺少相关专业人才对数字建造发展具有较大的阻碍；有 45.53% 的用户认为数字建造相应的标准还不健全；而 36.86% 的用户选择了缺少成功经验。另外，受访用户认为总体重视程度低、投入成本高、技术不成熟也不同程度地制约了数字建造的发展，分别有 31.98%、28.73%、26.83% 的用户选择了对应的选项。

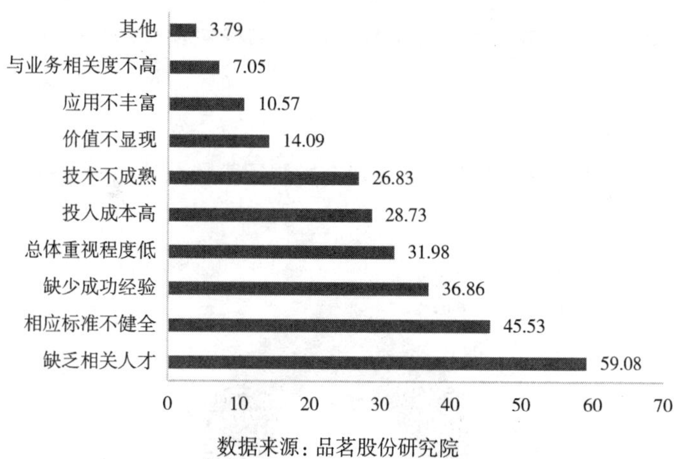


**图 2-17　受访用户对阻碍数字建造发展原因的看法比例（%）**

17. 推动数字建造发展的因素

由图 2-18 可知，在推动数字建造发展方面，政策支持被认为是最主要的因素，有 68.56% 的用户认为数字建造发展最依赖政策的推动；技术支持、资金支持、人才支持排在第二位到第四位，分别占 65.31%、51.76% 和 39.57%，配套制度、行业标准以及价值传导被认为与推动数字建造发展关系不大。

18. 对数字建造政策的了解情况

由图 2-19 可知，政策支持被认为是推动数字建造发展的最主要因素，调研中对数字建造相关熟悉及非常熟悉的用户只占总用户的 12.2%；大部分用户对相关政策停留在听说过和了解的程度，分别占 45.53% 和 20.87%；此外还有 21.41% 的用户表示不知道数字建造相关政策。数字建造相关政策的制定和宣贯还有较大的发展空间。

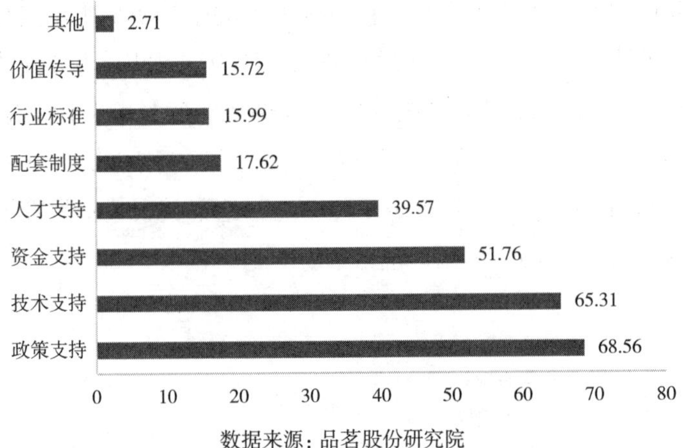


数据来源：品茗股份研究院

**图 2-18　用户对推动数字建造发展因素的看法比例（%）**

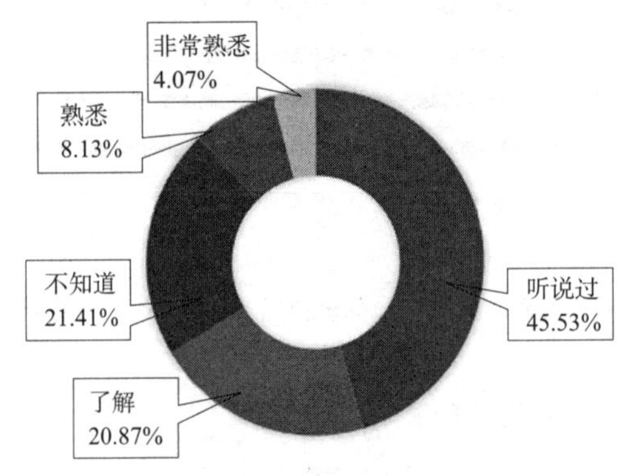


数据来源：品茗股份研究院

**图 2-19　受访用户对数字建造政策的了解情况**

19. 推动数字建造主体机构

由图 2-20 可知，在推动数字建造发展的主体机构方面，大部分用户认为政府、行业协会、建设单位应该承担起推动数字建造技术发展的任务。有 75.61% 的受访用户认为政府是推动数字建造发展的主体机构，63.14% 的用户认为需要由行业协会推动数字建造技术。在建设单位、施工单位、监理单位、设计单位、勘察单位建设工程五方责任主体中，建设单位被认为在数字建造发展中应该承担更多的责任，有 54.2% 的受访用户选择了建设单位。

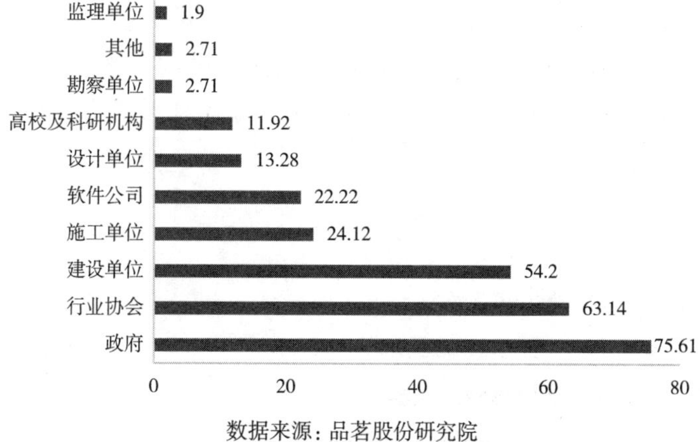


数据来源：品茗股份研究院

**图 2-20 用户对推动数字建造主体的看法比例（%）**

20. 数字建造人才需求

由图 2-21 可知，缺乏相关人才被认为是阻碍数字建造发展的主要因素，而在数字建造发展中需要哪些岗位人才的调研中，数字运维岗位和技术培训岗位被认为是最重要的岗位，二者均以 63.41% 的选择率排在第一位；应用培训岗位、技术开发岗位分别以 42.01% 和 35.5% 排第三位和第四位。

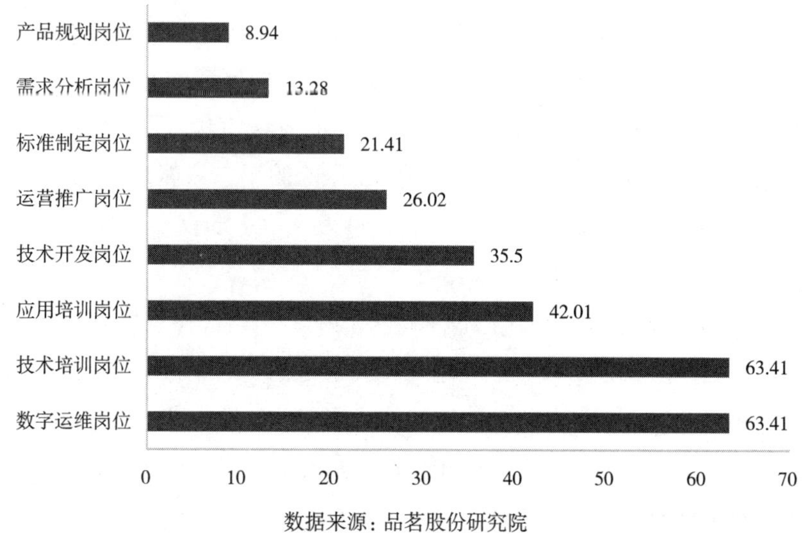


数据来源：品茗股份研究院

**图 2-21 人才需求的数字建造岗位比例（%）**

由图 2-22 可知，在人才能力方面，信息技术能力、行业认知水平、工程业务水平排在前三位，分别以 66.4%、64.5% 和 63.96% 大幅领先于系统运维管理、创新创造性思维、统筹综合能力和队伍建设能力（其占比分别为 29.54%、23.04%、21.68%、7.86%）。

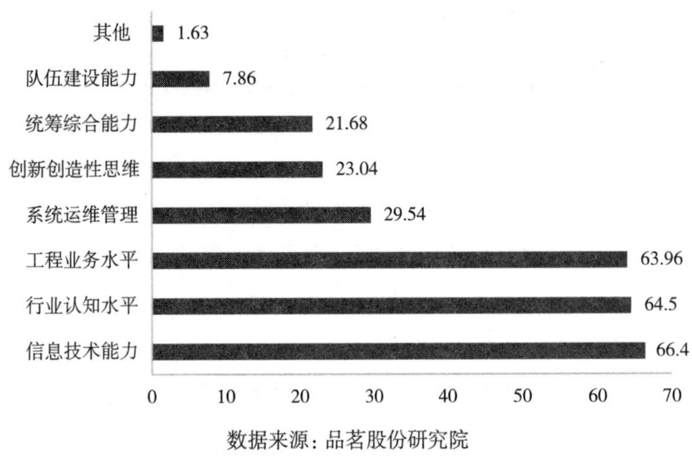


**图 2-22　数字建造人才最需要的技术比例（%）**

21. 数字建造资金投入

由图 2-23 可知，在成本投入方面，大部分用户认可的单项目数字建造投入成本集中在 10 万 ~ 50 万元，其中有 28.18% 的用户选择 50 万 ~ 100 万元，占比最高；其次是选择 10 万 ~ 50 万元以及 100 万 ~ 500 万元的用户，分别占总受访用户的 20.6% 和 20.33%；此外有 16.26% 的用户只能接受 10 万元及以下的投入；最后，有 13.01% 的用户认为 500 万元以上的投入是可接受的。

22. 数字建造发展趋势

由图 2-24 可知，在数字建造技术的展望中，当前应用程度还处于较低水平的人工智能被认为是后续数字建造的主要发展趋势，有 59.35% 的用户看好人工智能的后续发展；代表整个数字经济发展方向的大数据以 53.12% 的选择率排在第二位；值得注意的是，虚拟建造、建造工业化、绿色建造、物联网等相关技术分别以 51.76%、45.26%、31.71%、31.17% 的选择率排在第三 ~ 六位，表现出强大的生命力。

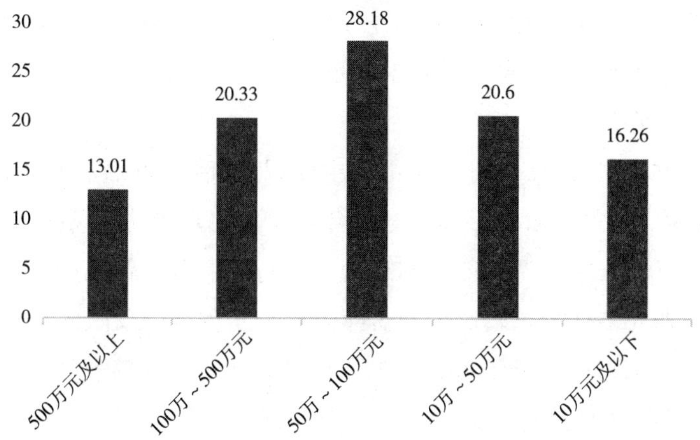


数据来源：品茗股份研究院

**图 2-23 用户对单项目数字建造投入成本接受情况的比例（%）**

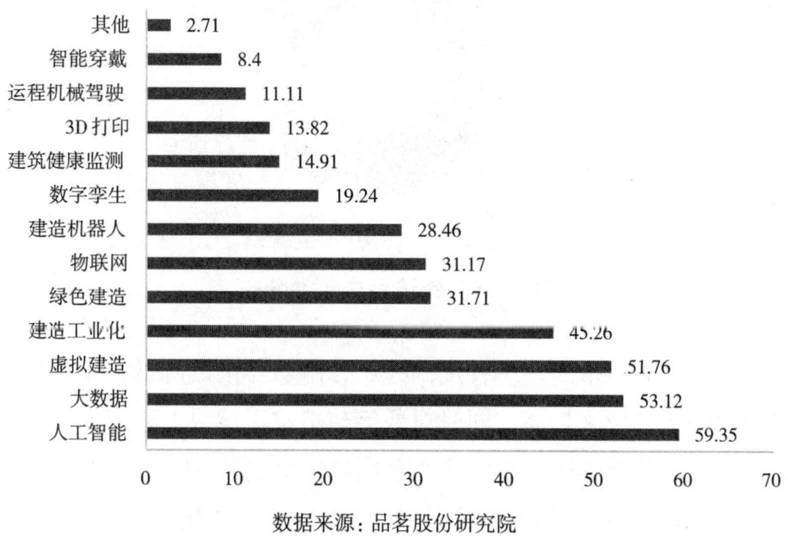


数据来源：品茗股份研究院

**图 2-24 受访用户对数字建造主要趋势的认知比例（%）**

## 2.2.2 交叉分析

为了进一步研究不同类别用户对数字建造的认知情况，从用户视角出发，针对用户年龄、企业性质、企业类型、岗位职责、工程类型、建设规模六个方面对数字建造进行交叉分析。本节分别从数字建造概念普及、数字建造业务重点、数字建造未来发展等维度，分析受访用户对数字建造的认知，试图找到当前行业从业人员对数字建造的态度。

1. 用户年龄分析

由图 2-25 可知，参与调研的用户主要以 70 后、80 后和 90 后为主，分别占 14.91%、34.69% 和 42.82%，这个年龄阶段也是当前市场的主要劳动力。从年龄层次来看，本次调研能基本反映当前行业主要从业人员的构成。由于工程建设行业对专业要求较高，人员年龄能一定程度的反映人员在行业的从业年限，接下来将以人员年龄为基准，从对数字建造的熟悉度、认可度、未来发展的信心三方面进行分析。

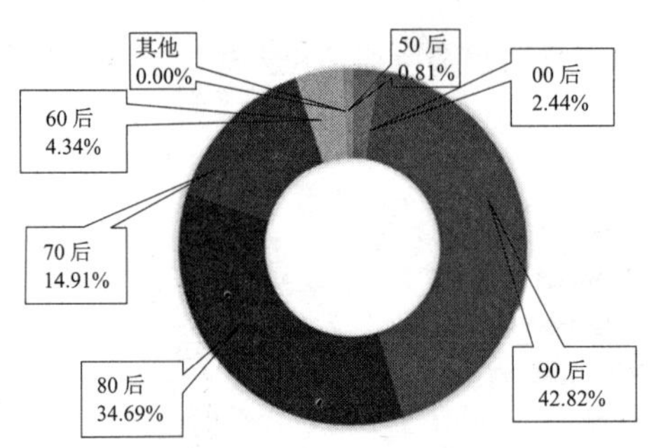


数据来源：品茗股份研究院

**图 2-25　受访用户年龄分布**

在对数字建造技术的熟悉程度问题中，随着年龄的降低，用户选择不知道数字建造的比例越来越高，同时对数字建造在了解以上程度的人数呈现降低趋势。工程建设行业年龄很大程度上代表从业年限，因此从图 2-26 中可以看出，随着年龄 / 从业年限的增长，用户对数字建造的接受和了解程度越高。

由图 2-27 可知，在对数字建造价值认可度方面，虽然大部分受访用户都认可数字建造的价值，但是认为数字建造技术非常有用和比较有用的用户随着年龄的增加而增多，也就是说年长用户相对于年轻用户更认可数字建造的价值。以用户人数最多的 80 后和 90 后用户为例，80 后中认为数字建造技术非常有用和比较有用的用户比例均比 90 后高，同时 90 后中还有 3.53% 和 3.16% 的用户选择了没有作用和不知道。

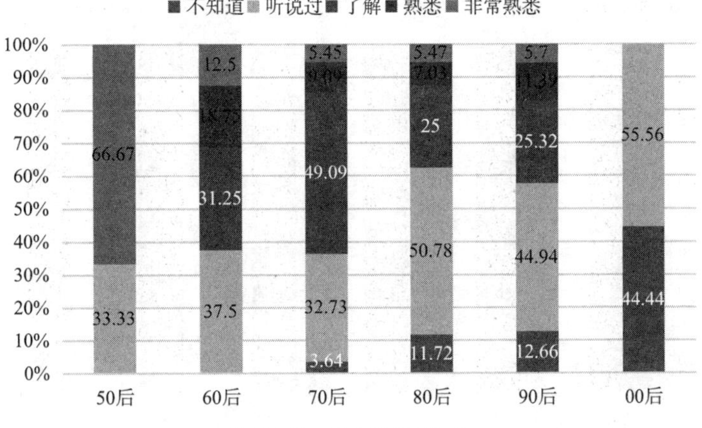


数据来源：品茗股份研究院

**图 2-26　不同年龄受访用户对数字建造的熟悉程度（%）**

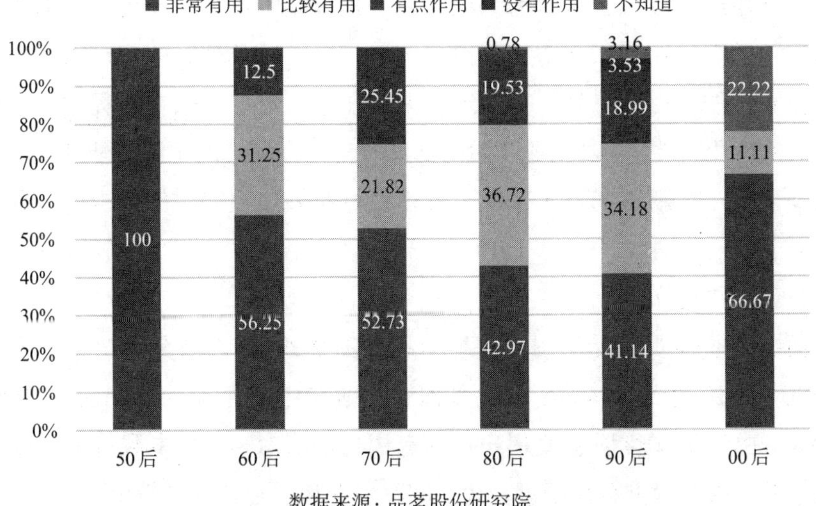


数据来源：品茗股份研究院

**图 2-27　不同年龄受访用户对数字建造价值的认可情况（%）**

在对数字建造未来发展方面，虽然大部分受访用户都对数字建造的未来表达了信心，但随着年龄的增大，用户对数字建造未来的信心更倾向于乐观，70 后和 80 后中选择非常有信心和比较有信心的用户占比明显高于 90 后，见图 2-28。

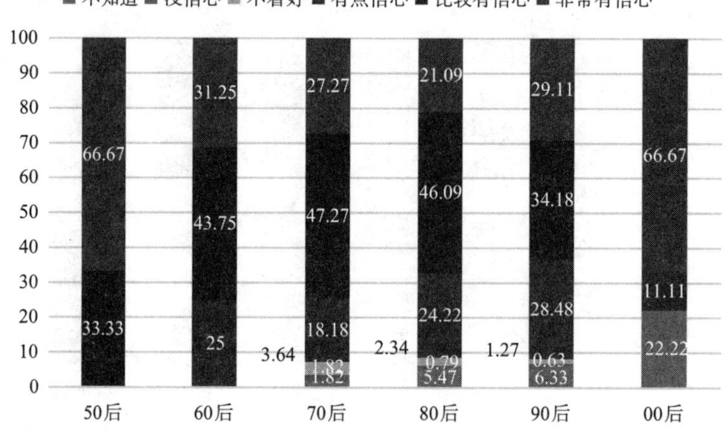


数据来源：品茗股份研究院

**图 2-28　不同年龄受访用户对数字建造发展的信心（%）**

数字建造是以数字技术为基础并在工程行业中使用，作为一种新兴技术反而在年龄大的用户层次中得到更多关注，这与通常理解的年轻人更关注新技术是相悖的，由此可知，在一定程度上推断出数字建造在工程建设中体现出强大的行业属性：随着从业年龄的增加和对工程建设的了解，从业人员更加迫切地需要一种新兴的技术来对工程建设行业做出改变，解决当前工程管理的困局。

2. 企业性质分析

根据企业性质对受访用户进行分析（图 2-29），大部分用户还是来自民营企业，占比达到 57.45%；其次是国有企业和中央企业，分别占 12.74% 和 11.11%，由于集体性质企业用户占所有用户的 2.71%，样本数量不足以解释个体偏差，因此着重分析中央企业、国有企业和民营企业的情况。

接下来将从对数字建造的熟悉度、业务关注度、人才能力需求、意愿投入四方面对不同企业性质的用户进行分析。

由图 2-30 可知，在针对数字建造相关政策的解读方面，中央企业和国有企业用户选择对政策非常熟悉和熟悉的比例总和为 31.71% 和 17.02%，相比于民营企业的 8.96% 有较大的优势；对数字建造相关政策选择不知道的用户，中央企业和国有企业用户占比分别为 17.07% 和 19.15%，少于民营企业的

21.7%，但它们之间并没有显示出明显的差距。这表明中央企业和国有企业的用户在数字建造政策的普及层面相差不多，但在政策的认知深度上国有企业和中央企业明显高于民营企业。

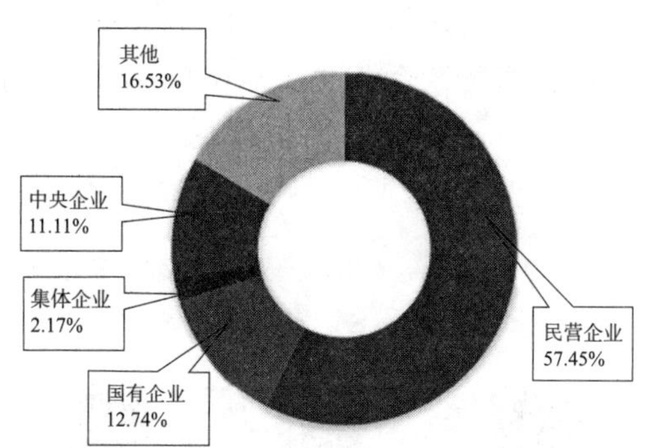


数据来源：品茗股份研究院

**图 2-29　受访用户所在企业性质**

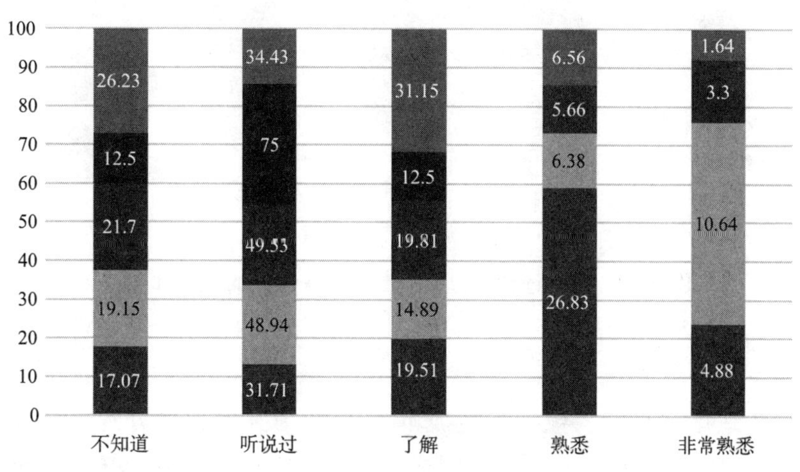


数据来源：品茗股份研究院

**图 2-30　不同类型企业性质受访者对政策的熟悉程度（%）**

由图 2-31 可知，在数字建造的价值体现方面，不论是中央企业、国有企业还是民营企业及其他企业，选择效率提升的比例都是最高的，占比在 40% 左右；其次是安全管理，占比 20% 左右。除此之外有显著差异的价值主要体现在品质提升和节约成本方面，中央企业和国有企业用户选择品质提升的占比为9.76%和10.64%，均高于民营企业的4.72%；在节约成本方面，民营企业选择该选项的用户占比达到22.17%，明显高于中央企业和国有企业的4.88%和6.38%，这表明在数字建造的应用层面，国有企业比中央企业更加关注提升项目品质，而民营企业对成本比较敏感，更加关注节约成本方面的价值。

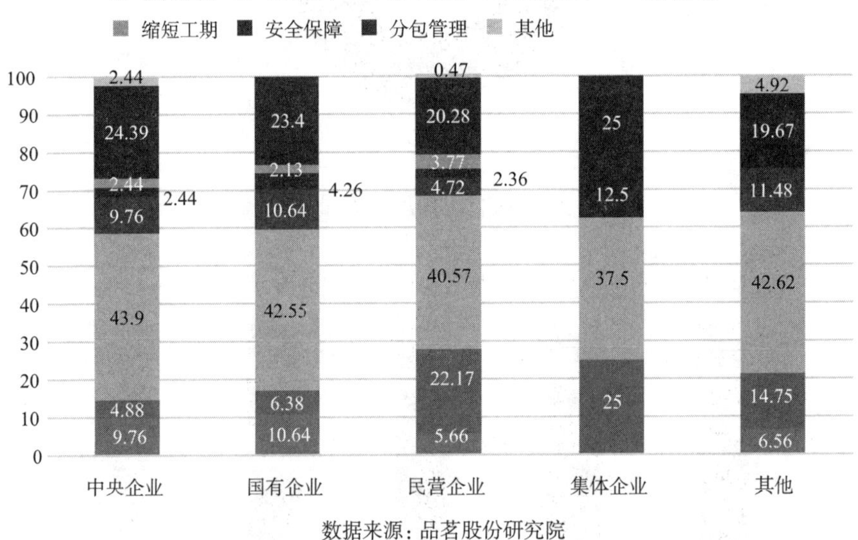

数据来源：品茗股份研究院

**图2-31　不同企业性质对数字建造价值的理解（%）**

同样，由图2-32可知，在数字建造成本投入方面，中央企业和国有企业愿意在单项目投入数字建造成本大于50万元的比例分别为73.18%和72.34%，相比于民营企业的56.6%高了15%；而选择10万元及以下的用户，民营企业为19.81%，大大高于中央企业和国有企业的12.2%和2.13%。由此可知，在数字建造投入方面，民营企业有较高的价格敏感度，而国有企业和中央企业更愿意投入更多资金。

由图2-33可知，在对数字建造相关人才需求方面，行业认知水平、工程业务水平、信息技术能力被认为是最重要的能力，在这三方面能力中，中央

企业和国有企业最关注工程业务水平，有73.17%和76.6%的中央企业和国有企业用户选择了工程业务水平；民营企业则更关注信息技术能力，选择该能力的用户占比达到69.8%。

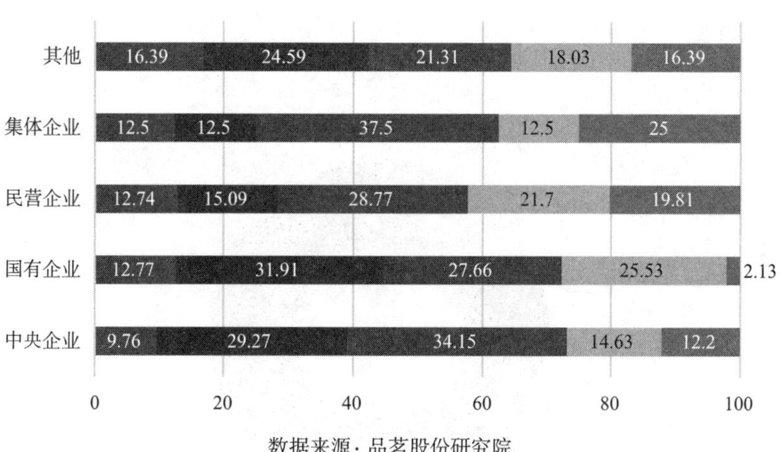


数据来源：品茗股份研究院

**图2-32　不同性质企业对数字建造的投入意愿（%）**

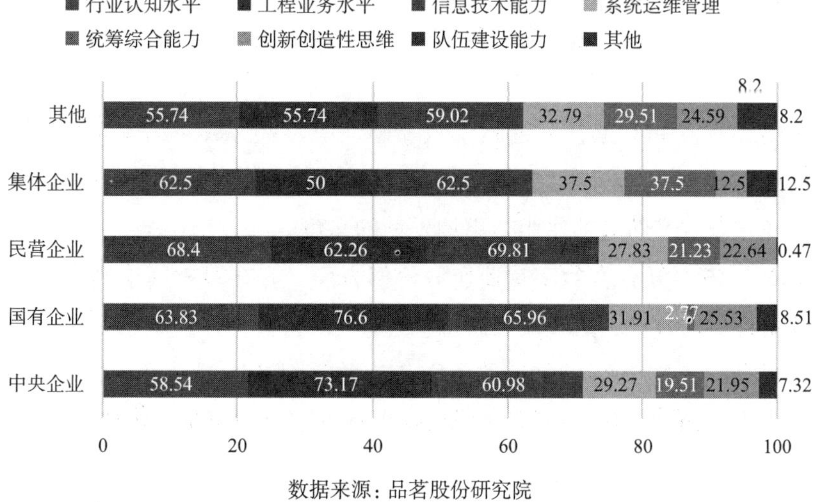


数据来源：品茗股份研究院

**图2-33　不同性质企业对人才能力的理解（%）**

3. 企业类型分析

由图 2-34 可知，在参与调研的用户中，建筑工程五方责任主体中占比最高的是施工单位，达到 35.23%，其次是建设单位，占比达到 34.96%，再次是监理单位，占比达到 12.74%，此外有 8.4% 的用户为高等院校及研究机构。

接下来将从数字建造的作用和业务关注度两个方面讨论分析不同企业类型的用户对数字建造的态度。

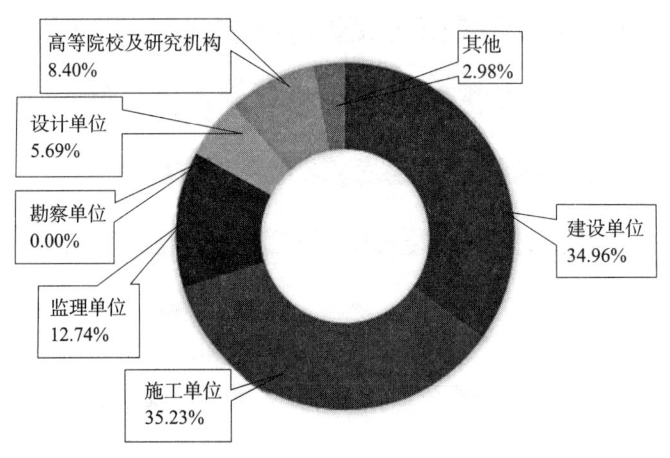


数据来源：品茗股份研究院

**图 2-34　受访用户所在企业类型**

从图 2-35 中可以看出，建设单位和监理单位认为数字建造非常有用和比较有用的用户占比分别为 85.1% 和 90.9%，均高于施工单位的 77.52%，相对来说监督方对数字建造的作用持更加乐观的态度。

由图 2-36 可知，在数字建造业务价值方面，安全管理属于最能体现数字建造技术价值的业务，有 34.04% 的建设单位认为数字建造能给安全管理带来较大的提升；有 16.28% 的施工单位则认为数字建造能提升项目成本管理；有 18.18% 的监理单位则更认可数字建造在质量管理方面带来的优势。

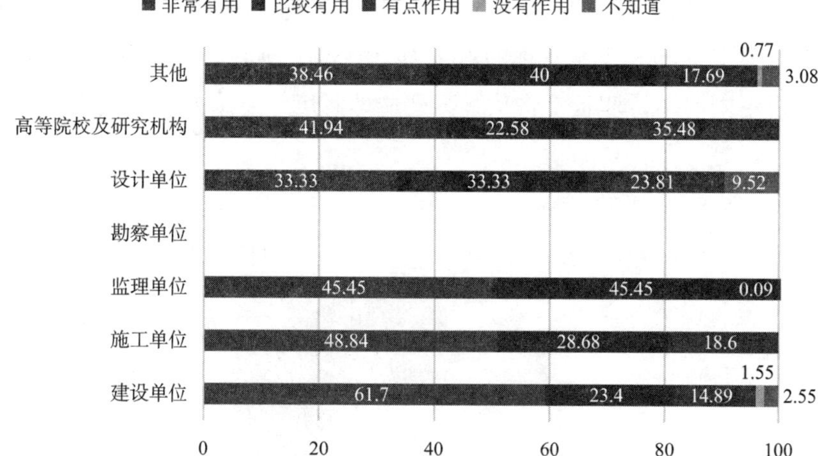


数据来源：品茗股份研究院

**图 2-35　不同类型企业对数字建造作用的认知（%）**

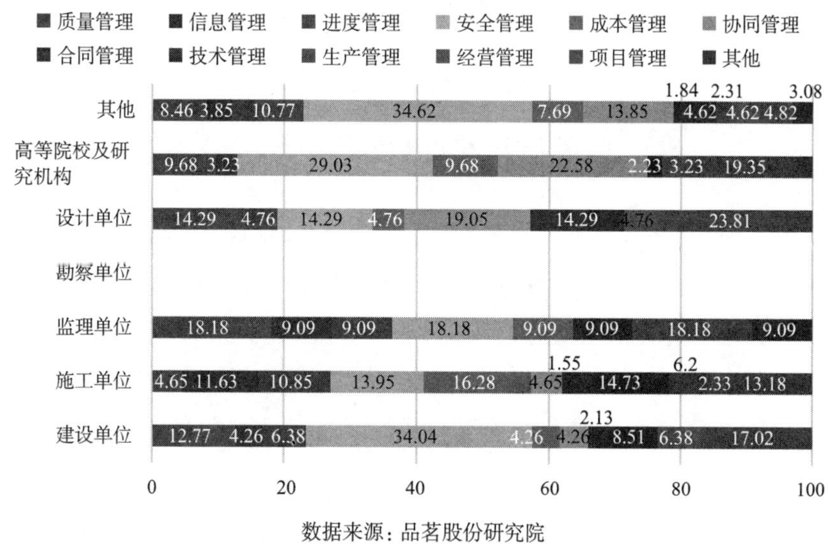


数据来源：品茗股份研究院

**图 2-36　不同类型企业对数字建造价值的认知（%）**

4. 岗位职责分析

参与调研的用户基本涵盖了工程建设过程中大部分的工作岗位和管理职

责（图 2-37），用户岗位职责主要集中在技术管理的占比为 25.75%，成本管理的占比为 17.89%，安全管理的占比为 20.33%，项目管理的占比为 10.57%。针对用户不同的岗位职责，将从智慧建造熟悉度、未来看法方面进行进一步分析。

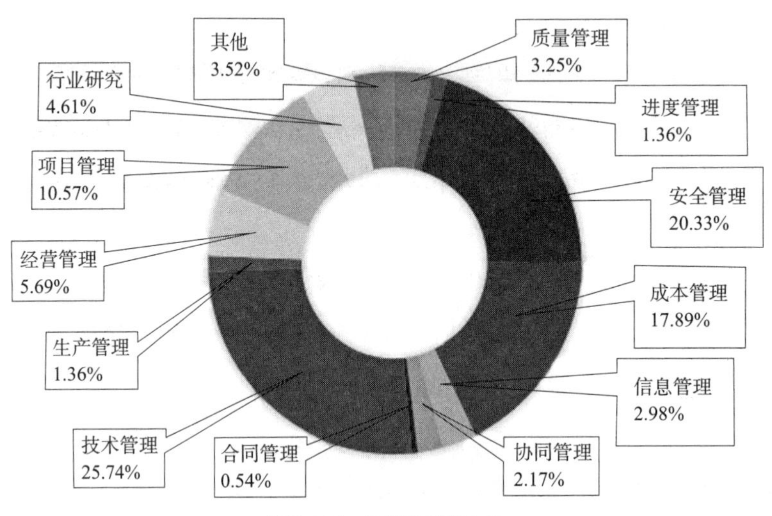


数据来源：品茗股份研究院

**图 2-37　受访用户岗位分布**

从图 2-38 中可以看出，对数字建造熟悉程度最高的岗位是安全管理和行业研究，选择熟悉和非常熟悉的用户分别占 40% 和 41.18%，其中行业研究相关人员对智慧建造了解程度最深；而从事生产管理的用户对数字建造了解程度最低，有 40% 的用户不知道数字建造技术；质量管理和进度管理相关的用户则对数字建造的理解程度较浅，大部分主要停留在听说过和了解的层次。

而在数字建造未来价值方面，由图 2-39 可知，除了生产管理和进度管理用户外，各岗位用户选择非常有用的比例均大于 50%，其中行业研究相关岗位人员最乐观，选择非常有用的用户占比为 70.59%，另外 29.41% 的用户选择了比较有用，总体来看非常看好数字建造的发展。

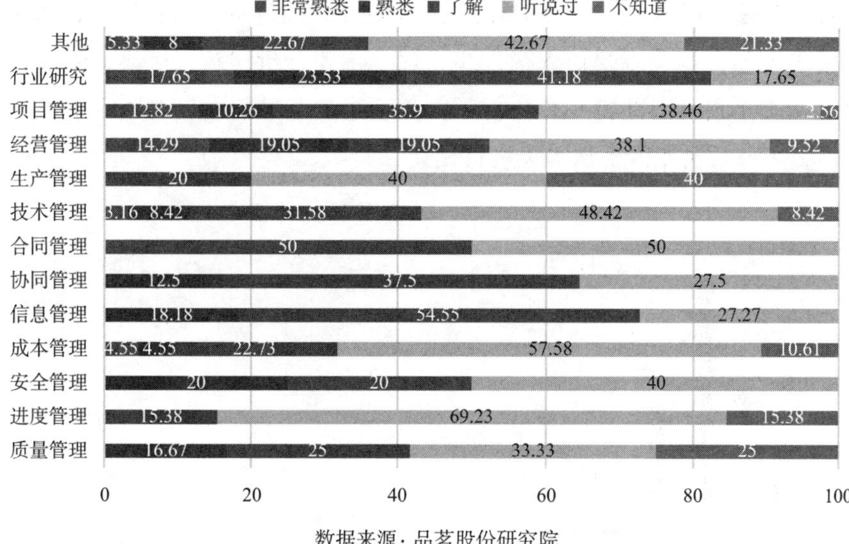


数据来源：品茗股份研究院

**图 2-38 不同岗位受访用户对数字建造的熟悉情况（%）**

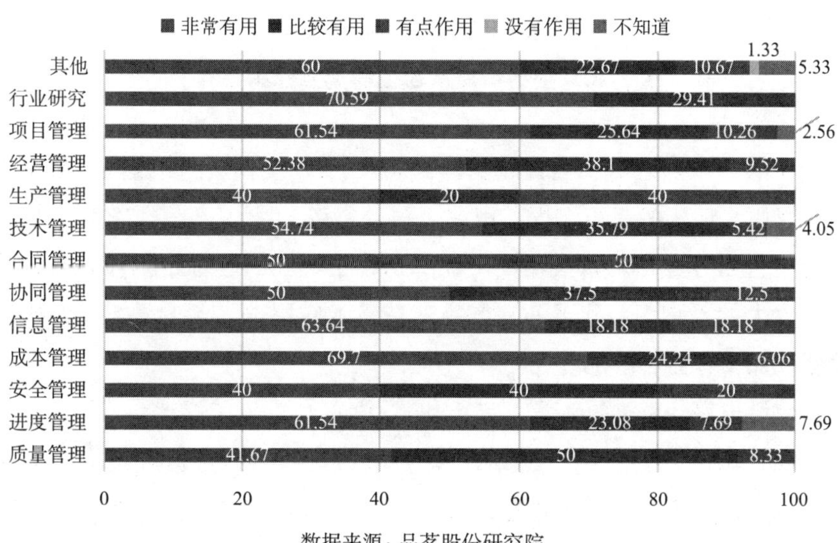


数据来源：品茗股份研究院

**图 2-39 不同岗位受访用户对数字建造未来的看法（%）**

5. 工程类型分析

由图 2-40 可知，在所有参与调研的用户中，最多的是从事建筑工程、市政工程、公路工程的人员，其中有 90.51% 的受访用户从事过建筑工程相关工作。由于其他工程类别受访人员较少，以下主要分析建筑、市政、公路工程人员的调查结果，以此进一步分析不同工程类型背景的人员对数字建造的看法，以数字建造带来的价值为例进行比较。

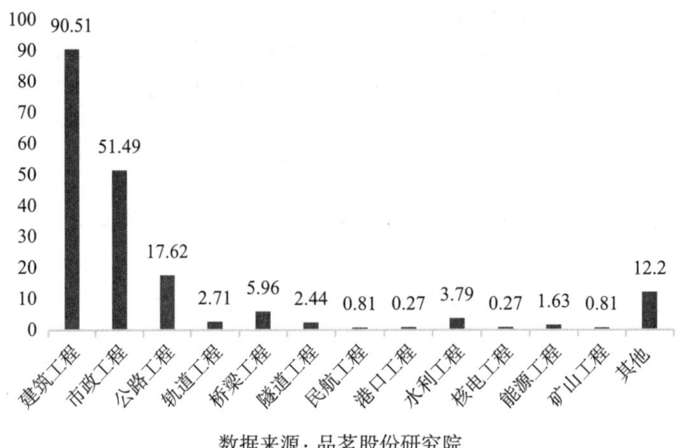


数据来源：品茗股份研究院

**图 2-40　受访用户从事工程类别分布（%）**

由于港口、核电等工程背景的调研用户较少，存在个体偏差，暂不纳入分析，以用户最多的建筑工程、市政工程、公路工程为例（图 2-41），其中在数字建造价值方面的调研表明安全保障排在第一位，三者之间各业务价值走势没有太大的差别，由此可知在数字建造技术应用中，各工程类型对数字建造价值认知没有显著区别。

6. 建设规模分析

在参与调研的用户中（图 2-42），目前负责项目的投资规模主要集中在 5000 万 ~ 50 亿元，其中占比最多的是 1 亿 ~ 10 亿元，占比为 39.95%。通常来说不同工程规模代表了不同体量的建设项目，在对数字建造的总体认知上，从数字建造熟悉程度、数字建造投入意愿、数字建造推动要求以及价值体现几个方面进行分析。

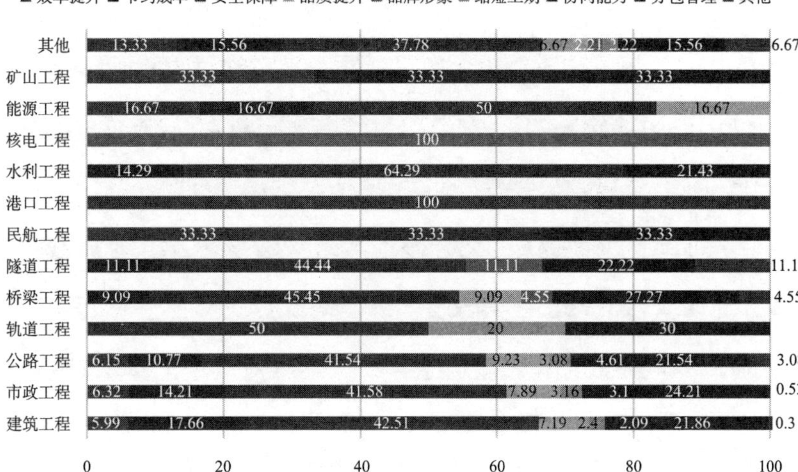


**图 2-41　不同类型工程受访用户对数字建造价值的理解（%）**

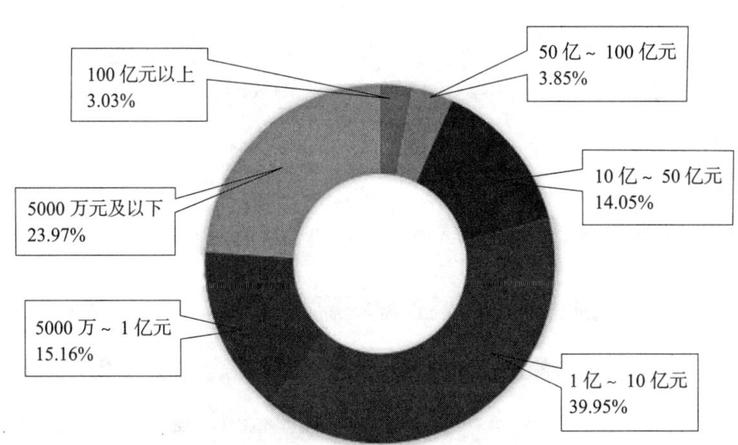


**图 2-42　受访用户负责项目规模分布**

由图 2-43 可知，在对数字建造的熟悉程度上，最直观的表现是投资规模越大的项目，相关人员对数字建造越了解，100 亿元以上的项目人员选择非常熟悉和熟悉的用户占比达到 54.54%，其次是 50 亿 ~ 100 亿元的项目人员，用户占比达到 28.58%。

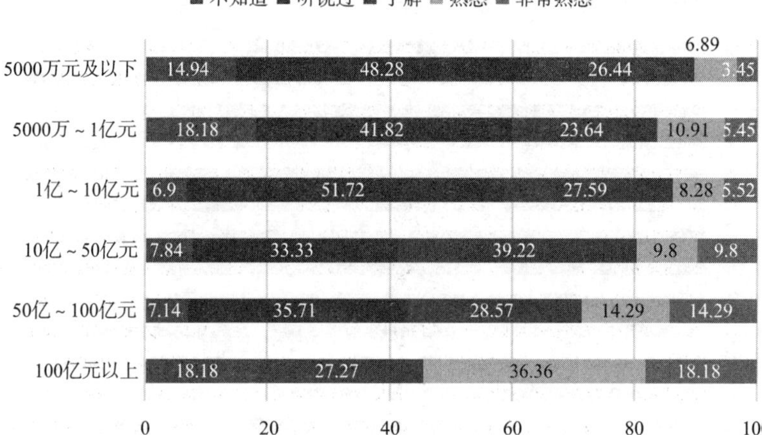


**图 2-43　不同规模项目用户对数字建造的熟悉程度（%）**

由图 2-44 可知，在比较可以接受的数字建造投入方面，50 亿元以下规模项目可承受的投入金额主要集中在 50 万～100 万元，相对来说越大规模的项目愿意投入更多资金；100 亿元以上规模项目对数字建造的投入承受能力显著大于较小规模的项目。

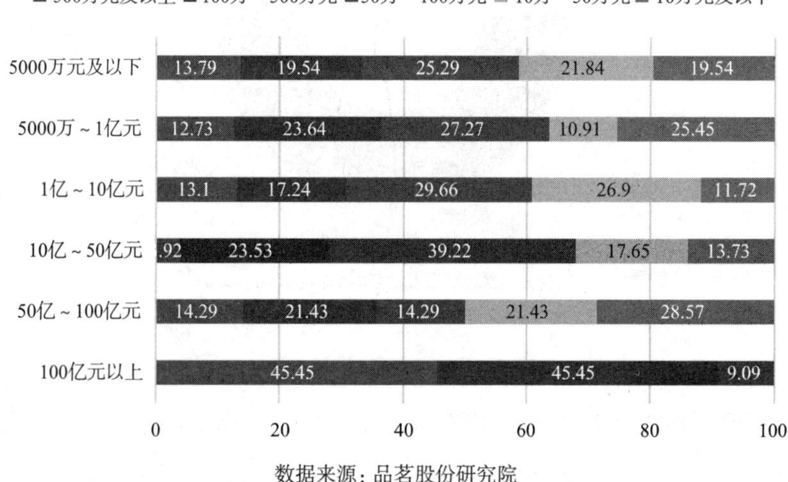


**图 2-44　不同规模项目用户对数字建造投入的承受能力（%）**

在推动数字建造发展的因素选择中，不同投资规模的用户在因素选择中并未呈现出太大的差异，政策支持、资金支持和技术支持是最关注的三个因素，有超过半数的受访用户选择了这三个因素，见图 2-45。

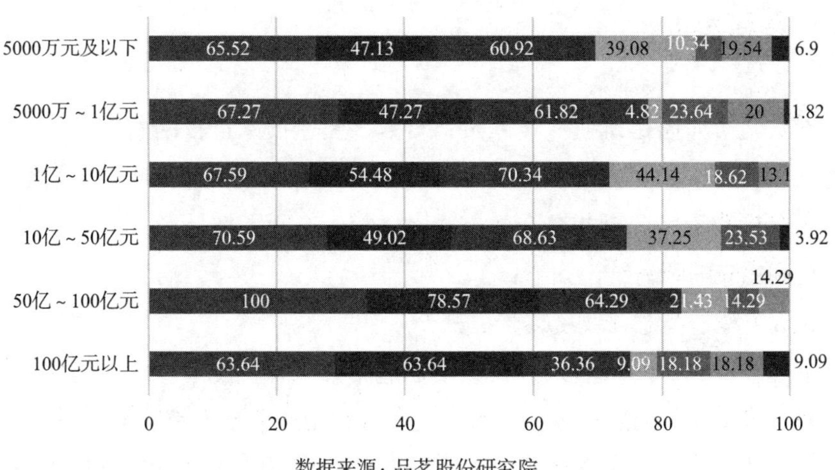


数据来源：品茗股份研究院

**图 2-45　不同规模项目用户对数字建造推动因素的理解（%）**

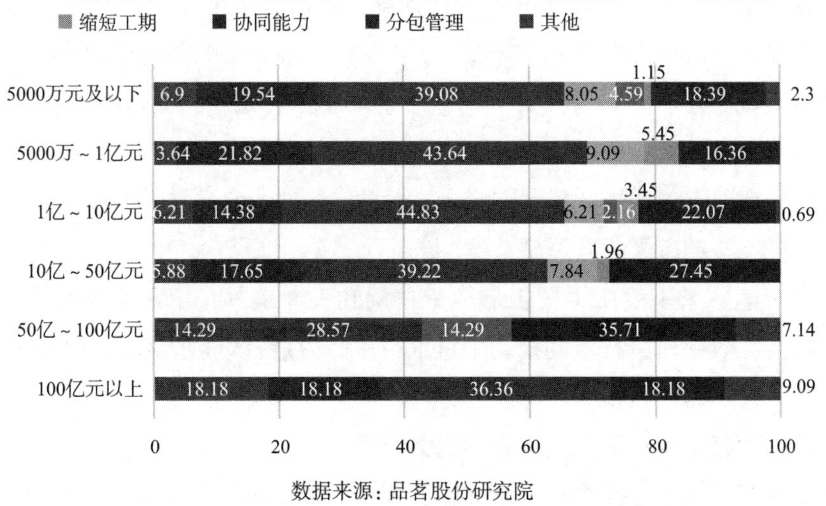


数据来源：品茗股份研究院

**图 2-46　不同规模项目用户对数字建造价值的理解（%）**

由图 2-46 可知，在数字建造最有价值的业务体现方面，除了大部分用户均认可安全保障外，项目规模大的用户选择效率提升的比例高于项目规模小的用户，而规模小的项目在节约成本方面选择率高于规模大的项目，这表明项目越大越在意效率提升，规模小的项目则更关注成本节约。

## 2.3 分析结论

本次调研面向建筑业从业人员，对数字建造技术进行问卷调查，从数字建造概念普及、业务方向、发展趋势、应用技术等方面进行调研分析，采用单因素分析和交叉分析相结合的方法，在相对全面了解从业人员背景的基础上，得到相应的调研结论如下：

1. 数字建造概念普及度逐步提升

参与本次调研的从业人员在数字建造相关概念、使用技术、处理业务等方面都表现出较好的熟悉度，在实际工作过程中或多或少都接触到相关应用，接触数字建造的方式也表现得越来越丰富，只有少部分用户对数字建造表示不了解，这表明数字建造正处于快速普及和发展的阶段。

2. 从业人员对数字建造当前和未来乐观

从业人员对数字建造技术给行业带来的价值表示极大的肯定，认为其在实际的业务过程中提供了安全保障、效率提升、成本节约等价值；同时在对未来的发展期望中，大部分从业人员认为数字建造技术在未来将给工程建设行业带来更大的价值，认为其在未来将会发挥巨大作用的用户比例较高，从业人员整体对数字建造持有乐观态度，且对数字建造的发展充满期待。

3. 政策推动、人才培养是关键

数字建造未来发展主要依靠政策推动和人才培养，用户希望政府部门、行业协会在数字建造技术的推动中贡献更多的力量，包括政策的制定和完善、专业技术人才的培养和培训等措施。

4. BIM 技术得到普及，新技术潜力巨大

在数字建造相关技术方面，得益于 BIM 技术的推广，从业人员对 BIM 技术的认知和价值体现达到较高的水平；而在新技术方面，从业人员对人工智能、

大数据、物联网等相关技术在数字建造的应用寄予厚望，认为其符合数字建造技术的发展方向，会给工程建设带来新的变革。

5. 安全方面的应用成熟度、期望度高

安全保障和安全管理被认为是最能体现数字建造价值的行业应用，大量从业人员都在实际工程建设过程中接触过安全管理相关的数字建造应用，相应的应用成熟度最高且价值最显现，同时用户对后续数字建造与安全管理的结合也会有极大的关注和期望。

综上所述，目前数字时代的到来促进了建筑业与数字技术的融合。随着施工目标和要求的不断提高，工程建设相关业务愈加复杂，人员和工程风险不断增加。建设工程迫切需要用先进的技术手段改变传统粗放的施工方法，实现工程管理的数字化、精细化和智能化，数字建造是工程行业发展的必然之路。然而，对于新技术的实施或管理模式的创新，通常会面临人员认知滞后、技术应用缓慢、发展方向不确定等问题，今后，数字建造在工程建设中怎样才能使其与工程建设安全、质量、进度等业务进行更深入的结合，以及人工智能、物联网、大数据等新兴技术如何与工程技术更加融合等研究直至商业普及，仍需要相关从业人员和研究人员一起努力寻求答案。

本次调研通过发放问卷研究工程建设从业人员对数字建造的总体认知，鉴于选择人员的主观性、问卷问题的设置深度、各因素权重设置的主观性等原因，调研结果并不能完全量化数字建造在行业内的应用情况，无法保证绝对的精确，但依据样本群体对象的资质和职能选择，还是能充分反映从业人员对数字建造的态度，为整个行业现阶段的发展现状提供一些新的看法。

# 3　数字建造发展趋势

数字建造正处于快速发展阶段，更丰富、更深入的应用将随着技术的不断成熟涌现出来，给建筑业带来生产方式的巨大变革。在 BIM 应用范围不断拓广、专业深度继续加深的基础上，一批新的场景化应用将得以实现；智能建造的技术和产业体系正在逐步建立起来；BIM 技术、GIS 技术、IoT 技术广泛应用后形成的 CIM 模型是“数字孪生城市”的基础，助力智慧城市建设。

## 3.1　BIM 向专业深度和应用广度纵横发展

目前的建筑设计工作中，通常并非直接使用 BIM 软件进行正向设计，而是先以传统的二维设计方式完成图纸绘制，再利用 BIM 软件翻模完成三维建模。这不仅增加了工作流程，降低了工作效率，也不符合数字建造的生产理念。随着设计软件、BIM 软件等技术的发展，以及行业标准规范的制定和相关法律法规的制定，未来的设计工作将会逐渐直接在 BIM 平台上展开。

许多企业都正在建立自己的 BIM 平台族库，形成一系列标准化的构件模型供重复使用，提高 BIM 建模效率和质量。当这些构件中预先内嵌充分的不同种类信息后，可以在这基础上进行更加深入的 BIM 应用。

比如在构件中内嵌符合要求的计量成本信息后，可以直接在 BIM 模型中生成相应的工程量清单，用于工程各个阶段的造价算量。在设计阶段，设计人员可以利用这些构件快速完成限额设计；在招标投标阶段，造价人员可以更方便地掌握工程总量完成任务；在施工阶段，将供应商报价对接到这个计量系统中，能更便捷地自动估算各进度的工程成本，并与实际工程量比较，方便施工企业管理。在累计大量实际工程量与对应 BIM 模型的数据信息后，可以进一步使用大数据手段进行分析偏差，优化工程量、工程进度用时的估算方式，

指导生产工作的进行。

另外在构件进行工业化生产时，标准化的构件能减少 BIM 模型与工厂设备之间信息交互的障碍，更高效地适配工厂生产设备，提高构件生产的效率，保证生产出的构件质量水平。在装配式建筑设计体系中，包括结构系统、外围护系统、设备与管线系统、内装系统等[1]，建筑中各个系统之间独立性更强，在设计阶段就要完成建筑的单元化拆分。使用标准化的构件系统可以减少专业之间配合的困难，提升协同管理的效率，完成设计的一体化。

在目前很多项目的BIM应用上，设计、施工阶段的模型使用其实是割裂的，BIM 模型中的信息没有在各个阶段继承下来，无法充分体现出在建设中使用 BIM 的价值。随着标准化构件的使用，在项目的各个阶段，BIM 模型不再需要重新建立，而是顺着项目的推进逐渐进化，随着实时信息不断迭代，从设计到运维，适应各个项目各个阶段的具体需求。

BIM 技术贯穿工程全生命周期后，能与全过程工程咨询高度融合，在设计、造价、施工、管理每一个阶段都产生价值。建设过程中使用 BIM 模型可以优化建筑物设计，减少设计错误，提高设计水平；通过 BIM 进行施工策划，节约工期和成本；在竣工后将 BIM 模型交付给运营管理方，便于后续建筑使用过程中的实时监测和维护修缮。在国家不断出台政策推进的市场背景下，全过程工程咨询势必会得到迅猛发展，这将促成 BIM 技术的更广泛应用。BIM 技术也能对全过程工程咨询中多方协同、多业务管理提供支持，提高咨询企业在各个阶段的服务水平。

BIM 不仅将在更广泛的场景中应用，也将在更广泛的终端上运行。目前的 BIM 应用主要运行在 PC 端，这不便于在施工现场实时展示 BIM 模型信息，指导现场生产；在设计协同中，也不便于随时进行沟通协作。移动终端设备和移动互联网技术的发展，使移动端的 BIM 应用得以实现。经过移动适配的 BIM 模型可以轻松运行在移动终端上，能更方便地给客户展示设计成果，交流设计方案；在施工现场也能够随时调取设计模型细节指导施工作业，保证工程的质量。

---

[1] 牛慧硕 . BIM 技术在装配式建筑中的应用 [J]. 居业，2020（10）：154，156.

## 3.2 数字建造向智能化、智慧化发展

智能化、智慧化发展是所有行业在数字时代进一步的发展方向，代表了更高质量的发展要求。智能建造不仅涵盖了建造过程中的设计、结构仿真等虚拟环境中的数字化工作，更进一步对建造环境、安全监测等过程中使用的信息技术和先进建造技术提出了要求。

比如数字孪生技术的使用。通过人工建模、物联网和设备采集信息的方法，将现实物理实体与虚拟模型进行交互映射，构建出数字孪生模型，并生成数字孪生数据，利用机器学习算法等对数字孪生模型中的信息进行分析，通过智能设备把分析结果传达给施工人员，实现施工过程安全风险管理等服务。在运维阶段，由包括虚拟模型数据和设备参数数据在内的各种数据库作为支撑，融合建造结构和设备在运行和维护过程中产生的数据，形成建造结构和设备的数字孪生体。实现实体与虚拟之间的同步反馈和实时交互后，能对建筑结构和设备故障进行准确预测，提供健康管理服务。

在劳动力短缺和用工成本不断上涨的大环境下，自动化的生产、制造是辅助智能制造的另一个关键点。智能建造涵盖了建筑业设计、加工、物流、施工等全部生产流程。2020 年，住房城乡建设部等十三部门联合发文《关于推动智能建造与建筑工业化协同发展的指导意见》，这意味着智能建造的实现必须融合建筑工业化的发展。[1]

面向建筑业工业化生产开发的自动化流水线、机器人等设备正在不断被研发出来。装配式构件工厂流水线上可以实现预制构件的全自动生产，3D 打印技术可以根据构件的几何信息数据精确打印出构件，混凝土浇筑机器人可以在施工现场根据 BIM 模型打印出复杂的曲面结构，使用激光扫描技术的自动测量机器人能完成对建筑物的尺寸测量并与设计模型进行比对标识出不符合要求的部位，还有部分机器人已经具有自主完成简单施工任务的能力。

人工智能技术的发展也正逐步向建筑业领域渗透，给智能建造提供了新

[1] 林建昌，何振晖，林江富，吴晓伟．基于 BIM 和 AIoT 的装配式建筑智能建造研究 [J]. 福建建设科技，2021（04）：120-123.

的工具和新的生产力。人工智能BIM图审已经在部分地区进行试点工作，大大减少人工的审查工作量，提升审查效率和质量。人工智能规划、设计、建模、绘图应用已经得到不少公司的关注，并逐渐开发出一系列初具雏形的产品。通过输入一系列表达设计需求的参数，自动设计软件可以“计算”出符合要求的建筑设计方案供设计人员参考。经过大量数据样本的不断训练后，这类人工智能产品将能把工程师和设计师们从大量繁重的软件操作上解脱出来，让专业人员能更集中于建筑的规划和设计工作本身，生产出更高质量的产品。

此外，在建筑业人才培养方面，智能建造也站在了风口之上。自2018年起，陆续有高校开设智能建造专业，将传统的土木工程专业与计算机应用技术、机械自动化、工程管理等专业相融合，就智能装备、智能设计、智能施工、智能开发等多元需求进行训练，为我国建筑业培养出同时掌握建筑工程专业知识和智能建造工业化及信息化相关应用技术能力的专业人才。

## 3.3 数字建造构成智慧城市发展的基础

2016年后，各地纷纷把智慧城市建设写入“十三五”发展规划，把建设智慧城市作为未来城市发展的重点工作。2020年全国两会，“新基建”被首次写入政府工作报告，如何让“城市大脑”变得更聪明成了智慧城市建设破局的关键。2021年的两会，关于新型智慧城市建设的讨论持续升温。《2021年新型城镇化和城乡融合发展重点任务》提出要建设新型智慧城市，推进市政公用设施智能化升级，改造交通、公安和水电气热等重点领域终端系统；建设“城市数据大脑”等数字化、智慧化管理平台，推动数据整合共享，提升城市运行管理和应急处置能力；全面推行城市运行“一网通管”，拓展丰富智慧城市应用场景。

在智慧城市的运行管理中，由建筑信息模型（BIM）、地理信息系统（GIS）和物联网（IoT）等技术为基础，形成的CIM基础平台整合了城市地上地下、室内室外、历史现状未来多维多尺度信息模型数据和城市感知数据，是智慧城市的基础性、关键性和实体性信息基础设施。在这个平台上，能对城市中的智慧工地、智慧园区、智慧社区等进行规划、建设、管理、运行工作，支撑城市建设、城市管理、城市体检、城市安全、住房、管线、交通、水务、规划、自然资源、工地管理、绿色建筑、社区管理、医疗卫生、应急指挥等领域的应用，并对接工程建设项目审批管理系统、一体化在线政务服务平台等系统，支持智慧城市其他应用的建设和运行。多级 CIM 平台框架体系建设完成后，能系统化地帮助推进基础设施短板补齐和城市更新改造。

在部分地区的智慧城市建设过程中，存在政府部门职责不明确、部门间沟通不顺畅、数据孤立没有得到共享、无法高效完成配合的情况，影响了智慧城市的建设进程和建设效果。CIM 平台可以将各个部门、组织衔接起来，围绕着这个中心，把有价值的数据进行标准化、规范化的整理，有利于数据的交换共享，充分发挥出数据的价值。利用 CIM 平台上的充足数据，可以更好地对城市进行规划和设计。无论是交通、公共安全的应急处理和对城市生态环境的保护规划，还是城市基建更新产生的影响，都可以在 CIM 模型中利用城市运行的真实数据进行模拟、预测，并根据结果制定相应的优化策略或解决方案，从而提高城市管理水平。数字孪生技术是智慧城市的关键前提和使能技术，可以实现虚拟空间和物理空间的信息融合交互，向物理空间传递虚拟空间反馈的信息，从而实现城市在 CIM 模型中的全物理空间映射、全生命期动态建模、全过程实时信息交互、全阶段反馈控制。[1]

[1] 刘占省，史国梁，孙佳佳 . 数字孪生技术及其在智能建造中的应用 [J]. 工业建筑，2021，51（03）：184-192.

# 第二部分　安全篇

## 4　安全是发展的基础

安全是什么？安全通常是指人没有受到威胁、危险、危害、损失，人类整体与生存环境资源和谐相处，互相不伤害，不存在危险隐患，是免除了不可接受的损害风险的状态。安全是在人类生产过程中，将系统运行状态对人类的生命、财产、环境可能产生的损害控制在人类能接受水平以下的状态。

安全生产事关人民福祉，事关经济社会发展大局。作为国民经济重要支柱产业，建筑业正处于全面转型升级和高质量发展的重要阶段。然而，在中国经济和社会的快速发展的同时，我国建筑业安全生产形势严峻复杂的局面并没有随着经济发展而得到有效改善，事故总量仍较大，重大人员伤亡的群死群伤事故仍频发，与国家倡导的建筑业高质量发展以及习近平总书记的批示“坚持人民至上、生命至上、树牢安全发展理念”存在一定差距。

原因主要是源自建筑行业自身的特殊性，如:建筑产品位置固定、体积大、变化大、形状不规则;其生产活动周期长、人员流动分散、临时员工多、露天高处作业多、立体交叉作业多、体力劳动强度高、作业难度大、工作条件差等;加之大量民工进城，从事的工作主要就是建筑施工，这些人缺乏必要的安全知识和自我保护意识,违章作业比较严重,建筑施工企业管理又存在管理不善、措施不力等原因，导致建筑施工安全事故频繁，人员伤亡、财产损失十分严重。

进入“十四五”规划的开局之年，我国经济将继续坚持稳中求进的工作总基调，完整、准确、全面贯彻新发展理念，深化供给侧结构性改革，加快构建新发展格局，推动高质量发展；同时加快推进“十四五”规划重大工程项目建设，引导企业加大技术改造投资。另外，我国2020年城镇化率已达到63.89%，距离发达国家美国（83%），未来仍有近20%的发展空间。在未来，我国在基础设施建设方面仍有一定的投资空间，加之李克强总理在2020年倡导的“新基建”在未来也同样具有迅猛发展的潜力。

然而，建筑业在迎接高质量发展和加快推进“十四五”规划重大工程项目建设的同时，需着重强调一点是，施工安全是发展的基础。早在2013年6月6日，针对当年全国多个地区接连发生多起重特大安全生产事故，造成重大人员伤亡和财产损失的问题，习近平总书记就做好安全生产工作做出重要指示，指出，“人命关天，发展决不能以牺牲人的生命为代价，这必须作为一条不可逾越的红线。”“人民至上、生命至上”,2017年党的十九大报告提出:“树立安全发展理念，弘扬生命至上，安全第一的思想。”这些话充分表达了国家高层对于人民生命安全的重视，已经把这点放到了超越一切的一个至高无上的地位，一个真正的安全第一，没有并列。发展的目的是人民的幸福，发展过程中可以有很多代价，但绝不以人民的生命作为代价。

总之，我们需要在建筑业高质量发展的同时，有效地在全国范围内建立起更加高效的安全管理模式来直接降低安全事故的发生率，减少经济损失，因为施工事故造成的损失往往能够达到工程项目总成本的近3%。一旦出现无法有效控制建筑工程安全问题，则会造成巨大的经济损失并严重冲击了人民群众的安全感和幸福感，严重制约建筑业健康发展，因此，安全是作为发展的一条不可逾越的红线、是发展的基础。

## 4.1 安全是底线思维

良好的建筑安全生产法规体系可以为参与建设活动的各方责任主体提供正确的行为模式，可以为政府主管部门强化安全监管赋予具有法律权威性的手段，可以依法对安全生产违法违规主体和行为实施法律制裁。目前我国已经初步建立了建筑安全生产法规体系，确立了一系列基本的管理制度。

因此完善我国建筑安全生产法规体系，使其充分发挥促进我国建筑安全生产形势好转的应有作用。随之而来的安全立法、安全政策、安全文化以及

安全监管监察机制等应运而生,并在实践中不断加以完善。为了保证安全生产,国家出台了一系列政策及法规:

1997 年 11 月 1 日，第八届全国人民代表大会常务委员会第二十八次会议通过《中华人民共和国建筑法》。2011 年 4 月 22 日，第十一届全国人民代表大会常务委员会第二十次会议《关于修改〈中华人民共和国建筑法〉的决定》进行第一次修正。2019 年 4 月 23 日，第十三届全国人民代表大会常务委员会第十次会议《关于修改〈中华人民共和国建筑法〉等八部法律的决定》进行第二次修正。

2002 年 6 月 29 日，第九届全国人民代表大会常务委员会第二十八次会议通过,2002 年 11 月 1 日实施《中华人民共和国安全生产法》。2009 年 8 月 27 日，第十一届全国人民代表大会常务委员会第十次会议《关于修改部分法律的决定》第一次修正，于 2009 年 8 月 27 日实施。2014 年 8 月 31 日，第十二届全国人民代表大会常务委员会第十次会议《关于修改〈中华人民共和国安全生产法〉的决定》第二次修正，于 2014 年 12 月 1 日实施。2021 年 6 月 10 日十三届全国人大常委会第二十九次会议对《中华人民共和国安全生产法》进行修改，并于 2021 年 9 月 1 日施行，在此期间共修改三次，条款由原来 2002 年版的 97 条增加到 119 条，比原来的条款增加了 22.7%，加上增加的和修改的条款，其修改幅度达到 90.7%，但还有 30 条条款至今没有修改过。

最新版的《中华人民共和国安全生产法》最大的亮点就是将“管行业必须管安全、管业务必须管安全、管生产经营必须管安全”(以下简称“三个必须”)写入法律。“三个必须”是习近平总书记批示的原话，最早见于 2013 年 11 月 24 日习近平同志关于青岛“11.22”爆炸事故的讲话。新《中华人民共和国安全法》充分体现了我国法治建设的发展和创新，提出一些新的有力措施保障安全生产，其中一些是目前正在做的且行之有效的，现在以法律的形式确定更有利于实施。

2003 年为了加强建设工程安全生产监督管理，保障人民群众生命和财产安全，根据《中华人民共和国建筑法》《中华人民共和国安全生产法》，国务院制定《建设工程安全生产管理条例》，对五方责任主体相关安全责任进行明文规定。

2016年12月18日，面对安全生产工作的要求，中国政务网公布了《中共中央国务院关于推进安全生产领域改革发展的意见》（以下简称《意见》）。该《意见》是中华人民共和国成立以来第一个以党中央、国务院名义出台的安全生产工作的纲领性文件，包含总体要求、健全落实安全生产责任制、改革安全监管监察机制、大力推进依法治理、建立安全预防控制体系、加强安全基础保障能力建设六部分30条，为当前和今后一个时期我国安全生产领域的改革发展指明了方向和路径。要求到2020年，安全生产监管机制基本成熟，法律制度基本完善，全国生产安全事故总量明显减少，职业病危害防治取得积极进展，重特大生产安全事故频发势头得到有效遏制，安全生产整体水平与全面建成小康社会目标相适应。到2030年，实现安全生产治理体系和治理能力现代化，全民安全文明素质全面提升，安全生产保障能力显著增强，为实现中华民族伟大复兴的中国梦奠定稳固可靠的安全生产基础。

近几年，出于对生命的敬畏和尊重，我党和高层领导在很多场合下多次强调安全的重要性以及关于安全生产做出一系列批示指示，党的十八大报告中提出，建筑单位要强化安全建设体系，从根本上预防出现重大安全事故。党的十九大报告中再次强调“建立健全的公共安全机制，在此基础上完善安全生产责任制，实现提前预防出现重大安全事故”。习近平总书记在党的十九大报告中，针对新时代安全生产工作面临的新形势、新任务、新挑战、新机遇，强调要“树立安全发展理念，弘扬生命至上、安全第一的思想，健全公共安全体系，完善安全生产责任制，坚决遏制重特大安全事故，提升防灾减灾救灾能力。”这是以习近平同志为核心的党中央对新时代安全生产工作的新部署，是当前和今后一个时期安全生产领域的根本任务。[1]

2020年4月10日，习近平总书记对安全生产作出重要指示中强调“生命重于泰山。各级党委和政府务必把安全生产摆到重要位置，树牢安全发展理念，绝不能只重发展不顾安全，更不能将其视作无关痛痒的事，搞形式主义、官僚主义。要针对安全生产事故主要特点和突出问题，层层压实责任，狠抓整

[1] 黄毅．关于安全发展的哲学思考——学习总书记关于安全生产重要论述的体会 [J]. 中国安全生产，2018.

改落实，强化风险防控，从根本上消除事故隐患，有效遏制重特大事故发生。”李克强总理批示要求“严格落实安全生产责任制，抓实抓细复工复产安全防范工作。要围绕从根本上消除事故隐患，在全国深入开展安全生产专项整治三年行动。要强化组织领导，把解决问题、推动企业主体责任落实作为整治的关键，进一步完善安全生产执法体系，提升基础保障能力，加强应急处置，扎实推进安全生产治理体系和治理能力现代化，为全面建成小康社会营造稳定的安全生产环境。”

安全发展理念的提出，体现了党在发展理念上的重大转变，体现了对现阶段安全生产规律特点的深刻把握，体现了党实事求是的思想路线，可以说是认识和解决安全生产理论与实际问题的一把总钥匙、一个总枢纽。安全发展理念总体包括以下几点：

第一，安全发展理念从社会主义初级阶段的基本国情出发，演化至今，已形成一套固有的安全生产规律。现阶段我国社会主要矛盾虽然发生了变化，但我国仍处于并将长期处于社会主义初级阶段，生产力发展不均衡，基础脆弱；当前我国正处于工业化、城镇化快速发展时期，仍是事故易发多发的特殊阶段，安全生产面临诸多挑战。一方面经济快速发展，社会生产经营活动和劳动就业规模不断扩大，各类事故风险日益增多；另一方面，安全法制尚不健全，政府监管机制不尽完善，科技和生产力水平较低，企业和公共安全基础薄弱，教育与培训相对滞后，总体安全保障能力不足等，这些因素相互叠加影响，稍有不慎就容易导致事故发生。

同时，仍需清醒地看到，当前制约安全生产的一些深层次矛盾，特别是结构性、机制性矛盾没有根本解决，安全生产的压力没有缓解，面临的挑战仍然严峻。所以，现阶段安全生产形势总体稳定与依然严峻并存，机遇与挑战同在。习近平总书记正是清醒地分析和把握了现阶段安全生产的规律特点，坚持前国家领导人胡锦涛的论述（2005 年 8 月，胡锦涛总书记提出安全发展理念）并鲜明地提出红线观点和安全发展理念，并且强调指出：有人说在目前这个发展阶段，付出一些生命代价的事可能防不胜防，这种认识是错误的。必须牢固树立这样一个观念，就是不能要带血的 GDP。发展要以人为本、以民为本，要把转方式、调结构、促发展紧密结合起来，从根本上提高安全发展水平。要按照习近平总书记观察分析形势的立场观点和方法，认清新时代安全生产面临的新形势、新任务，有效应对各种挑战，增强工作的前瞻性，把握工作的主动权。

第二，安全发展理念从安全与发展的辩证统一关系中，揭示并划出一条不可逾越的生命红线。安全与发展是对立统一的一对矛盾体。离开发展谈安全，没有任何意义，因为不发展最安全，不生产也不会出事故。但是不发展行吗？离开安全谈发展，更没有任何意义，因为发展的成果是由人来享用，人的生命没有了，发展再快能有什么用？所以习近平总书记强调，发展是大事，安全生产也是大事。那么当经济社会发展与安全生产发生摩擦、遇到矛盾时，如何处理好这对矛盾呢？习近平总书记旗帜鲜明地划出一条不可逾越的红线，就是发展决不能以牺牲生命为代价，决不能以牺牲安全为代价，要强化红线意识，实施安全发展战略。他特别强调，各地区各部门和各类企业，都要坚持安全生产高标准、严要求，要严把安全生产关，加大安全生产指标考核权重，实行安全生产和重大事故风险“一票否决”。开发区、工业园区的规划、设计和建设都要遵循“安全第一”的方针。习近平总书记这些重要论述，为处理好发展与安全的关系提供了根本遵循。要强化“生命至上，安全第一”的思想意识，时刻把人民群众的生命安全放在第一位，任何时候都不能拿老百姓的生命冒险。

安全发展的理念是促进经济社会发展与安全生产协调运转的重要指导原则，是科学发展的题中应有之义。在科学发展观的四大要素中，发展是第一要务，但核心是以人为本。贯彻落实科学发展观，坚持以人民为中心，第一位的就是坚持以人民安全为宗旨。所以说，安全发展的本质内涵与共享发展理念是一致的。要继续在全社会唱响安全发展主旋律，牢固树立安全发展的理念，进一步凝聚推动实施安全发展战略的整体合力。

第三，安全发展理念从事物发展变化的相互联系中，揭示了安全生产的主要矛盾和矛盾的主要方面。安全生产状况反映一个国家的综合发展水平，是一个动态开放的系统，受到多重因素的制约，各类生产安全事故的发生也有多方面的致灾因素。研究分析安全生产中的问题，不能形而上学、孤立静止，不能就事故讲事故、就安全讲安全。习近平总书记正是以其丰富的实践经验、

深厚的理论功底和睿智的政治家眼光，透过现象看本质，从安全生产纷繁复杂的现象中，抓住问题的实质和要害，站在全局和战略的高度，在鲜明画定红线的同时，做出要牢固树立切实落实安全发展理念的重要指示，为构建安全生产长效机制提供了有力的理论支撑，也为坚守红线提供了机制和政策上的保障。

综上所述，这些重要的论述都切中要害，抓住了制约安全生产的主要矛盾和矛盾的主要方面，提出具有针对性、指导性的新举措，成为安全生产工作的根本遵循。

一方面，是国家对人民生命的敬畏和尊重，表明安全生产事关人民群众生命财产安全，事关改革发展稳定大局，事关党和政府形象和声誉，要正确地认识并把握形势，是做好工作的前提。另一方面，习近平总书记关于安全生产的系列重要论述，正是建立在对现阶段安全生产形势科学分析和总体把握的基础上。

我们要按照习近平总书记的要求，坚持预防为主、防患未然，坚持标本兼治、重在治本，坚持齐抓共管、综合治理，坚持常抓不懈，不断提高安全监管的能力和水平，清醒地研判形势，总体把握形势，科学驾驭形势，促进安全生产形势持续稳定好转，加快实现根本好转。

安全生产总体形势有以下几点：一是要把握安全生产的大趋势。在党和政府一系列政策措施推动下，通过全国上下十几年的艰苦努力，我国安全生产状况已经呈现总体稳定、持续好转的发展态势；安全生产形势的持续好转，凝聚着全社会的共同努力。二是要清醒地看到安全生产形势依然严峻。我国安全生产工作虽然取得一定的成效，但是按照党和政府的要求，按照人民群众对美好生活的需求，仍然存在很大的差距。全国每年因生产安全事故造成的伤亡人员仍然很多，直接经济损失仍然很大。重特大事故还没有得到有效遏制，职业危害相当严重，职业病依然多发高发，安全生产相对指标与发达国家甚至中等发达国家相比还有一定的差距。所以，不要轻言好转，更不能盲目乐观，安全生产这根弦始终都不能放松，放松了就会给党和人民造成不可挽回的损失。“宁防十次空，不放一次松”，切实做到警钟长鸣、警示高悬、警醒万分。三是要看到安全发展依然任重道远。安全生产工作只有起点，没有终点，必须一切从零开始、向零奋进。因为我国仍处在并将长期处在社会主义初级阶段，生产力发展不均衡、不充分，安全保障能力低，各类风险和隐患随处可见、随手可抓，而日益增长的人民群众对美好生活的需要，对安全生产的期望值越来越高，对事故的容忍度越来越低，因而安全生产工作面临的压力越来越大。

近几年，政府经常在全国组织工作组，对各地企业进行明察暗访，这种“不打招呼、直插现场”的明察暗访已经成为“安全摸底”的一项常态化工作。从政府行动上可知，政府用实际行动彰显政府坚持依法行政，坚守“人命关天，发展决不能以牺牲人的生命为代价”这条红线的意识和对安全发展理念的重视，紧紧抓牢安全生产这根弦，带着安全发展理念步入新发展阶段。

总之，通过形势分析，各行各业需时刻坚守“发展决不能以牺牲安全为代价”这条不可逾越的红线。鉴于当前建筑业的安全生产形势和建筑业安全事故造成的严重后果，应当更加重视安全生产的重要性，明白安全生产是底线更是生命线。

## 4.2 安全生产是企业发展基石

党和国家高度重视安全生产工作。习近平总书记多次强调：“坚持党政同责、一岗双责、齐抓共管、失职追责，严格落实安全生产责任制，完善安全监管体制，强化依法检查，不断提高全社会安全生产水平，更好维护广大人民群众财产安全。”“所有企业都必须认真履行安全生产主体责任，做到安全投入到位、安全培训到位、基础管理到位、应急救援到位，确保安全生产。”上述重要指示精神在 2021 年《中华人民共和国安全生产法》的修正过程中得到充分体现并转化为法律规定。所以，安全是企业发展的第一要务，安全也是决定企业未来发展的一个重要因素，直接关系着企业的发展和行业的地位，而且关系企业员工的身体健康和生命安全，影响了成千上万的家庭幸福。

中国建筑业既有大型建筑施工企业，同时也有规模较小、实力较弱的小型企业，因此在建筑企业安全生产重视程度上，这些企业存在着很大差别。一般来讲大型企业均已建立起自身完善的建筑安全管理模式，而一部分中小

企业对于安全管理的重视程度还略低。为了更好地规范建筑施工企业的安全生产问题，通过法规明确施工企业责任、细化责任，建筑工程的安全生产也有了更明确的法律体系，在降低安全事故总量和安全事故规模、提升从业者安全施工意识上发挥了积极而富有成效的作用。

虽然建筑业整体安全管理水平在不断提升，从业企业的安全管理模式也越发完善，但安全生产的覆盖面并没有实现百分之百覆盖，造成这种局面的主要问题有：一些企业仍然使用旧的、落后的安全生产模式，导致安全管理模式和生产实际需要不对等；职业教育体系不完善，建筑业从业人员缺乏必要的安全知识；部分企业缺乏对安全管理的重视，在安全管理模式建设中的资金投入量较小；监管部门监管面过窄，没有完全发挥严格监管的职责，导致一些项目缺乏必要的生产监督。❶

不少企业普遍还存有“多年来企业都没出过安全事故”的麻痹大意思想以及“安全生产没出事就放心了”的侥幸心理进而掉以轻心和放松警觉，这些思想同时也影响企业内部整体的行为，导致工作人员产生松懈、倦怠等，给生产安全埋下隐患。另外，个别企业没把安全放在心上的原因是企业心里在算账，总是以效益为优先，甚至在利益驱动下，抢工期、赶产量等“开源节流”加之在成本上怀着“减少安全投入等于增加效益”心态，安全生产责任不落实，导致安全逃生等安全设备缺失，当事故发生后，给救援增加很大难度。

建筑业作为事故高发行业，安全事故造成的生命和财产损失巨大，企业安全生产现状仍不容乐观，可以参考以下事例：

（1）2019 年 3 月 21 日 13 时 10 分左右，扬州经济技术开发区的中航宝胜海洋电缆工程项目 101a 号交联立塔东北角 16.5 ~ 19 层处附着式升降脚手架（以下简称爬架）下降作业时发生坠落，坠落过程中与交联立塔底部的落地式脚手架（以下简称落地架）相撞，造成 7 人死亡、4 人受伤。事故造成直接经济损失约 1038 万元。调查组认定，该起事故因违章指挥、违章作业、管理混乱引起，交叉作业导致事故后果扩大。事故等级为“较大事故”，事故性质为

❶ 杨致远 . 我国建筑企业的安全风险及管理体系研究 [D]. 武汉工程大学，2014.

“生产安全责任事故”。

事故直接原因：违规采用钢丝绳替代爬架提升支座，人为拆除爬架所有防坠器防倾覆装置，并拔掉同步控制装置信号线，在架体邻近吊点荷载增大，引起局部损坏时，架体失去超载保护和停机功能，产生连锁反应，造成架体整体坠落，是事故发生的直接原因。作业人员违规在下降的架体上作业和在落地架上交叉作业是导致事故后果扩大的直接原因。

事故间接原因：①项目管理混乱；②违章指挥；③工程项目存在挂靠、违法分包和架子工持假证等问题；④工程监理不到位；⑤监管责任落实不力。市住房城乡建设局建筑施工安全管理方面存在工作基础不牢固、隐患排查整治不彻底、安全风险化解不到位、危险性较大分部分项工程管控不力，监管责任履行不深入、不细致，没有从严从实从细抓好建设工程安全监管各项工作。

对相关责任单位和责任人员处理：因涉嫌重大责任事故罪，司法机关已采取刑事强制措施人员 8 人；因安全管理不到位对事故发生负有直接责任，建议追究刑事责任人员 6 人；未落实安全生产对事故发生负有责任，建议给予行政处罚人员 10 人；因安全监督管理不到位，建议给予党纪、政务处分人员 7 人；因知法犯法，违反《中华人民共和国安全生产法》等法规，对事故负有责任，建议对 4 家事故责任单位进行行政处罚。

（2）2019 年 4 月 25 日上午 7 时 20 分左右，河北衡水市翡翠华庭项目 1 号楼建筑工地，发生一起施工升降机轿厢（吊笼）坠落的重大事故，造成 11 人死亡、2 人受伤，直接经济损失约 1800 万元。调查组认定，衡水市翡翠华庭“4 · 25”施工升降机轿厢（吊笼）坠落事故是一起重大生产安全责任事故。

事故直接原因：事故施工升降机第 16、17 节标准节连接位置西侧的两条螺栓未安装、加节与附着后未按规定进行自检、未进行验收即违规使用，是造成事故的直接原因。

事故间接原因：①老程塔式起重机公司未按规定进行方案交底和安全技术交底，员工培训不到位等；②施工总承包单位衡水广夏建筑工程有限公司对安全生产工作不重视，未落实企业安全生产主体责任，对二分公司疏于管理，对翡翠华庭项目安全检查缺失等；③恒远管理公司安全监理责任落实不到位，未按规定设置项目监理机构人员和现场安全生产建立责任落实不到位等；④友

和地产公司未对广夏建筑公司、恒远管理公司的安全生产工作进行统一协调管理，未定期进行安全检查，未对两个公司存在的问题进行及时纠正等；⑤衡水市建材办对区域内建筑起重机械设备日常监督组织领导不力等；⑥衡水市建设工程安全监督站对区域内建筑工程安全生产监督不到位等问题；⑦衡水市住房城乡建设局对全市建筑工程安全隐患排查、安全生产检查工作组织不力，监督检查不到位等问题；⑧衡水市委、市政府对建筑行业安全生产工作重视程度不够，汲取以往事故教训不深刻，贯彻落实省委、省政府建筑安全生产工作安排部署不到位。

对相关责任单位和责任人员处理：参与主体的各相关管理人员因涉嫌重大责任事故罪，移送司法机关采取刑事强制措施人员 13 人；因违反《安全生产法》，2 位项目负责人未定期进行安全检查以及安排无资质证明的监理工作人员操作，建议企业内部规定给予撤职处理，并在住房城乡建设局备案；因贯彻落实上级建筑安全生产工作安排部署不到位，建筑安全生产工作督促检查不到位等，对地方政府及相关监管部门责任人员的处理建议共 9 人；事故相关企业广夏建筑公司、老程塔式起重机公司、恒远管理公司、友和地产公司因公司安全生产责任制度落实不到位，对事故的发生负有责任进行行政处罚，同时，对 11 位事故企业相关责任人同样进行行政处罚，吊销资格证书、处以年收入的百分之六十的罚款等。

安装单位几乎违反了危险性较大分部分项工程和起重机械管理的所有规定，施工单位和监理单位的主要管理人员缺位、安全管理人员不足等问题，调查组建议，广厦建筑、老程塔式起重机公司给予 150 万元罚款的行政处罚，恒远管理公司、友和地产给予 110 万元罚款的行政处罚。

（3）2019 年 5 月 16 日 11 时 10 分左右，上海市长宁区昭化路 148 号①幢厂房发生局部坍塌，造成 12 人死亡，10 人重伤，3 人轻伤，坍塌面积约 1000m$^2$，直接经济损失约 3430 万元。经调查认定，长宁区昭化路 148 号①幢厂房“5 · 16”坍塌重大事故是一起生产安全责任事故。

事故直接原因：昭化路 148 号①幢厂房 1 层承重砖墙（柱）本身承载力不足，施工过程中未采取维持墙体稳定措施，南侧承重墙在改造施工过程中承载力和稳定性进一步降低，施工时承重砖墙（柱）瞬间失稳后部分厂房结构连锁坍塌，生活区设在施工区内，导致群死群伤。

事故间接原因：①琛含公司未尽到建设主体责任（建设项目未立项、报建、结构设计图纸未经审查等工作职责不落实）；②隆耀公司未尽到承包方主体责任（超资质承揽工程、违规允许个人挂靠等）；③上汽公司未尽到对出租场所统一协调、管理责任（对出租厂房进行安全性检测，未按规定督促落实租赁方对装修、改造进行报备等）；④上汽进出口公司作为权方，未完全尽到产权人的管理责任，有效督促上汽资产公司落实租赁厂房的安全管理工作。

对相关责任单位和责任人员处理：调查组建议，对琛含公司法定代表人、执行董事兼总经理，昭化路148号项目建设方负责人许建强等8人移交司法机关，建议对上汽集团公司副总裁陈德美等5名相关国企人员，以及时任长宁区委副书记、副区长陈华文等11名相关政府工作人员给予党纪、政务处分，另建议给予4家事故相关责任单位各230万元处罚。同时，对4位事故企业相关责任人同样进行行政处罚，吊销资格证书，给予一年收入的百分之六十的罚款等。

综上所述，这三起事故均发生在2019年（年份距今较近），仅三起事故的合计死亡人数达30人（占2019年23起房屋市政工程施工安全较大及以上事故的27%）、受伤人数达19人，而事故造成直接经济损失合计高达6268万元左右，数额触目惊心，但一起安全事故的发生对企业产生的影响往往还不止直接经济损失和相关罚款，往往还有大量的间接损失。发生一起事故，总体包括以下几点：

（1）财产价值直接损失。

包括材料、工器具、成品、半成品等实物损失，也包括由于事故怠工引起的设备折旧和材料保值损失。

例如2016年1月30日，在丰润区金域名邸项目4号地块施工工地，作业人员在进行401号楼与402号楼之间的大门混凝土浇筑作业时，大门模板支撑体系坍塌，造成5人死亡，直接经济损失684.5万元。

（2）事故现场抢救与清理费用。

例如2010年3月28日，王家岭矿难发生，事故造成153人被困。经全力抢险，115人获救，另有38名矿工遇难。在190多个小时里，3000多人直接参加抢险，数万人外围提供支持，十几个国有大企业、十几个山西厅局参与。王家岭透水事故现场抢救与清理费用远超过 1 亿元。

（3）事故罚款。

按照《生产安全事故报告和调查处理条例》（国务院令第 493 号）第三十七条规定，事故发生单位对事故发生负有责任的，依照下列规定处以罚款：发生一般事故的，处 10 万元以上 20 万元以下的罚款；发生较大事故的，处 20 万元以上 50 万元以下的罚款；发生重大事故的，处 50 万元以上 200 万元以下的罚款；发生特别重大事故的，处 200 万元以上 500 万元以下的罚款。

（4）死亡赔偿费用以及丧葬、抚恤、补助、医疗费用。

按照《工伤保险条例》（国务院令第 375 号）规定：职工因工死亡，其近亲属按照下列规定领取一次性工亡补助金、供养亲属抚恤金和丧葬补助金。

（5）工期耽误的损失。

由于事故发生导致工程停工、整顿，由此带来工期延迟的价值损失。具体包括人工损失费、施工机械及材料租赁费、合同赔偿费。

按某企业 100 万 $m^2$ 在建工程，因发生事故被暂扣安全生产许可证、停工 30d 计算：

人工损失费 =100 万 $m^2$ ×（100 人 / 万 $m^2$）×（150 元 / 人 · d）×30d = 4500（万元）。

施工机械及材料租赁费 =100 万 $m^2$ ×（2500 元 /d · 万 $m^2$）×30d=750（万元）。

（6）建筑业企业资质被吊销或被限制升级、增项导致的损失。

《建筑业企业资质管理规定》（建设部〔2007〕15 号令）第二十一条规定：在申请资质升级、资质增项之日起前一年内发生过较大生产安全事故或者发生过两起以上一般生产安全事故的，资质许可机关不予批准企业的资质升级申请和增项申请。

（7）安全生产许可证被暂扣或吊销造成的损失及不能进行工程招标投标和商誉损失。

《建筑施工企业安全生产许可证动态监管暂行办法》（建质〔2008〕121 号）规定：建筑施工企业发生生产安全事故的，视事故级别和安全生产条件降低情况，暂扣或吊销安全生产许可证。

某公司每年在全国承接36亿元的工程，因事故暂扣安全生产许可证1个月，按照2019年度全国建筑业利润率3.4%计算，该公司投标损失费为：

36亿元 ÷12月 ×1月 ×3.4%=1020（万元）。

总而言之，安全事故发生后，企业除了要承受直接经济损失外，还应当考虑安全事故带来的间接损失。间接损失包含极为广泛的内容，包括管理损失、声誉损失、知识和技术损失、环境损失等，其中企业声誉损失是其重要的组成部分。企业声誉是一种无形资产，良好的声誉有助于企业形象的树立和品牌的塑造。安全事故发生必然会对企业声誉带来一定的影响，这种影响或损失虽然难以用货币的形式表现出来，却是企业的一大隐患。如果不能妥善处理，使企业的声誉受损，在未来的发展中企业将举步维艰。

安全生产不仅针对施工单位，对于建设单位、勘察单位、设计单位、监理单位也同样重要，在整个工程建设过程中五方责任主体都应该肩负起相关安全责任，建设单位更应该起到主导作用。因此安全生产是各企业的头等大事，控制安全事故的发生，保障工程项目顺利完成；提升建筑业形象，促进建筑业健康稳定发展，是企业可持续发展的保障，在安全生产条件下才会有企业效益和发展。

# 5　管理是安全的保障

## 5.1　安全事故的主要类型

### 5.1.1　安全事故总体情况

每年建筑施工行业因生产安全事故造成的死亡人数居全国各行业的第二位，仅次于交通运输业；而事故总量已连续 11 年排在工矿商贸事故的第一位，事故起数和死亡人数自 2016 年起连续“双上升”。

2011 ~ 2019 年，我国房屋市政工程生产安全事故共报告 5401 起（图 5-1），年均发生生产安全事故 600 起，各年事故起数增速逐年上升，每年同比增长 −6.06%、−17.32%、8.42%、−1.14%、−15.33%、43.44%、9.15%、6.07%、5.31%；总死亡人数 6524 人，年均死亡人数 725 人，各年死亡人数也呈

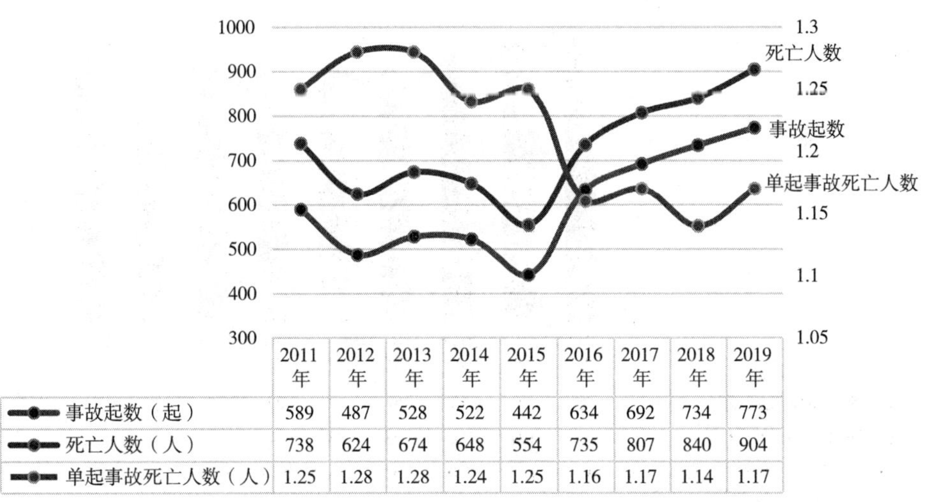


| | 2011年 | 2012年 | 2013年 | 2014年 | 2015年 | 2016年 | 2017年 | 2018年 | 2019年 |
|---|---|---|---|---|---|---|---|---|---|
| 事故起数（起） | 589 | 487 | 528 | 522 | 442 | 634 | 692 | 734 | 773 |
| 死亡人数（人） | 738 | 624 | 674 | 648 | 554 | 735 | 807 | 840 | 904 |
| 单起事故死亡人数（人） | 1.25 | 1.28 | 1.28 | 1.24 | 1.25 | 1.16 | 1.17 | 1.14 | 1.17 |

数据来源：住房城乡建设部、品茗股份研究院

**图 5-1　2011 ~ 2019 年房屋市政工程生产安全事故情况**

现逐年递增趋势，每年同比增长 –4.40%、–15.45%、8.01%、–3.86%、–14.51%、32.67%、9.80%、4.09%、7.62%；年均单起事故造成死亡人数 1.21 人。

其中 2011 ～ 2015 年，我国房屋市政工程生产安全事故共报告 2568 起，年均发生生产安全事故 514 起；总死亡人数 3238 人，年均死亡人数 648 人；年均单起事故造成死亡人数 1.26 人。2016 ～ 2019 年，我国房屋市政工程生产安全事故共报告 2833 起，年均发生生产安全事故 708 起；总死亡人数 3286 人，年均死亡人数 822 人，年均单起事故造成死亡人数 1.16 人。

从总体情况看，2011 ～ 2015 年生产安全事故数和死亡人数总体呈现缓慢递减趋势，2016 ～ 2019 年年均单起事故造成死亡人数较 2011 ～ 2015 年有所降低，2016 ～ 2019 年生产安全事故数和死亡人数总体呈逐年增长趋势，特别是 2016 年事故起数、死亡人数较 2015 年增长较大，未来建筑施工安全形势仍十分严峻。

2011 ～ 2019 年，我国房屋市政工程较大及以上生产安全事故共报告 225 起（图 5-2），年均发生较大及以上生产安全事故 25 起，各年同比增长 –13.79%、16.00%、–13.79%、16.00%、–24.14%、22.73%、–14.81%、–4.35%、4.55%；总死亡人数 901 人，年均死亡人数 100 人，各年同比增长 –12.00%、

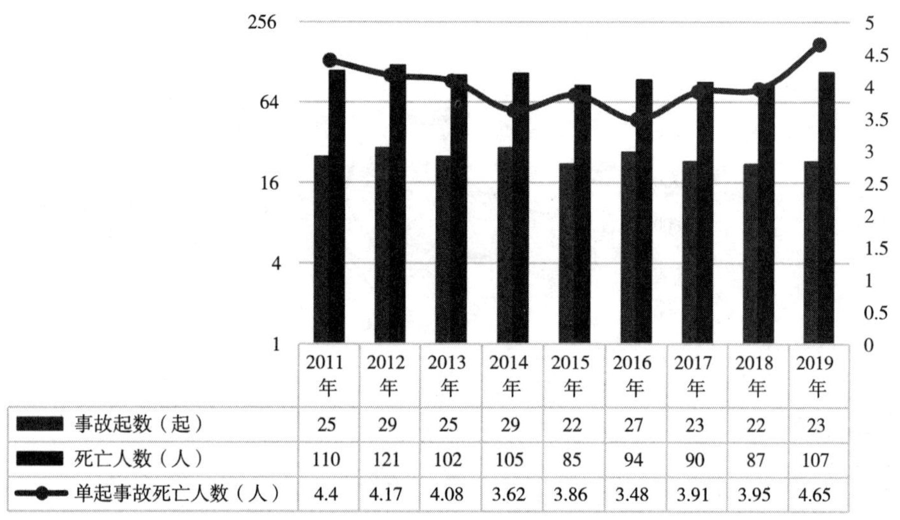


| | 2011年 | 2012年 | 2013年 | 2014年 | 2015年 | 2016年 | 2017年 | 2018年 | 2019年 |
|---|---|---|---|---|---|---|---|---|---|
| 事故起数（起） | 25 | 29 | 25 | 29 | 22 | 27 | 23 | 22 | 23 |
| 死亡人数（人） | 110 | 121 | 102 | 105 | 85 | 94 | 90 | 87 | 107 |
| 单起事故死亡人数（人） | 4.4 | 4.17 | 4.08 | 3.62 | 3.86 | 3.48 | 3.91 | 3.95 | 4.65 |

数据来源：住房城乡建设部、品茗股份研究院

**图 5-2　2011 ～ 2019 年房屋市政工程较大及以上生产安全事故情况**

10.00%、−15.70%、2.94%、−19.05%、10.59%、−4.26%、−3.33%、22.99%；年均单起较大及以上事故造成死亡人数 4 人。

其中 2011 ~ 2015 年，我国房屋市政工程较大及以上生产安全事故共报告 130 起，年均发生较大及以上生产安全事故 26 起；总死亡人数 523 人，年均死亡人数 105 人；年均单起较大及以上事故造成死亡人数 4 人。2016 ~ 2019 年，我国房屋市政工程较大及以上生产安全事故共报告 95 起，年均发生较大及以上生产安全事故 24 起；总死亡人数 378 人，年均死亡人数 95 人，年均单起较大及以上事故造成死亡人数 4 人。

从总体情况看，2011 ~ 2019 年房屋市政工程较大及以上生产安全事故起数略有下降；死亡人数总体呈下降趋势，但是 2019 年死亡人数呈跳跃式反弹；房屋市政工程较大及以上生产安全事故相对全年事故数和死亡人数占比呈下降趋势（图 5-3）。遏制较大及以上生产安全事故发生，一定程度上就能控制死亡人数。因此，施工现场亟待加强对容易发生群死群伤的危险性较大分部分项工程管理与监督，同时不能忽视引起一般事故的安全隐患管理。

建筑业安全生产形势不容乐观，应急管理部分析认为，建筑业生产安全事故的主要原因有：

（1）施工现场管理混乱，不按方案施工，违章指挥、违规操作。

（2）建设项目安全生产主体责任不落实，如建设单位项目组织管理混乱、盲目压缩工期、安全投入不足；工程总承包单位施工管理职责缺失，对分包单位缺乏有效管控；施工单位安全生产管理机制不健全，习惯性违章指挥、违规作业、违反劳动纪律；监理单位现场监督巡检不力，对关键工序等风险控制点失管失控。

（3）政府有关部门监督检查职责落实不到位，对存在的风险和隐患没有及时督促企业管控整改。

应急管理部要求，加大安全监管执法力度，督促建筑施工企业严格落实安全生产主体责任。各地各有关部门要以防坍塌为重点，切实强化施工现场安全管理，加大隐患排查治理力度，狠抓安全生产宣传教育，有效遏制建筑业事故上升态势。

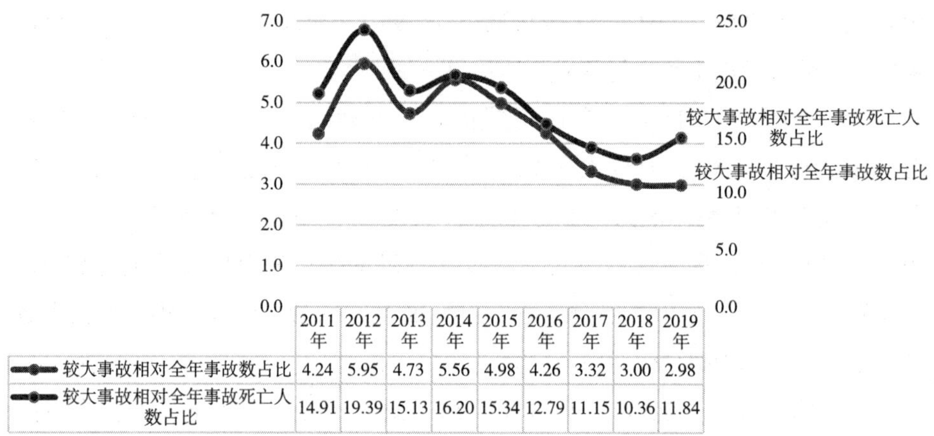


| | 2011年 | 2012年 | 2013年 | 2014年 | 2015年 | 2016年 | 2017年 | 2018年 | 2019年 |
|---|---|---|---|---|---|---|---|---|---|
| 较大事故相对全年事故数占比 | 4.24 | 5.95 | 4.73 | 5.56 | 4.98 | 4.26 | 3.32 | 3.00 | 2.98 |
| 较大事故相对全年事故死亡人数占比 | 14.91 | 19.39 | 15.13 | 16.20 | 15.34 | 12.79 | 11.15 | 10.36 | 11.84 |

数据来源：住房城乡建设部、品茗股份研究院

**图 5-3　2011 ~ 2019 年房屋市政工程较大及以上生产安全事故相对全年占比情况（%）**

### 5.1.2　安全事故的分类

为方便分析事故的形式，及时采取遏制与专项整治措施，结合以往事故报告，尽可能将事故类别的划分接近于实际情况，一般将全国房屋市政工程生产安全事故、较大及以上生产安全事故分为以下 15 个类型：

（1）物体打击；（2）高处坠落；（3）提升设施（备）整体坠落；（4）围墙倒塌和设备（施）倾倒（翻）；（5）机械伤害；（6）起重伤害；（7）触电；（8）土石方和基坑（槽）坍塌；（9）脚手架和支架坍塌；（10）建（构）筑物坍塌或结构破坏；（11）火灾；（12）爆破和爆炸伤害；（13）中毒和窒息；（14）拆除工程和拆装作业伤害；（15）其他伤害。

以上 15 类建筑施工安全事故的分类、范围界定和伤害方式见表 5-1。

**建筑施工安全事故的分类、范围界定和伤害方式　　表 5-1**

| 序次 | 事故类别 | 范围界定 | 事故的引发或伤害方式 |
|---|---|---|---|
| 1 | 物体打击 | 由各种小型硬质物件冲击、击打或身体触碰硬质物体造成的伤害事故 | 1）运动器具、硬物的击伤；2）空中落物的砸伤；3）崩块、碎屑、破片的飞溅伤害；4）滚动物体的碾轧伤害；5）触及固定或运动物体的碰撞伤害；6）由滑跌等身体失衡引起的碰撞伤害 |

续表

| 序次 | 事故类别 | 范围界定 | 事故的引发或伤害方式 |
|---|---|---|---|
| 2 | 高处坠落 | 在各种场合工作的高处作业人员发生的坠落事故 | 1）从脚手架或其他施工架设设施上坠落；2）从洞口、楼电梯口、天井口、坑口、管井口、通道口和其他构造孔隙中坠落；3）从楼面、屋面、露台、高台边缘坠落；4）从施工安装中的工程结构上坠落；5）从升降式施工设施上坠落；6）从机械设备上坠落；7）从物料堆垛上坠落；8）在其他高处作业中因滑跌、踩空、拖带、碰撞、翘翻、失衡等引起的坠落 |
| 3 | 提升设施（备）整体坠落 | 升降式施工作业用设备、设施及提升法施工中发生的整体坠落事故 | 1）人货两用电梯吊笼坠落；2）吊篮坠落；3）附着升降脚手架坠落；4）吊挂脚手架坠落；5）其他吊挂和升降式施工作业设施整体坠落；6）龙门架、井字架吊笼、吊盘坠落；7）升板法施工的楼板整体坠落；8）其他提升法施工发生的整体坠落 |
| 4 | 围墙倒塌和设备（施）倾倒（翻） | 由放（设）置不稳、沉降、支撑拉结不好、侧向和偏心荷载作用等引起的施工机械、设备和设施倾倒（翻）及围墙坍塌事故 | 1）围墙倾倒；2）高大围挡倾倒；3）塔式起重机倾倒；4）料架倾倒；5）竖向模板在装拆和立式存放中倾倒；6）防护架、脚手架和作业架倾倒；7）各种物料提升架倾倒；8）施工机械设备倾倒（翻）；9）其他倾倒事故 |
| 5 | 机械伤害 | 在机械（具）操作或使用中直接受机械部件作用造成的伤害 | 1）机械（具）转动部分的缠绞、拖拉、碾压、擦刮伤害；2）机械（具）工作部分的冲钻、刨削、切削、撞击、挤轧和碰砸伤害；3）机械（具）部件、碎块的飞（甩）出伤害；4）机械（具）设备安全保护设施缺陷、失灵造成的伤害；5）违章操作伤害；6）滑入、误入机械容器或运转部分的伤害；7）其他机械（具）作业的伤害 |
| 6 | 起重伤害 | 在起重吊装中出现的起重机具、吊物和施工作业伤害 | 1）起重设备折臂、断绳和其他突然损坏、故障伤害；2）起重机无警示回转、变幅，吊钩骤降或摆动等造成的伤害；3）吊物失衡、变形、倾翻、折断和脱钩事故的伤害；4）起重机失稳和操作失控事故伤害；5）违章载人和违章操作伤害；6）吊物加固、翻身、起吊、就位措施不当造成的事故伤害；7）吊物就位的临时固定、支撑措施不当或违章过早摘钩造成的事故伤害；8）违章指挥和联络信号问题造成的事故伤害；9）在起重作业中出现的其他伤害 |

续表

| 序次 | 事故类别 | 范围界定 | 事故的引发或伤害方式 |
|---|---|---|---|
| 7 | 触电 | 机械、导电物体和人员触及带电部分造成的伤害事故 | 1）起重机臂杆或其他导电物体触碰高压线触电伤害；2）挖掘机械和铁制工具划（切）破埋地电缆触电伤害；3）使用老旧、破损电线、电缆造成的触电伤害；4）电线（缆）设置和保护不当、被碾压、划割、摩擦破皮造成的触电伤害；5）拖线电动机具在使用中拉脱、绞断或损伤拖地电缆造成的触电伤害；6）带电设备漏电伤害；7）电闸箱、控制箱漏电或误触带电部造成的触电伤害；8）使用不合格、破损插座的触电伤害；9）雷击伤害；10）强力自然因素导致电线断裂伤害 |
| 8 | 土石方和基坑（槽）坍塌 | 基坑（槽）开挖、土石方作业以及临坡施工支防护不当造成的坍塌伤害 | 1）坑（槽）边壁坍塌伤害；2）洞室坍塌伤害；3）滑坡伤害；4）深基坑支护破坏事故伤害；5）邻近建（构）筑物和堆载开挖引起的坍塌事故伤害；6）危岩坍塌伤害；7）冒水、浸水、流砂、管涌引起的坍塌伤害 |
| 9 | 脚手架和支架坍塌 | 脚手架、支架、其他作业与承载架的坍塌和破坏伤害 | 1）脚手架局部垮架伤害；2）脚手架整体坍塌伤害；3）梁板模板支撑架局部垮架和整体坍塌伤害；4）多层栈桥架坍塌伤害；5）安装和其他承载支架坍塌伤害；6）受（存）料架（台）坍塌破坏伤害；7）整体式作业台架破坏伤害 |
| 10 | 建（构）筑物坍塌或结构破坏 | 施工临时设施、已有建（构）筑物和在施房屋及结构发生坍塌、破坏的伤害 | 1）施工临建房屋、工棚的坍塌和破坏伤害；2）深基坑开挖和高空落物造成的毗邻建筑坍塌、破坏的伤害；3）施工中的建筑物发生整体坍塌或局部破坏的伤害；4）对已有建筑物加层、改建中发生的坍塌和破坏伤害；5）因基础加固设计或施工不当造成破坏的伤害 |
| 11 | 火灾 | 由各种原因引起的火灾和着火伤害 | 1）电线和电器着火引起的火灾；2）吸烟、违章用火和使用电炉引起的火灾；3）电、气焊作业引燃易燃物造成的火灾；4）碘钨灯和其他强热源烘烤引起的火灾；5）爆炸引起的火灾和伤害；6）雷击引起的火灾；7）冬施电热法导线打火引起的火灾；8）自燃或其他原因引起的火灾 |

续表

| 序次 | 事故类别 | 范围界定 | 事故的引发或伤害方式 |
|---|---|---|---|
| 12 | 爆破和爆炸伤害 | 由爆破作业措施不当造成人的爆破作用伤害和各种起（用）火引起的燃烧爆炸伤害 | 1）土石方爆破和爆破拆除防护措施不当引起的爆破作用伤害；2）点炮、瞎炮处理中违章作业造成的爆炸伤害；3）雷管、火药、易燃易爆物质保管不当引起的爆炸伤害；4）电、气焊作业引燃管道容器中易燃气（液）体造成的爆炸伤害；5）施工中电火花和其他明火引起的燃烧爆炸伤害；6）乙炔罐回火爆炸伤害；7）试压等高压作业不当引起的爆炸伤害；8）锅炉爆炸等其他爆炸伤害 |
| 13 | 中毒和窒息 | 误用或接触有毒物质、气体以及其他原因造成的中毒和窒息伤害 | 1）一氧化碳（煤气）中毒窒息伤害；2）亚硝酸盐中毒伤害；3）热沥青中毒伤害；4）进入有瓦斯、其他有毒气体和空气不流通场所施工的中毒窒息伤害；5）与其他有毒物质、化学品接触的中毒伤害；6）炎夏和高温作业的中暑伤害；7）淹溺或被掩埋造成的窒息伤害 |
| 14 | 拆除工程和拆装作业伤害 | 在拆除工程和施工设备（施）拆、装作业中出现的事故和伤害 | 1）人工拆除工程中违反作业程序和安全要求的冒险作业伤害；2）机械拆除作业未完全截断钢筋和其他拉结，造成扯带、反弹等意外情况的伤害；3）爆破拆除严重措施缺陷及其后果处置不当造成的伤害；4）违规整体拉（推）倒、重大构件和块体无控制落砸等造成的事故和伤害；5）违反拆装程序，造成施工设备（施）在拆、装过程中失稳倒塌的事故和伤害；6）施工设备（施）拆、装过程中发生部件折断或吊落的事故伤害；7）施工设备（施）拆、装作业过程违反安全作业和防护规定的其他事故和伤害；8）在拆除或拆、装作业现场从事其他作业造成的伤害；9）在清理、装运拆除物及垃圾中出现的事故和伤害 |
| 15 | 其他伤害 | 不属于以上 14 类的其他事故和伤害 | 1）钉子扎脚和其他扎伤、刺伤；2）作业中意外的拉伤、扭伤、跌伤和碰伤；3）烫伤、灼伤、冻裂和干裂伤害；4）溺水和涉水作业伤害；5）在非正常气压环境下作业的伤害；6）从事身体条件不适应作业的伤害；7）在潮湿、粉尘等恶劣作业环境下作业的身体伤害；8）疲劳和其他自持力变弱情况进行作业的伤害；9）其他意外事故伤害 |

注：参考杜荣军 .《建筑施工安全手册》[M]. 北京：中国建筑工业出版社，2006.

### 5.1.3 主要事故类型

2011 ~ 2015 年（除 2013 年外），全国房屋市政工程生产安全事故按照类型划分（图 5-4），高处坠落事故 1082 起，占总数的 53.04%；物体打击事故 259 起，占总数的 12.7%；起重伤害事故 181 起，占总数的 8.87%；坍塌事故 283 起，占总数的 13.87%；机械伤害、触电、车辆伤害、中毒和窒息等其他事故 235 起，占总数的 11.52%。建筑施工主要安全事故类型依次为高处坠落、物体打击、坍塌、起重伤害，累计占事故总数的 88.48%。

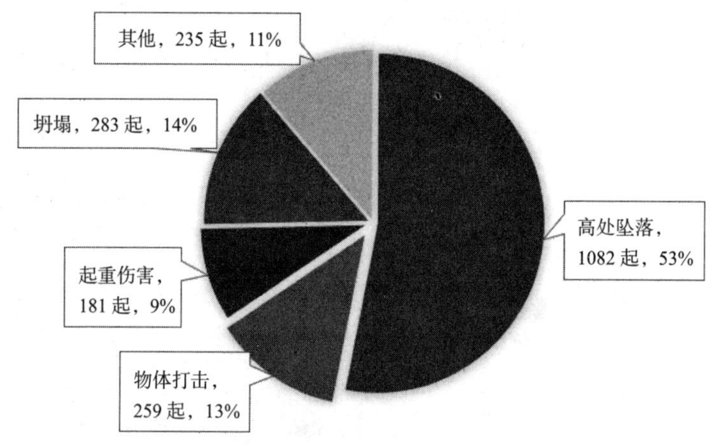


数据来源：住房城乡建设部、品茗股份研究院

**图 5-4　2011 ~ 2015 年（除 2013 年外）房屋市政工程生产安全事故类型占比情况**

2016 ~ 2019 年，全国房屋市政工程生产安全事故按照类型划分（图 5-5），高处坠落事故 1462 起，占总数的 51.61%；物体打击事故 414 起，占总数的 14.61%；起重伤害事故 225 起，占总数的 7.94%；坍塌事故 271 起，占总数的 9.57%；机械伤害、触电、车辆伤害、中毒和窒息等其他事故 461 起，占总数的 16.27%。建筑施工主要安全事故类型依次为高处坠落、物体打击、坍塌、起重伤害，累计占事故总数的 83.73%。

2011 ~ 2019 年（除 2013 年外），全国房屋市政工程生产安全事故按照类型划分（图 5-6、图 5-7），高处坠落事故 2544 起，占总数的 52.21%；

物体打击事故 673 起，占总数的 13.81%；起重伤害事故 406 起，占总数的 8.33%；坍塌事故 554 起，占总数的 11.37%；机械伤害、触电、车辆伤害、中毒和窒息等其他事故 696 起，占总数的 14.28%。建筑施工主要安全事故类型依次为高处坠落、物体打击、坍塌、起重伤害，累计占事故总数的 85.72%。

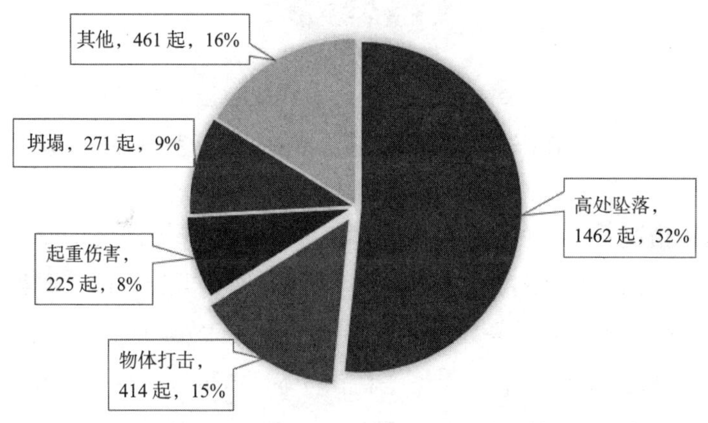


数据来源：住房城乡建设部、品茗股份研究院

**图 5-5　2016 ~ 2019 年房屋市政工程生产安全事故类型占比情况**

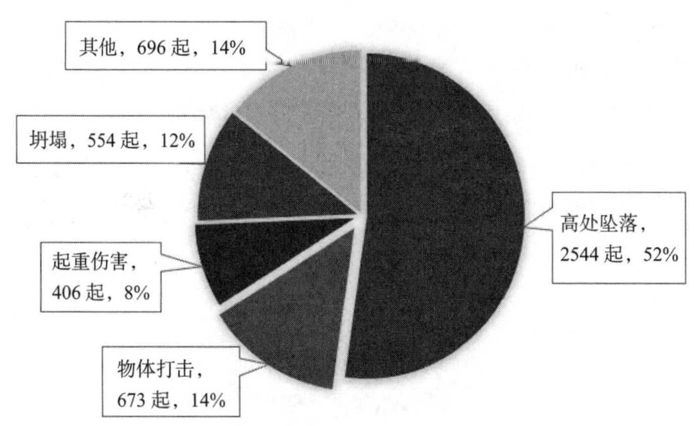


数据来源：住房城乡建设部、品茗股份研究院

**图 5-6　2011 ~ 2019 年（除 2013 年外）房屋市政工程生产安全事故类型占比情况**

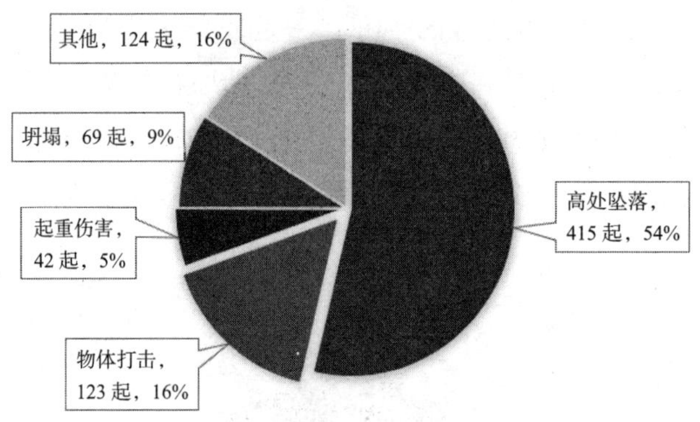


数据来源：住房城乡建设部、品茗股份研究院

**图 5-7　2019 年房屋市政工程生产安全事故类型占比情况**

从总体情况看，2011 ~ 2019 年（除 2013 年外）建筑施工安全事故主要集中在高处坠落、物体打击、坍塌、起重伤害四类事故，以上四类事故总的占比有所下降（图 5-8）。高处坠落事故作为第一大安全事故，除 2017 年有较大波动外，高处坠落事故占比基本平稳；物体打击事故超越坍塌事故成为第二大安全事故，2016 ~ 2019 年相对 2011 ~ 2015 年（除 2013 年外）物体打击事故占比增长近 2%；坍塌事故由原第二大安全事故下降成为第三大安全事故，2016 ~ 2019 年相对 2011 ~ 2015 年（除 2013 年外）坍塌事故占比下降 4.3%；起重伤害事故作为第四大安全事故，呈现波动式变化，事故占比基本平稳，2019 年下降较多；机械伤害、触电、车辆伤害、中毒和窒息等其他事故占比增长 4.75%。因此，企业应重点关注高处坠落、物体打击、坍塌、起重伤害这四类事故，特别是占事故总数一半以上的建筑施工安全第一大“杀手”：高处坠落事故。

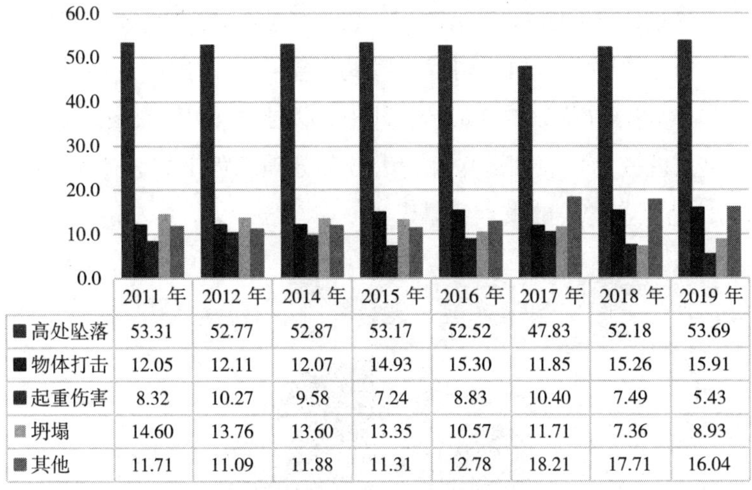


| | 2011 年 | 2012 年 | 2014 年 | 2015 年 | 2016 年 | 2017 年 | 2018 年 | 2019 年 |
|---|---|---|---|---|---|---|---|---|
| ■高处坠落 | 53.31 | 52.77 | 52.87 | 53.17 | 52.52 | 47.83 | 52.18 | 53.69 |
| ■物体打击 | 12.05 | 12.11 | 12.07 | 14.93 | 15.30 | 11.85 | 15.26 | 15.91 |
| ■起重伤害 | 8.32 | 10.27 | 9.58 | 7.24 | 8.83 | 10.40 | 7.49 | 5.43 |
| ■坍塌 | 14.60 | 13.76 | 13.60 | 13.35 | 10.57 | 11.71 | 7.36 | 8.93 |
| ■其他 | 11.71 | 11.09 | 11.88 | 11.31 | 12.78 | 18.21 | 17.71 | 16.04 |

（a）

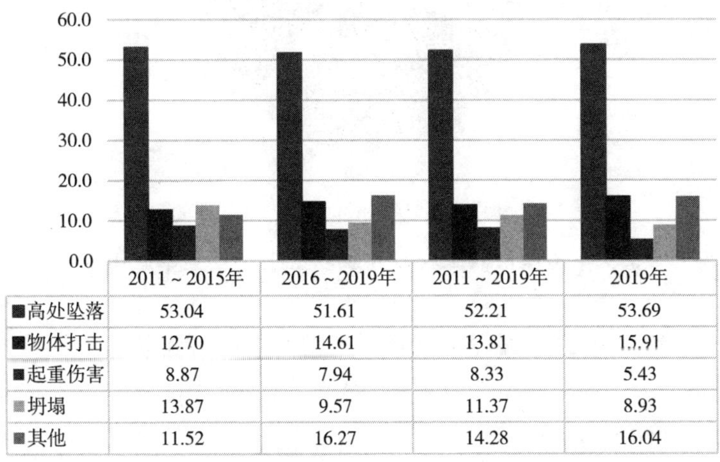


| | 2011～2015年 | 2016～2019年 | 2011～2019年 | 2019年 |
|---|---|---|---|---|
| ■高处坠落 | 53.04 | 51.61 | 52.21 | 53.69 |
| ■物体打击 | 12.70 | 14.61 | 13.81 | 15.91 |
| ■起重伤害 | 8.87 | 7.94 | 8.33 | 5.43 |
| ■坍塌 | 13.87 | 9.57 | 11.37 | 8.93 |
| ■其他 | 11.52 | 16.27 | 14.28 | 16.04 |

（b）

数据来源：住房城乡建设部、品茗股份研究院

**图 5-8　2011 ～ 2019 年（除 2013 年外）房屋市政工程生产安全事故类型占比（%）变化情况**

### 5.1.4　较大及以上事故的主要事故类型

2019 年全国房屋市政工程生产安全较大及以上事故按照类型划分（图 5-9），土方、基坑坍塌事故 9 起，占事故总数的 39.13%；起重机械伤害事

故 7 起，占总数的 30.43%；建筑改建、维修、拆除坍塌事故 3 起，占总数的 13.04%；模板支撑体系坍塌、附着升降脚手架坠落、高处坠落以及其他类型事故各 1 起，分别占总数的 4.35%。其中，以土方和基坑开挖、模板支撑体系、建筑起重机械为代表的危险性较大分部分项工程事故总计 19 起，占总数的 82.61%，是风险防控的重点和难点。

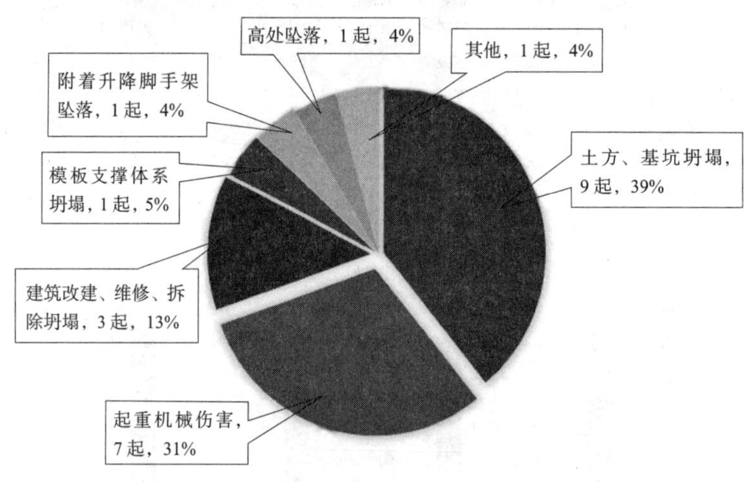


数据来源：住房城乡建设部、品茗股份研究院

**图 5-9　2019 年房屋市政工程较大及以上生产安全事故类型占比情况**

2016 ~ 2019 年，全国房屋市政工程较大及以上建筑施工安全事故主要集中在起重伤害、土方 / 基坑 / 围墙坍塌、支模架坍塌这三类容易造成群死群伤的事故上（图 5-10、图 5-11）。起重伤害事故 22 起、死亡 84 人，土方 / 基坑 / 围墙坍塌事故 21 起、死亡 71 人，支模架坍塌事故 14 起、死亡 59 人，占比分别为 23.15%、22.1%、14.73%，死亡人数占比分别为 22.46%、18.98%、15.77%；以上三类事故总计 57 起、死亡 214 人，占较大及以上事故总起数的 59.98%，占较大及以上事故总死亡人数的 57.21%。单起事故造成死亡人数较多的事故类型依次为结构坍塌 7.2 人、涌土塌陷 6.3 人、起重机械坍塌 4.7 人、脚手架坍塌 4.3 人、高处坠落 4.3 人、支模架坍塌 4.2 人。以上事故是遏制重大伤亡事故发生的重点领域，都属于危险性较大分部分项工程中重点要求的内容，需要从方案编制、审核、论证、交底、执行、检查验收等全过程严格

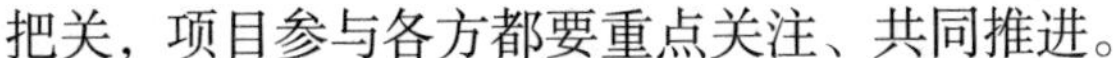
把关，项目参与各方都要重点关注、共同推进。

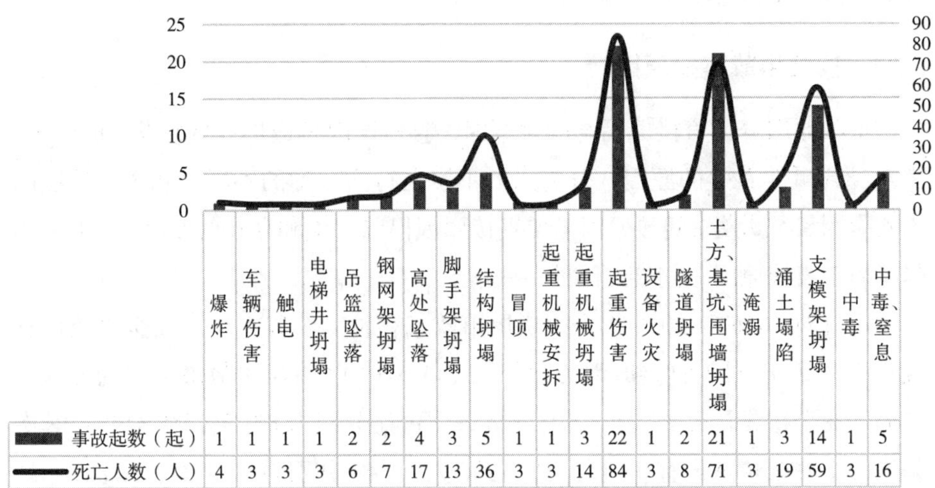


数据来源：住房城乡建设部、品茗股份研究院

**图 5-10　2016 ~ 2019 年房屋市政工程较大及以上生产安全事故类型情况**

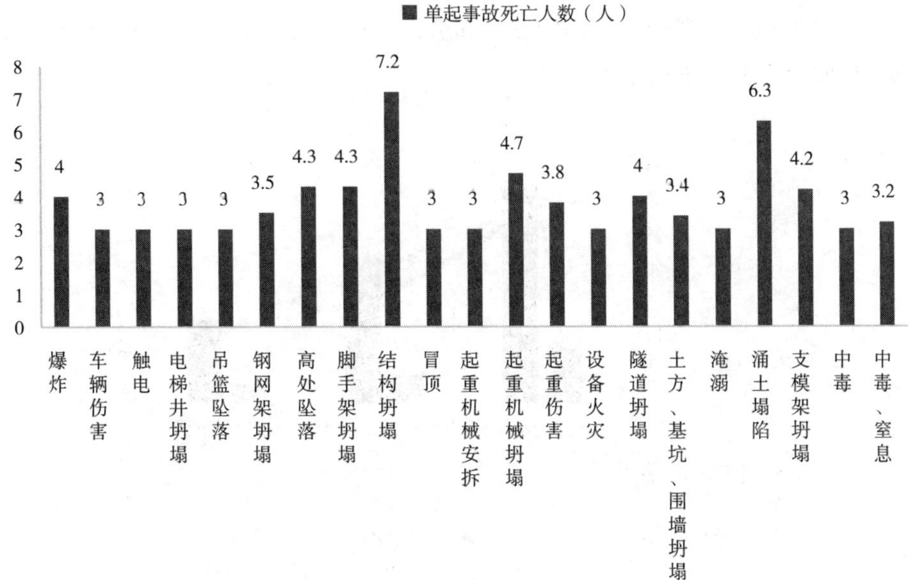


数据来源：住房城乡建设部、品茗股份研究院

**图 5-11　2016 ~ 2019 年房屋市政工程较大及以上生产安全事故类型伤亡人数情况**

# 5.2 安全事故原因分析

## 5.2.1 安全事故直接原因

事故原因分为直接原因与间接原因，直接原因是最接近事故发生的时刻、直接导致事故发生的原因，分为人的不安全行为、物的不安全状态、环境的不安全因素三大类；间接原因是使直接原因得以产生和存在的原因；标准中明确了属于直接原因、间接原因的一些情形。

通过对 2016 ~ 2019 年全国房屋市政工程较大及以上生产安全事故调查报告（合计 95 起）直接原因进行分析（图 5-12），发生事故最主要的因素是人的不安全行为，有 83 起、死亡 326 人，占比分别为 87.37%、87.17%；其次是物的不安全状态，有 45 起、死亡 220 人，占比分别为 47.37%、58.82%；环境的不安全因素有 31 起、死亡 127 人，占比分别为 32.63%、33.96%。进一步分析调查报告可知，许多物的不安全状态和环境的不安全因素也是人为造成的，所以施工现场对人的不安全行为的约束和管理是企业安全生产的严控环节。施工现场应严控违反操作规程和劳动纪律的行为，做好防护安全防护、严格按照标准要求进行施工。

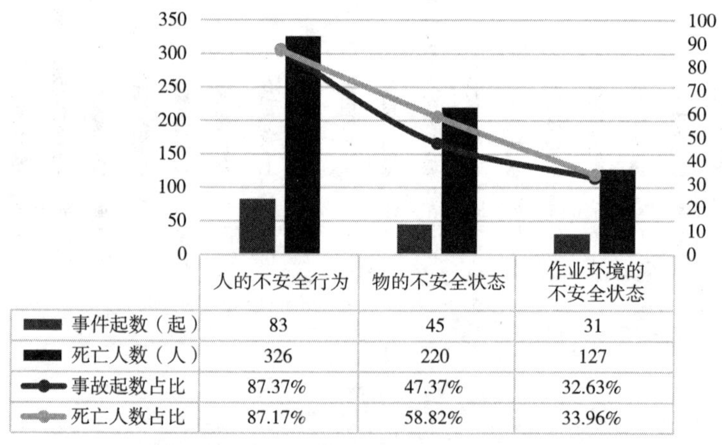


| | 人的不安全行为 | 物的不安全状态 | 作业环境的不安全状态 |
|---|---|---|---|
| 事件起数（起） | 83 | 45 | 31 |
| 死亡人数（人） | 326 | 220 | 127 |
| 事故起数占比 | 87.37% | 47.37% | 32.63% |
| 死亡人数占比 | 87.17% | 58.82% | 33.96% |

数据来源：住房城乡建设部、品茗股份研究院

**图 5-12　2016 ~ 2019 年房屋市政工程较大及以上生产安全事故直接原因分析**

### 5.2.2 人的不安全行为

结合建筑行业特点，通过对 2016 ~ 2019 年全国房屋市政工程较大及以上生产安全事故调查报告（合计 95 起）直接原因——人的不安全行为分析，将人的不安全行为梳理细化为 10 小类（图 5-13），发生事故最主要的因素是操作错误、忽视警告，有 76 起、死亡 298 人，占比分别为 80%、79.68%。其次是造成安全装置失效、使用不安全设备、在必须使用个人防护用品用具的作业或场合中忽视其使用、物体（指成品、半成品、材料、工具、切屑和生产用品等）存放不当、冒险进入危险场所、攀 / 坐不安全位置，分别有 25 起、23 起、21 起、14 起、9 起、4 起；占事故总数的 26.32%、24.21%、22.11%、14.74%、9.47%、4.21%；死亡人数分别为 102 人、99 人、77 人、53 人、31 人、16 人；占事故总死亡人数的 27.27%、26.47%、20.59%、14.17%、8.29%、4.28%。

针对人的不安全行为按年分布情况进行统计（图 5-14、图 5-15），涉及操作错误、忽视警告、造成安全装置失效发生的事故起数基本平稳，死亡人数持续增长；涉及冒险进入危险场所、物体（指成品、半成品、材料、工具、切屑和生产用品等）存放不当发生的事故起数和死亡人数整体呈现上升趋势；涉及使用不安全设备、在必须使用个人防护用品用具的作业或场合中忽视其使用发生的事故起数和死亡人数呈现较大波动式变化。

### 5.2.3 物的不安全状态

通过对 2016 ~ 2019 年全国房屋市政工程较大及以上生产安全事故调查报告（合计 95 起）直接原因——物的不安全状态分析，将物的不安全状态梳理细化为架体搭设不合规、机械 / 设备有缺陷、个人防护用品用具缺少或有缺陷 3 小类（图 5-16）。发生事故最主要的因素是架体搭设不合规，有 32 起，占事故总数 33.68%；死亡 140 人，占事故总死亡人数 37.43%。其次是机械 / 设备有缺陷、个人防护用品用具缺少或有缺陷，分别有 22 起、19 起，占事故总数的 23.16%、20%；死亡人数分别为 87 人、69 人；占事故总死亡人数的 23.26%、18.45%。

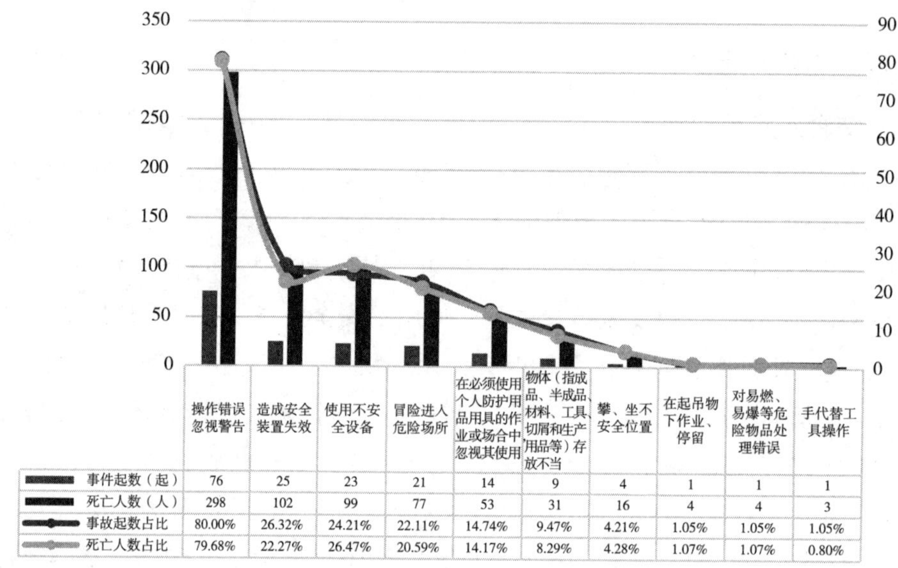


| | 操作错误忽视警告 | 造成安全装置失效 | 使用不安全设备 | 冒险进人危险场所 | 在必须使用个人防护用品用具的作业或场合中忽视其使用 | 物体（指成品、半成品、材料、工具、切屑和生产用品等）存放不当 | 攀、坐不安全位置 | 在起吊物下作业、停留 | 对易燃、易爆等危险物品处理错误 | 手代替工具操作 |
|---|---|---|---|---|---|---|---|---|---|---|
| 事件起数（起） | 76 | 25 | 23 | 21 | 14 | 9 | 4 | 1 | 1 | 1 |
| 死亡人数（人） | 298 | 102 | 99 | 77 | 53 | 31 | 16 | 4 | 4 | 3 |
| 事故起数占比 | 80.00% | 26.32% | 24.21% | 22.11% | 14.74% | 9.47% | 4.21% | 1.05% | 1.05% | 1.05% |
| 死亡人数占比 | 79.68% | 22.27% | 26.47% | 20.59% | 14.17% | 8.29% | 4.28% | 1.07% | 1.07% | 0.80% |

数据来源：住房城乡建设部、品茗股份研究院

**图 5-13　2016 ~ 2019 年房屋市政工程较大及以上生产安全事故直接原因——人的不安全行为分类**

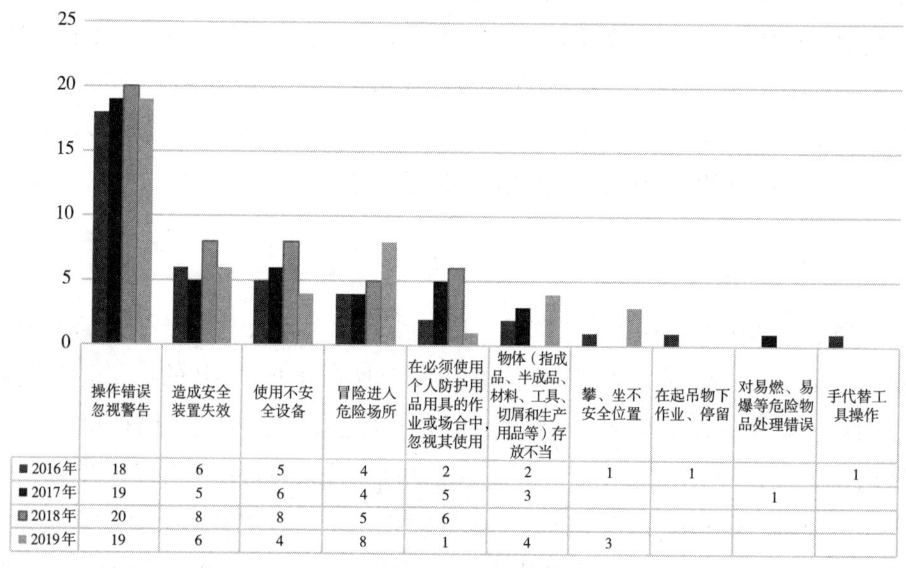


| | 操作错误忽视警告 | 造成安全装置失效 | 使用不安全设备 | 冒险进人危险场所 | 在必须使用个人防护用品用具的作业或场合中，忽视其使用 | 物体（指成品、半成品、材料、工具、切屑和生产用品等）存放不当 | 攀、坐不安全位置 | 在起吊物下作业、停留 | 对易燃、易爆等危险物品处理错误 | 手代替工具操作 |
|---|---|---|---|---|---|---|---|---|---|---|
| 2016年 | 18 | 6 | 5 | 4 | 2 | 2 | 1 | 1 | | 1 |
| 2017年 | 19 | 5 | 6 | 4 | 5 | 3 | | | 1 | |
| 2018年 | 20 | 8 | 8 | 5 | 6 | | | | | |
| 2019年 | 19 | 6 | 4 | 8 | 1 | 4 | 3 | | | |

数据来源：住房城乡建设部、品茗股份研究院

**图 5-14　2016 ~ 2019 年房屋市政工程较大及以上生产安全事故起数（起）——人的不安全行为分类（按年份）**

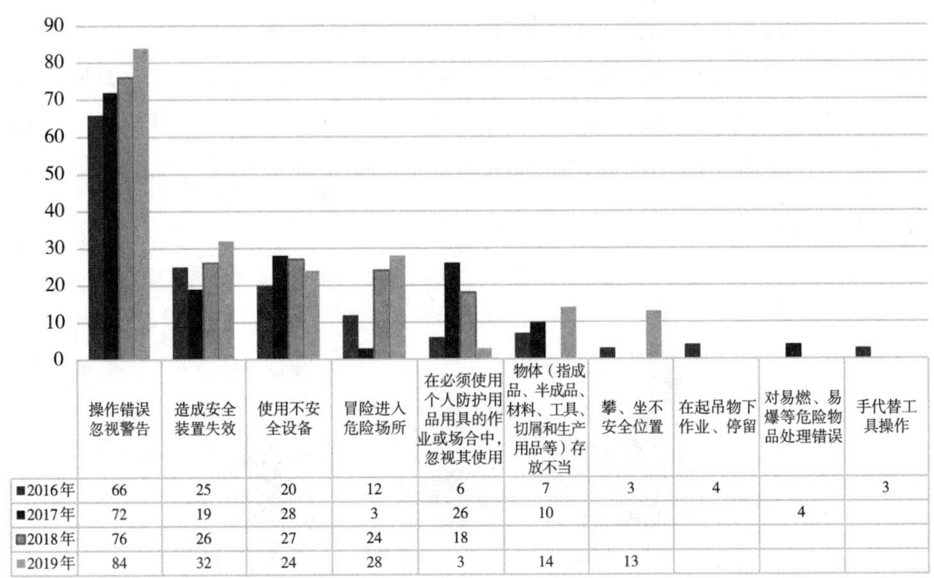

| | 操作错误忽视警告 | 造成安全装置失效 | 使用不安全设备 | 冒险进入危险场所 | 在必须使用个人防护用品用具的作业或场合中，忽视其使用 | 物体（指成品、半成品、材料、工具、切屑和生产用品等）存放不当 | 攀、坐不安全位置 | 在起吊物下作业、停留 | 对易燃、易爆等危险物品处理错误 | 手代替工具操作 |
|---|---|---|---|---|---|---|---|---|---|---|
| 2016年 | 66 | 25 | 20 | 12 | 6 | 7 | 3 | 4 | | 3 |
| 2017年 | 72 | 19 | 28 | 3 | 26 | 10 | | | 4 | |
| 2018年 | 76 | 26 | 27 | 24 | 18 | | | | | |
| 2019年 | 84 | 32 | 24 | 28 | 3 | 14 | 13 | | | |

数据来源：住房城乡建设部、品茗股份研究院

**图 5-15　2016 ~ 2019 年房屋市政工程较大及以上生产安全事故死亡人数（人）——人的不安全行为分类**

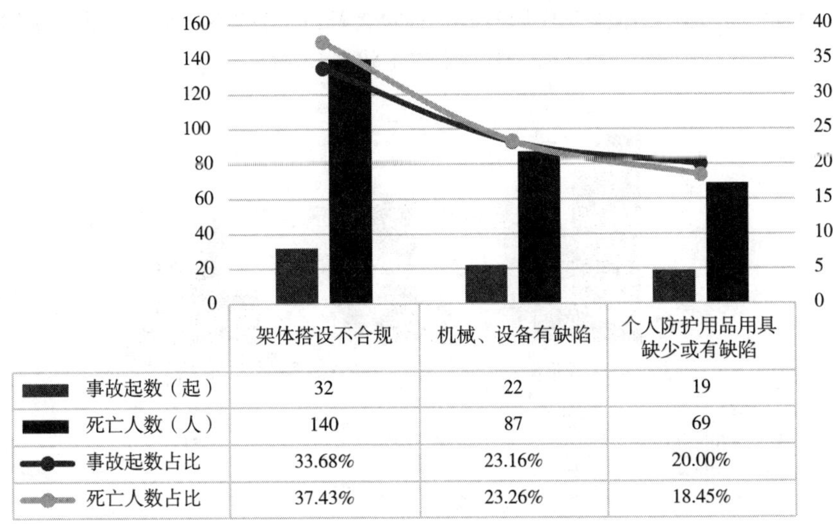

| | 架体搭设不合规 | 机械、设备有缺陷 | 个人防护用品用具缺少或有缺陷 |
|---|---|---|---|
| 事故起数（起） | 32 | 22 | 19 |
| 死亡人数（人） | 140 | 87 | 69 |
| 事故起数占比 | 33.68% | 23.16% | 20.00% |
| 死亡人数占比 | 37.43% | 23.26% | 18.45% |

数据来源：住房城乡建设部、品茗股份研究院

**图 5-16　2016 ~ 2019 年房屋市政工程较大及以上生产安全事故直接原因——物的不安全状态分类**

针对物的不安全状态按年分布情况进行统计（图 5-17、图 5-18），涉及架体搭设不合规发生的事故起数和死亡人数整体呈现下降趋势。涉及机械、设备有缺陷发生的事故起数和死亡人数、2016 ~ 2018 年呈现上升趋势，2019 年突降。涉及个人防护用品用具缺少或有缺陷发生的事故起数和死亡人数整体呈现较大波动式变化。

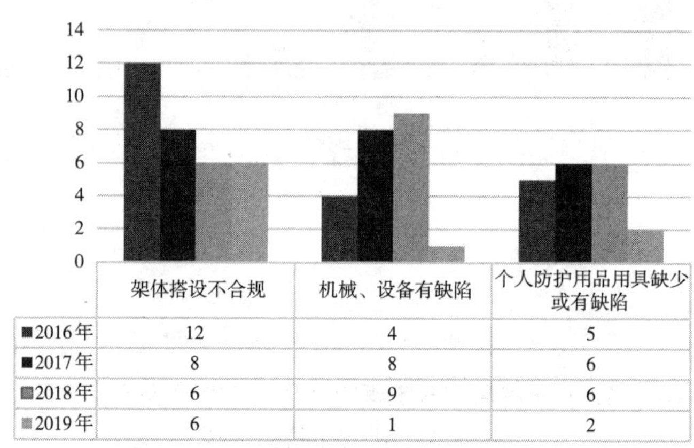


| | 架体搭设不合规 | 机械、设备有缺陷 | 个人防护用品用具缺少或有缺陷 |
|---|---|---|---|
| 2016年 | 12 | 4 | 5 |
| 2017年 | 8 | 8 | 6 |
| 2018年 | 6 | 9 | 6 |
| 2019年 | 6 | 1 | 2 |

数据来源：住房城乡建设部、品茗股份研究院

**图 5-17　2016 ~ 2019 年房屋市政工程较大及以上生产安全事故起数（起）——物的不安全状态分类**

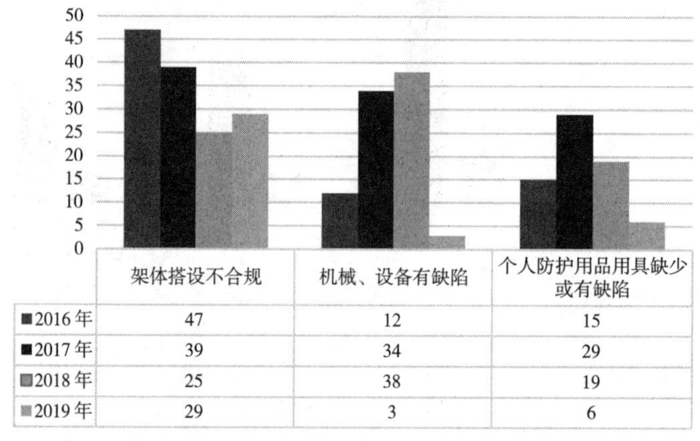


| | 架体搭设不合规 | 机械、设备有缺陷 | 个人防护用品用具缺少或有缺陷 |
|---|---|---|---|
| 2016年 | 47 | 12 | 15 |
| 2017年 | 39 | 34 | 29 |
| 2018年 | 25 | 38 | 19 |
| 2019年 | 29 | 3 | 6 |

数据来源：住房城乡建设部、品茗股份研究院

**图 5-18　2016 ~ 2019 年房屋市政工程较大及以上生产安全事故死亡人数（人）——物的不安全状态分类**

### 5.2.4 环境的不安全因素

通过对 2016 ~ 2019 年全国房屋市政工程较大及以上生产安全事故调查报告（合计 95 起）直接原因——环境的不安全状态因素分析，将环境的不安全因素梳理细化为场地无防护 / 信号等装置缺乏或有缺陷、场地环境不良 2 小类（图 5-19），其中场地无防护、信号等装置缺乏或有缺陷有 22 起，占事故总数的 23.16%；死亡 83 人，占事故总死亡人数的 22.19%。场地环境不良有 12 起，占事故总数的 12.63%；死亡 62 人，占事故总死亡人数的 16.58%。

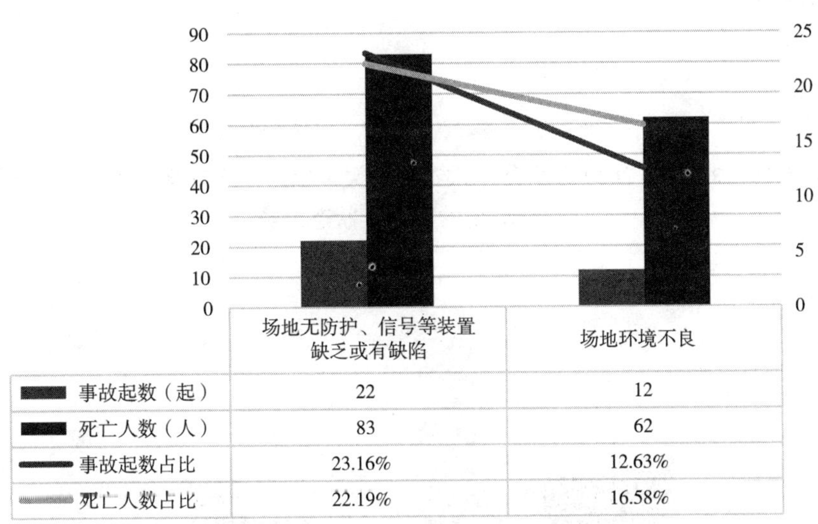

| | 场地无防护、信号等装置缺乏或有缺陷 | 场地环境不良 |
|---|---|---|
| 事故起数（起） | 22 | 12 |
| 死亡人数（人） | 83 | 62 |
| 事故起数占比 | 23.16% | 12.63% |
| 死亡人数占比 | 22.19% | 16.58% |

数据来源：住房城乡建设部、品茗股份研究院

**图 5-19 2016 ~ 2019 年房屋市政工程较大及以上生产安全事故直接原因——环境的不安全因素分类**

针对环境的不安全因素按年分布情况进行统计（图 5-20、图 5-21），涉及场地环境不良发生的事故起数基本平稳，死亡人数持续增长。涉及场地无防护、信号等装置缺乏或有缺陷发生的事故起数和死亡人数，2016 ~ 2018 年呈现下降趋势，2019 年呈现跳跃式反弹。因此，企业应严格落实安全文明标准化要求，避免人为造成的场地无防护、信号等装置缺乏或有缺陷等因素引发的安全事故。

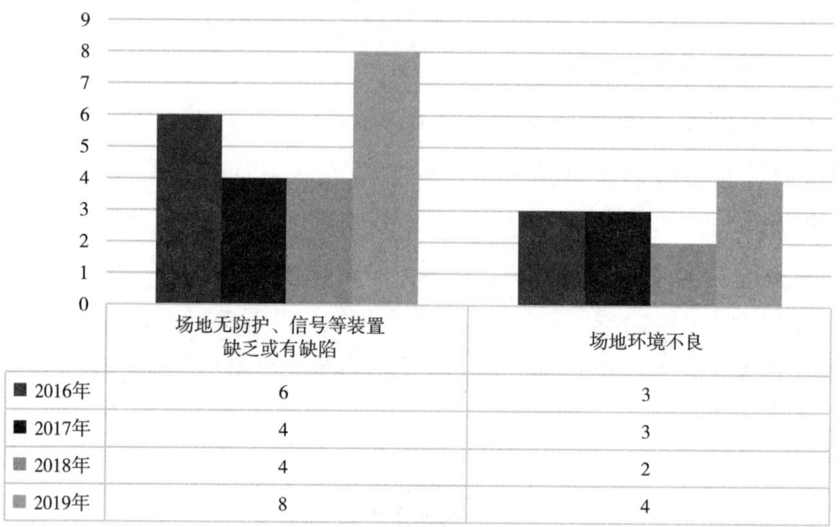


数据来源：住房城乡建设部、品茗股份研究院

**图 5-20　2016 ~ 2019 年房屋市政工程较大及以上生产安全事故起数（起）——环境的不安全状态分类**

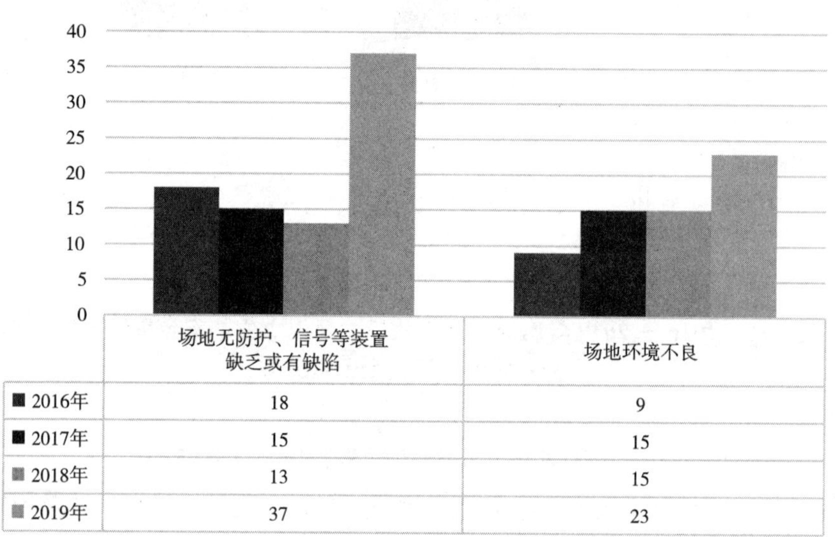


数据来源：住房城乡建设部、品茗股份研究院

**图 5-21　2016 ~ 2019 年房屋市政工程较大及以上生产安全事故死亡人数（人）——环境的不安全状态分类**

### 5.2.5　安全事故间接原因

人、物和环境方面出现问题的原因通常是管理出现失误或存在缺陷，管理缺陷是事故发生的根源，是事故发生的深层次的本质原因。

通过对 2016 ~ 2019 年全国房屋市政工程较大及以上生产安全事故调查报告（合计 95 起）间接原因分析（图 5-22），发生事故的三大间接原因是：（1）未进行检查验收有 94 起，占事故总数的 98.95%，死亡 365 人，占事故总死亡人数的 97.59%；（2）教育培训不够、未经培训、缺乏或不懂安全操作技术知识有 92 起，占事故总数的 96.84%，死亡 363 人，占事故总死亡人数的 97.06%；（3）未进行安全交底有 91 起，占事故总数的 95.79%，死亡 360 人，占事故总死亡人数的 96.26%。其次是没有或不认真实施事故防范措施 / 对事故隐患整改不力、未编制施工方案或方案针对性不强、违法发包 / 无资质承揽、特种作业人员无证上岗，分别有 57 起、50 起、44 起、27 起，分别占事故总数的 60%、52.63%、46.32%、28.42%；死亡人数分别为 239 人、206 人、171 人、101 人，分别占事故总死亡人数的 63.90%、55.08%、45.72%、27.01%。从总体来看，引发事故的间接原因是管理缺陷，而造成管理缺陷的原因又是多方面的。建设单位、施工单位、监理单位应该共同努力加强施工项目现场安全管理，不能忽视引发事故的间接原因。

针对引起事故的间接原因按年分布情况进行统计（图 5-23、图 5-24），涉及未进行检查验收、教育培训不够 / 未经培训 / 缺乏或不懂安全操作技术知识、未进行安全交底发生的事故起数略有下降，死亡人数呈现上升趋势。涉及未编制施工方案、违法发包 / 无资质承揽、特种作业人员无证上岗发生的事故起数和死亡人数整体呈现大幅下降趋势。值得注意的是，涉及没有或不认真实施事故防范措施、对事故隐患整改不力发生的事故整体呈现大幅增长趋势，从 2016 年 10 起、死亡 41 人，到 2019 年 19 起、死亡 94 人，4 年时间增长近 1 倍。因此，首先做好现场工人的教育培训、安全交底工作、中间过程检查验收执行到位依然是企业在安全管理的重点，其次应加强项目安全管理人员对事故隐患的排查能力和整改能力。

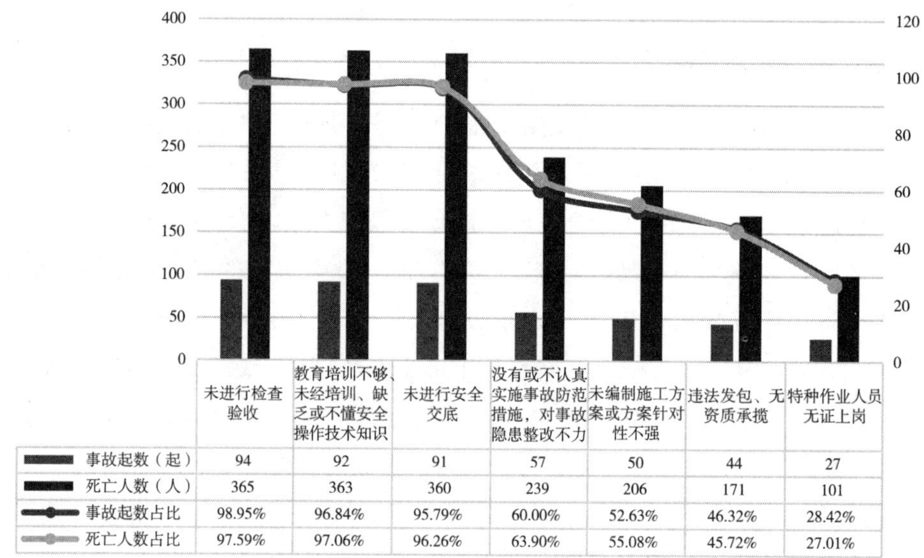

| | 未进行检查验收 | 教育培训不够、未经培训、缺乏或不懂安全操作技术知识 | 未进行安全交底 | 没有或不认真实施事故防范措施，对事故隐患整改不力 | 未编制施工方案或方案针对性不强 | 违法发包、无资质承揽 | 特种作业人员无证上岗 |
|---|---|---|---|---|---|---|---|
| 事故起数（起） | 94 | 92 | 91 | 57 | 50 | 44 | 27 |
| 死亡人数（人） | 365 | 363 | 360 | 239 | 206 | 171 | 101 |
| 事故起数占比 | 98.95% | 96.84% | 95.79% | 60.00% | 52.63% | 46.32% | 28.42% |
| 死亡人数占比 | 97.59% | 97.06% | 96.26% | 63.90% | 55.08% | 45.72% | 27.01% |

数据来源：住房城乡建设部、品茗股份研究院

**图 5-22　2016 ~ 2019 年房屋市政工程较大及以上生产安全事故间接原因分析**

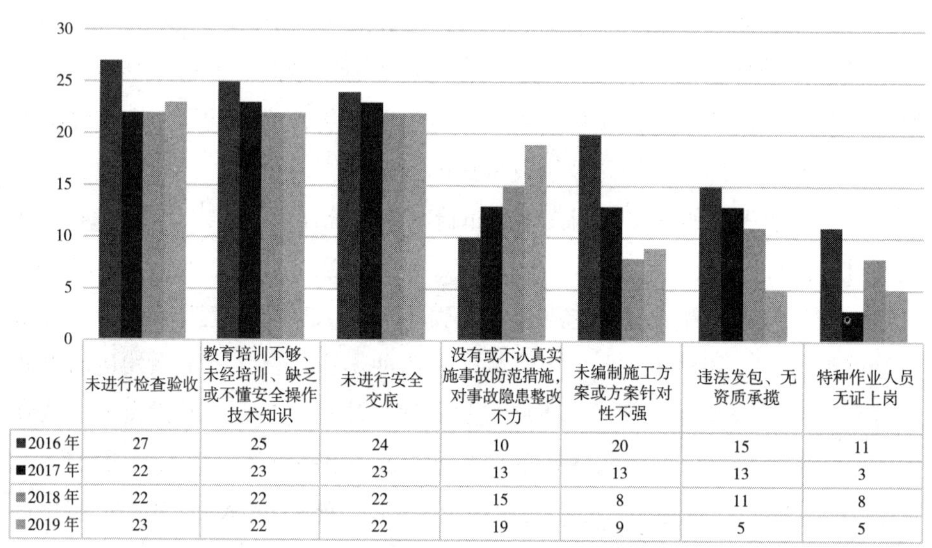

| | 未进行检查验收 | 教育培训不够、未经培训、缺乏或不懂安全操作技术知识 | 未进行安全交底 | 没有或不认真实施事故防范措施，对事故隐患整改不力 | 未编制施工方案或方案针对性不强 | 违法发包、无资质承揽 | 特种作业人员无证上岗 |
|---|---|---|---|---|---|---|---|
| 2016 年 | 27 | 25 | 24 | 10 | 20 | 15 | 11 |
| 2017 年 | 22 | 23 | 23 | 13 | 13 | 13 | 3 |
| 2018 年 | 22 | 22 | 22 | 15 | 8 | 11 | 8 |
| 2019 年 | 23 | 22 | 22 | 19 | 9 | 5 | 5 |

数据来源：住房城乡建设部、品茗股份研究院

**图 5-23　2016 ~ 2019 年房屋市政工程较大及以上生产安全事故间接原因分析——事故起数（起）**

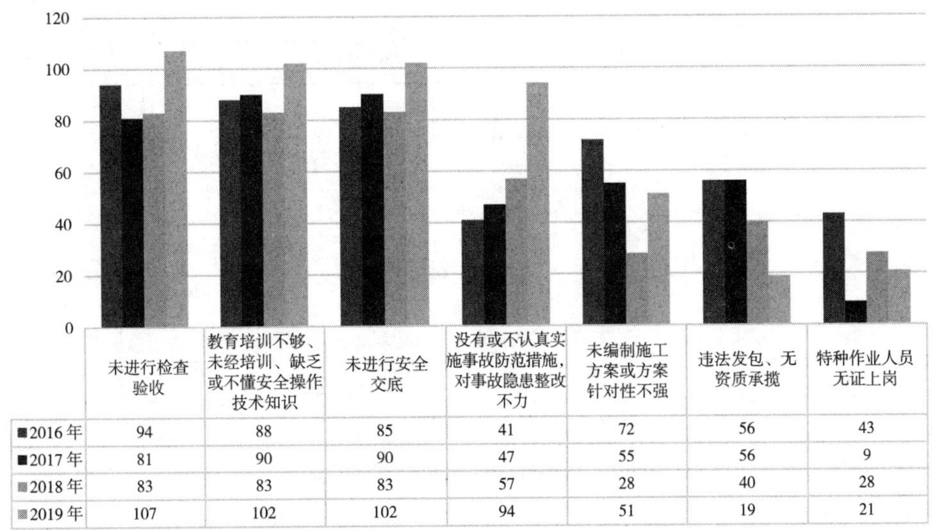


| | 未进行检查验收 | 教育培训不够、未经培训、缺乏或不懂安全操作技术知识 | 未进行安全交底 | 没有或不认真实施事故防范措施，对事故隐患整改不力 | 未编制施工方案或方案针对性不强 | 违法发包、无资质承揽 | 特种作业人员无证上岗 |
|---|---|---|---|---|---|---|---|
| ■2016 年 | 94 | 88 | 85 | 41 | 72 | 56 | 43 |
| ■2017 年 | 81 | 90 | 90 | 47 | 55 | 56 | 9 |
| ■2018 年 | 83 | 83 | 83 | 57 | 28 | 40 | 28 |
| ■2019 年 | 107 | 102 | 102 | 94 | 51 | 19 | 21 |

数据来源：住房城乡建设部、品茗股份研究院

**图 5-24　2016 ~ 2019 年房屋市政工程较大及以上生产安全事故间接原因分析——死亡人数（人）**

## 5.3 管理缺陷是关键原因

通过对各类事故案例的整理分析，事故原因整体可以划分为直接原因、间接原因和基础原因。为了便于理解，梳理归类各类原因的具体表现见表 5-2。由人大小小的基础原因汇聚成间接原因——管理缺陷；管理缺陷与不安全状态相结合构成事故隐患；当形成的事故隐患在偶然情况下被人的不安全行为触发时就会发生事故，即：施工中的危险因素 + 触发因素 = 事故，该事故发生规律的过程可用图 5-25 表示。

**事故原因**　　**表 5-2**

| 种类 | | 内容 | |
|---|---|---|---|
| 直接原因 | 最接近发生事故的时刻并直接导致事故发生的原因 | | |
| | 人的原因 | 人的不安全行为 | |
| | | 身体缺陷 | 疾病、职业病、精神失常、智商过低（呆滞、接受能力差、判断能力差等）、紧张、烦躁、疲劳、易冲动、易兴奋、运动精神迟钝、对自然条件和环境过敏、不适应复杂和快速动作、应变能力差等 |

续表

| 种类 | | 内容 | |
|---|---|---|---|
| 直接原因 | 人的原因 | 错误行为 | 嗜酒、吸毒、吸烟、打赌、逞强、戏耍、嬉笑、追逐等；<br>错视、错听、错嗅、误触、误动作、误判断、突然受阻、无意相碰、意外滑倒、误入危险区域等 |
| | | 违纪违章 | 粗心大意、漫不经心、注意力不集中、不懂装懂、无知而又不虚心、凭过时的经验办事、不履行安全措施、安全检查不认真、随意乱放物品物件、任意使用规定外的机械装置、不按规定使用防护用品用具、碰运气、图省事、盲目相信自己的技术、企图恢复不正常的机械设备、玩忽职守、有意违章、只顾自己而不顾他人等 |
| | 环境和物的原因 | 环境的不安全因素和物的不安全状态 | |
| | | 设备、装置、物品的缺陷 | 技术性能降低、强度不够、结构不良、磨损、老化、失灵、霉烂、物理和化学性能达不到要求等 |
| | | 作业场所的缺陷 | 狭窄、立体交叉作业、多工种密集作业、通道不宽敞、机械拥挤、多单位同时施工等 |
| | | 有危险源（物质和环境） | 化学方面的氧化、自燃、易燃、毒性、腐蚀、致癌、分解、光反应、水反应等；<br>机械方面的重物、振动、位移、冲撞、落物、尖角、旋转、冲压、轧压、剪切、切削、磨研、钳夹、切制、陷落、抛飞、铆锻、倾覆、翻滚、崩断、往复运动、凸轮运动等；<br>电气方面的漏电、短路、火花、电弧、电辐射、超负荷、过热、爆炸、绝缘不良、无接地接零、反接、高压带电作业等；<br>环境方面的辐射线、红外线、紫外线、强光、雷电、风暴、骤雨、浓雾、高低温、潮湿、气压、气流、洪水、地震、山崩、海啸、泥石流、强磁场、冲击波、射频、微波、噪声、粉尘、烟雾、高压气体、火源等 |
| 间接原因 | 使直接原因得以产生和存在的原因 | | |
| | 管理原因 | 管理缺陷 | |
| | | 目标与规划方面 | 目标不清、计划不周、标准不明、措施不力、方法不当、安排不细、要求不具体、分工不落实、时间不明确、信息不畅通等 |
| | | 责任制方面 | 责权利结合不好、责任不分明、责任制有空当、相互关系不严密、缺少考核办法、考核不严格、奖罚不严等 |
| | | 管理机构方面 | 机构设置不当、人浮于事或缺员、管理人员质量不高、岗位责任不具体、业务部门之间缺乏有机联系等 |
| | | 教育培训方面 | 无安全教育规划、未建立安全教育制度、只教育无考核、考核考试不严格、教育方法单调、日常教育抓得不紧、安全技术知识缺乏等 |

续表

| 种类 | | | 内容 |
|---|---|---|---|
| 间接原因 | 管理原因 | 技术管理方面 | 建筑物、结构物、机械设备、仪器仪表的设计、选材、布置、安装、维护、检修有缺陷；工艺流程和操作方法不当；安全技术操作规程不健全；安全防护措施不落实；检测、试验、化验有缺陷；防护用品质量欠佳；安全技术措施费用不落实等 |
| | | 安全检查方面 | 检查不及时；检查出的问题未及时处理；检查不严、不细；安全自检坚持得不够好；检查标准不清；检查中发现的隐患没有立即消除；有漏查漏检现象等 |
| | | 其他方面 | 指令有误、指挥失灵、联络欠佳、手续不清、基础工作不牢、分析研究不够、报告不详、确认有误、处理不当等 |
| 基础原因 | 造成间接原因的因素 | | |
| | 包括经济、文化、社会历史、法律、民族习惯等社会因素 | | |

注：参考《建筑施工手册》（第五版）编委会．建筑施工手册（第五版）[M]. 北京：中国建筑工业出版社，2011.

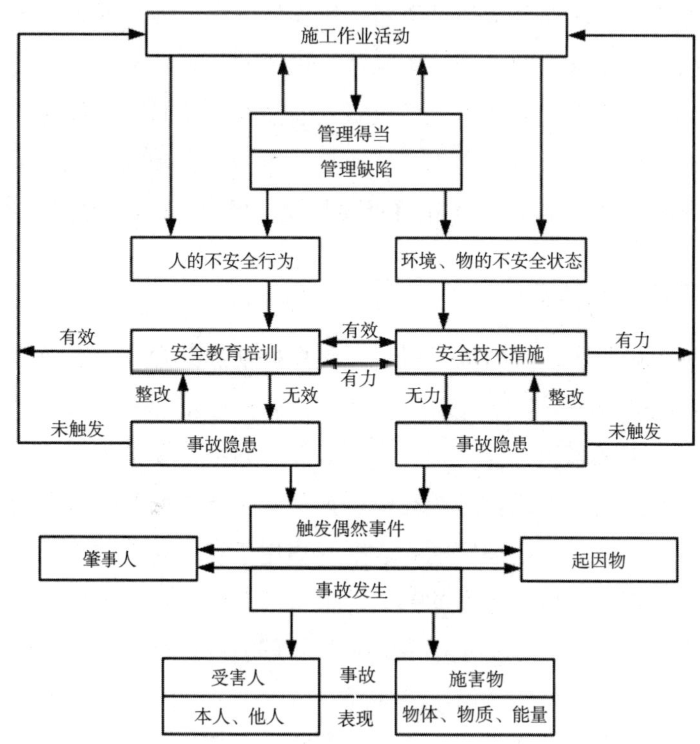


**图 5-25　事故发生规律示意图**

注：参考《建筑施工手册》（第五版）编委会．建筑施工手册（第五版）[M]. 北京：中国建筑工业出版社，2011.

人的不安全行为、物的不安全状态、环境的不安全状态和管理缺陷是事故发生的主要原因。现场出现人的不安全行为、物的不安全状态、环境的不安全状态，追根溯源都会发现管理缺陷的问题。所以说建筑施工生产安全事故最根本、最深层次的原因是管理缺陷。所有建筑施工生产安全事故想要杜绝，要从根本上防止事故发生，必须加强安全监管，提高安全管理水平弥补管理上的缺陷，预防事故发生。

## 5.4 数字建造赋能安全管理

建筑工地施工现场环境复杂多变，传统工作模式存在“盲区”，关键任务闭环时常出现遗漏和忽视，在高节奏的工作模式下，一线工作人员时常白天在工地工作，夜里在办公室整理资料，工作压力大。随着BIM、大数据、云计算、物联网等新技术的发展，国家逐步引领建筑行业向数字化转型，施工现场的工作模式也在不断地由人工模式向智慧化模式转变，使得建筑工程传统管理模式从被动“监督”向主动“监控”升级，在高技术赋能下，极大地提高施工现场安全管理效率，大幅降低事故发生概率，保障现场施工安全作业。

### 5.4.1 数字建造引领安全生产

安全是企业健康发展的重要保证，是更好地提升企业发展效率的重要选择。建筑企业必须时刻坚持“人民至上，生命至上”，坚持“安全第一，预防为主”的人本主义思想，守牢安全生产底线，始终把安全生产工作放在首要位置，扛牢安全生产责任。虽然在坚持抓安全生产方面，政府部门也给予了相当大的支持，投入一定额度的人、财、物用于安全管理的改善，但无法从根本上解决建筑安全事故频发的问题。追根溯源，企业需要对现行的安全管理机制进行深刻反思，采取切实可行的技术提高自身安全管理能力。

“人的不安全行为，物的不安全状态，工作环境的不安全因素以及管理缺陷”是建筑施工安全管理中的三个核心要素，必须将其作为建筑安全过程中的重点处理，进行有针对性地控制和管理，这样才能保障施工安全生产。而且实践证明，绝大多数的建筑施工事故都是因为缺乏必要的安全措施或者人

为因素造成的，想要从根本上提升安全施工水平，那就必然要建立能够实现有效约束、科学管理、持续改进的安全管理模式，并将其融合到建筑企业发展战略中，使安全工作真正成为建筑企业的发展之本，从而有效预防和减少安全施工的发生频率，提升建筑施工的整体质量和效果。

2016 年 8 月，我国住房和城乡建设部印发了《2016 ~ 2020 年建筑业信息化发展纲要》，明确要求建筑行业发展目标和重点工作任务，要求建筑行业、企业综合利用 BIM、大数据、移动通信、智能化、云计算、物联网等信息技术手段，推动实现建筑业数字化、网络化、智能化突破，全面提高建筑行业信息化水平。因为在现代社会治理中，政府建设行政主管部门是建设项目、工地的监督管理主体，肩负着建设工程施工安全、现场安全、文明施工和城市环境治理的重要责任。但由于城市在建工地数量较多，监管部门监督面临手段落后、人员数量不足、难以常态化监管的困境，亟待优化建设工地监管手段，强化政府管理与监督，促进城市治理精细化、智能化。[1]

数字建造有望解决这一问题。以互联网技术为引领的大数据时代，正在迅速改变这一切，数字经济已经以天翻地覆之势重塑全球经济形态。目前，中国建筑业的数字化整体水平仍然较低，数字建造是建筑企业实践层面的重大变革，肩负着建筑业转型升级的重要历史使命。建筑工程施工的安全控制才能保证施工中的人身安全、设备安全、结构安全、财产安全等。所以数字建造技术如何在全过程安全控制中实现助力、有效降低事故发生率、保证施工全过程安全运行，是当下数字建造的核心任务。为实现该目标，有必要建立建设工地大数据云平台，借助互联网技术、物联网技术、神经网络技术等，实时监控在建工地情况，动态统计分析在建工地各方主体行为，实现工地建设安全监管和预警、风险提醒等功能，提高政府监管水平，推动工地建设安全标准化管理水平，防范建筑重大施工安全风险，维护社会稳定。

[1] 冯浩 . 浅析建设工地远程数字化管理的应用 [J]. 绿色环保建材，2020.

### 5.4.2 数字建造实现工程智慧化管理

近年来，物联网、大数据等新技术的快速发展，带动建筑施工现场科技赋能、创新驱动，提升工地精细化管控和信息化管理水平，填补传统管理模式下的管理缺陷，推动施工现场逐渐向智慧化、创新化管理新模式升级。施工现场智慧化安全管理充分利用IoT、AI算法、大数据、移动互联等技术提升现场安全管控能力。通过IoT、传感器、摄像机、手机等终端设备，实现对项目建设过程中的危险源实时监控、智能感知、数据采集和高效协同，为现场安全管理赋能。一方面是向数字化生产（机械自动化）（工厂场景）转型，另一方面是向智慧化现场管理（工地场景）转型。

利用BIM技术对建筑进行三维建模，为建筑工厂构件加工提供精细化模型和图纸，为智能化生产赋能；也为建筑施工现场管理提供数字化管理决策支持，为智慧工地赋能。针对施工现场场景管理，同样可以利用智能移动端采集工具实时便捷地帮助现场管理人员采集现场业务数据，减少事后整理资料等工作量，既为一线工作人员减负，也为施工现场智慧化管理赋能。利用物联网技术，如大型机械实时监控对固定危险源进行智能监控，降低人工高频排查压力，利用AI智能视频监控对施工现场场地环境风险进行智能监控，降低人工监控压力，同时结合大数据分析能力为工程项目管理赋能。

基于建设工地平台化建设，依托多源数据采集、智能分析、实时监控等信息技术手段，主要实现以下功能：

1. 工程进度监控

根据工程建设全生命期阶段划分，工程项目可划分为现状评估、总体规划、控详规划、方案设计、施工监管、竣工验收六个阶段。在建工程项目信息收集数据来源包括项目审批资料、BIM信息模型、在建工地建设动态信息、竣工验收资料等信息。在项目实施前和竣工验收后，工地监管平台详细介绍工程建设规划内容、审批方案、竣工日期等。建设实施阶段，通过采集施工现场设备、建筑构件、主体结构标高等信息，结合大数据技术和BIM信息模型施工模拟，通过分析同类工程施工经验、施工周期等数据，结合现场施工实际情况数据分析及实际施工进度上报数据，汇总形成城市在建工地施工进度展示图表，并实施展示工地建设进度“正常”“提前”“滞后”等信息。依托

城市规划、市政、建筑、道桥、园林、地质等多领域数据，整合在建工程项目地质勘察、自然地理、市政交通、建设设计、施工建造、运营管理等各类数据，对比分析在建工程各工序计划施工时间和实际施工进度差距，并结合建设企业上报施工进度和进度落后原因等信息，理顺城市综合治理线条，建立城市规划治理敏捷联动和反馈机制。

2. 施工安全监管

依托施工工地现场人脸识别设备、人员身份识别设备、信息录入设备、闸机和语音提示设备等，在施工现场入口处对比分析进场人员安全防护用品佩戴情况，包括安全帽、安全绳、安全带等安全防护用品。根据人脸识别、施工人员所属分部分项工程项目安全防护需求和人工智能分析数据，对入场员工安全防护用品缺失情况进行提示，对于佩戴完全的员工闸机自动放行，反之则不放行，落实安全防护第一道关卡。在施工过程中基于现场数据采集和视频分析，针对未正确佩戴安全防护用品的工地进行标记，并在监管平台进行记录、展示、提醒和归档。监管部门可根据平台展示相关信息对工地责任主体给予管理、提示、处罚等。为满足施工安全监管需求，建设主体应配合监管部门完成施工人员信息采集、上报等工作，上报员工信息包括姓名、性别、户籍、证件及类型、证件编码、工种及职务、进出场时间、劳动合同等信息，并上报员工安全培训记录信息，包括岗前培训、施工技术交底、培训时间、培训单位等信息。通过员工施工行为和安全教育培训信息采集，预防和控制违规操作、违章指挥等行为，确保工地施工安全主体责任落实。

3. 施工设备使用监控

为实现在建工地监管体系化、常态化、精准化，工地远程数字化监管平台具备施工设备使用监控功能。数据采集来源于施工设备内安全监控设备、高度传感器、速度传感器、重量传感器、倾角传感器等信息采集模块，能够实现施工设备驾驶员身份识别、设备运行状态实时监控等功能，杜绝无证操作、违章操作，并实现施工设备定时维保、维护保养等功能。以塔式起重机设备为例，平台能够实现驾驶员信息采集、核对等功能，并与塔式起重机设备入口门锁联动，实现对操作人员监控管理。通过高度、速度等传感器数据采集，与塔式起重机设备额定能力进行对比分析，当设备工作负载超过额定能力时，施工现场设备以声光电形式提醒，并远传至监管平台。当塔式起重机设备存在危险运行趋势时，如存在超载、碰撞等风险时，塔式起重机控制回路电源自动切断，并向监管平台发送“危险”日志信息，作为监管部门监管依据。

针对施工升降设备人料混用情况，可通过升降机内视频监控设备采集状态信息，借助神经网络算法识别升降机内施工材料或人员信息，当发现施工材料专用升降机内存在人员情况时，现场发出声光报警，并记录违章时间、违章人员、工地等信息，列入责任主体监管考核范围，实现施工现场安全管理常态化、标准化。

4. 扬尘监控与治理

根据住房城乡建设部“六个百分百”要求，在建工地应落实工地周围100% 围挡、物料堆放 100% 覆盖、出入车辆 100% 冲洗、施工现场地面 100% 硬化、拆迁工地 100% 湿法作业、渣土车辆 100% 密闭运输。为实现该目标，远程数字化监管平台采集施工现场扬尘、噪声、气象等环境数据，通过整合施工现场监控数据、卫星图像信息数据，自动采集、识别现场围挡、物料堆放覆盖、地面硬化、渣土车辆密闭运输等数据，并自动上传至监管平台。根据现场视频监控、噪声、气象、扬尘监测数据，分析现场扬尘治理情况。当现场扬尘 PM10 监测数据连续超过 30min 超过 $150\mu g/m^3$ 时自动报警并自动上传视频资料和环境数据。为满足车辆冲洗和密封监管要求，在施工现场入口、出口位置增设图像监控分析设备，通过神经网络算法对车辆牌照、车身清洁度、车辆覆盖情况进行分析和识别，并与在建工地数据库关联，形成在建工程车辆违章操作档案，列入在建工地责任主体考核内容。

5. 恶劣天气应对管理

在遇台风、暴雨等恶劣天气情况下，易发生大型起重设备倒塌、受损等情况，极易发生事故安全事故。我国生产的塔式起重机设计最大荷载为 42m/s，能够承受 12 级台风侧向荷载。而在台风情况下，最大风力往往超过 12 级，可能造成起重机械设备倒塌事故。同时，台风、暴雨等天气容易造成基坑边坡滑移、失稳和临时建筑垮塌等问题。为提高建设工地应对恶劣天气的能力，可将恶劣天气预警提示集成到远程数字化监管平台，通过电话通知、现场显示屏滚动提醒、现场广播通知、手机应用通知等方式实现多渠道信息传递，协调、

管理、监督施工现场作业人员转移和作业停工，督促建设工地管理人员落实恶劣天气应急预案，如塔式起重机设备锚固、切断临时用电、基坑支护加固等措施。政府监管部门可通过监管平台实时查看现场信息，并通过视频监控画面智能分析实现安全风险的有效识别、防控和监管，提高建设工地应急处置能力，防控重大安全事故发生风险。

6. 消防及用水方面的监控管理

在消防安全管理方面，远程数字化监管平台可实现远程安全巡查功能，通过与建设工地消防连锁系统联网，及时发现消防安全压力、流速、消防设备设施状态情况等，并通过视频图像分析有无自动消防喷淋头遮挡等情况，实现现场消防安全管理长过程监管。针对存在安全隐患的建设工地，监管平台可根据监管责任主体部门权限和责任划分进行提醒和通知，向消防、建设局、建管局、应急管理局等部门发送通知，通过现场消防安全检查，监督建设工地消防安全责任落实，切实防范建设工地消防安全风险。在建设工地用水方面，为了推动绿色建筑施工，满足建筑工程项目节能降耗要求，实现水资源的合理利用，在借鉴先进地区、企业施工经验的基础上，强化自然降水的合理利用，鼓励建设工地责任主体通过集水桶、集水井等方式收集施工场地内自然降水、基坑内地下水等资源，经三级沉淀和过滤，将水资源集中用于施工现场扬尘治理、车辆洗消等环节。远程数字化监管平台接入工地现场水泵设备，计量工地现场节水情况，配合工地现场视频监控数据，动态感知建设工地实际节水情况，作为工程项目绿色建筑评价的重要依据，以此推动建筑企业节能降耗，推进绿色建筑高质量发展。

7. 全时段、跨部门联动治理

基于远程数字化监管平台多源信息采集、识别信息，积极推动跨政府部门职能联动，建立多规合一、多测合一、多管合一的建设工地监管体系，最大限度地实现城市建设信息共享共有，重点解决建设项目审查、项目审批、工地施工行为监管、竣工验收等环节信息不共享的问题，支持平台多部门联审、多专家论证等功能，不断完善多部门多管合一机制，加强部门协调与沟通，推动建设工地多部门联合监管，不断提升城市综合治理水平。例如针对建设工地高发的消防安全风险、施工安全风险、施工设备违章操作等问题，监管部门可基于平台监测信息召开专题会议，结合主管部门执法局现场检查和指导情况，通知建设工地责任主体纠正整改，并加强整改措施检查落实和常态化监控，实现建设工地全时段、跨部门联动治理，提高城市综合整治精细化管理水平。

最终期待在数字建造技术的驱动下，工程建设的安全控制能实现以下几点：

（1）更完善的安全管理制度。伴随着数字化的改造，项目施工管理流程更加快捷，工程项目需要不断完善数字化的安全生产监管机制，建立横向到边、纵向到底的安全监管网络，形成对工程施工安全、安全防护预警、工人行为安全、用电防火安全等各方面的安全监督，做好隐患排查，做到安全生产“0”事故。

（2）更高效的人员安全管理。建筑行业从业人员从入场开始的一切生产行为都需要符合安全生产的需要，有别于传统的“粗放式”管理，工程安全数字化管理通过建筑工人进场的数字安全教育、人员实名制安全管理、人员行为安全AI分析、人员一卡通数字管理等手段对项目人员进行精细化管理，提高工人安全意识和素质，降低安全事故率。

（3）更智能的安全作业管理。数字化管理通过以信息技术为首的危险性较大分部分项工程专项设计与管理、临边防护安全管理、安全隐患排查与整改、深基坑高支模等安全数字监测、机械设备安全监测监控、AI监测与安全报警等数字化技术，实现对施工现场的安全数字管理，同时对接地方政府监管平台，安全看得见。有效的现场监督可以最大限度地发现安全隐患，从而保证安全。

（4）更有效的安全氛围建设。借助数字化宣传优势，利用各种数字化监控视频编排教育片，组织专题论坛和传播案例教育，利用生产区域、生活区域数字化设备进行安全宣传画、安全措施提示牌、事故警示牌、建立安全事故回顾长廊、安全警示教育室等，营造安全教育氛围。借助数字化优势，沉浸式体验建筑安全事故、排查安全隐患，广泛进行宣传教育，引发心灵震撼，启发安全觉悟，形成“人人话安全、人人保安全”的良好局面。

（5）更直观的安全数字管理。针对项目现场的各安全行为管理，通过物联网、互联网等信息技术采集施工现场安全管理数据，传输至云端数字管理平台进行分析与展示，安全管理人员对工程安全数据进行分析、决策，指挥项目现场更安全的行为标准，实现数字建造的工程安全管理目标。

由此可见，数字建造的出现及应用有望对传统建筑行业带来技术革新，同时对建筑施工安全问题的解决提供极大的帮助。数字建造会引领建筑行业走向可持续发展的道路，实现共享智慧化管理，提高施工安全管理效率，减少安全事故发生。

# 6　数字建造在安全管理方面的典型应用

随着数字建造技术引入建筑施工安全管理中，项目施工现场信息共享和传递效率得到极大地提升，使工程人员对各种建筑信息得以正确理解和高效应对，实现安全管理的阶段前置、内容扩展、风险预判和效率提升等。其中，数字建造在安全管理方面的典型应用主要包括危险源辨识和评价、安全施工组织设计、安全专项施工方案、安全教育、安全检查、安全验收、应急救援、综合治理和施工项目安全管理平台等内容。

## 6.1　危险源辨识和评价

建筑施工危险源辨识及控制预防是一个复杂的动态过程，目前施工现场的危险源识别基本依靠人工进行，对于人员经验和能力要求极高，相关人员也难以凭空预估未来所有危险源，因此，此方式的辨识遗漏势必造成部分危险源管理缺失。另外，企业设计了几十甚至上百种表格，每年要定期进行安全大检查，依然无法遏制安全事故的发生，因为项目施工中的事故高发部位与管理人员对高风险的危险源直观感受存在偏差，数字建造技术的出现则为客观的危险源评估提供契机。

### 6.1.1　施工前的危险源辨识和评审应用

数字建造应用在施工前的危险源辨识和评价的核心是施工现场数字化，也就是施工现场的模型化（即建立精细化项目 BIM 模型，包括项目中各专业的建筑实体、各阶段的生产要素等信息）。

当 BIM 模型创建完成后，最简单的危险源辨识应用即利用 BIM 模型的可视化特点置身虚拟场景之中，对已经建立的模型进行观察，从而查找及辨

识可能存在的危险源。在常规的BIM模型浏览方式之外，还可以通过漫游和全景功能浏览模型（图6-1、图6-2），除此之外还可以结合VR设备进行浏览观察，根据现实中的活动范围查找及辨识可能存在的危险源。以此降低凭空预估造成的危险源辨识缺失情况。

**图6-1　全景漫游**

**图6-2　场地漫游展示**

当BIM模型添加时间属性之后，还可以利用BIM模型的施工模拟特点，呈现更加直观的虚拟施工场景，对模拟的施工动画进行观察，从而查找及辨识可能存在的危险源。例如群塔作业中可能的潜在碰撞危险源（图6-3），施工过程中可能出现的临边洞口，施工时危险部位上下同时作业等。

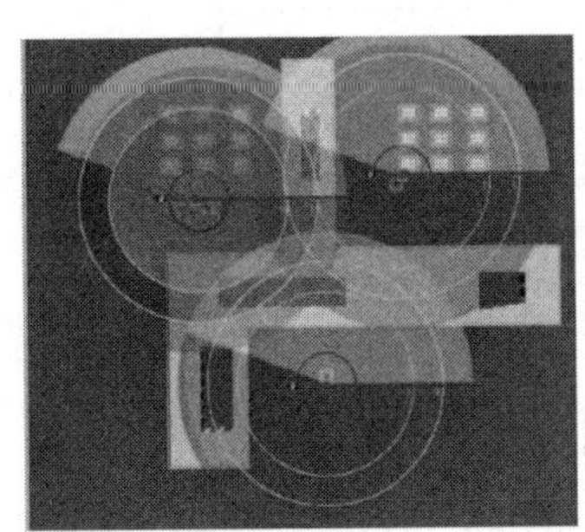

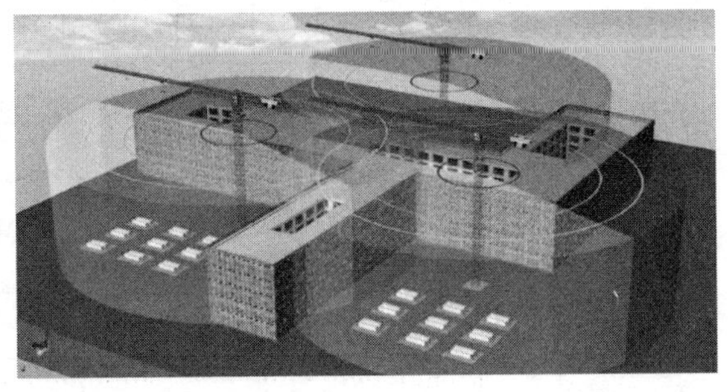

**图6-3　群塔作业模拟模型**

利用产生式规则知识表示的逻辑方法，将基于现行安全标准知识素材建立的自然语言危险源清单转译成计算机可识别的语言，利用SQL Server语言对安全规则进行知识库的建立。通过对安全规则的构建分析，结合危险源清单，将构建的安全规则知识库分为八个“表”，分别是主体表、次主体表、直接参数表、间接参数表、依据标准表、事故类型表、处理措施表以及危险性等级表，表与表之间都具有一定的逻辑关系，表达数据安全规则知识库之间的关系，见图 6-4。

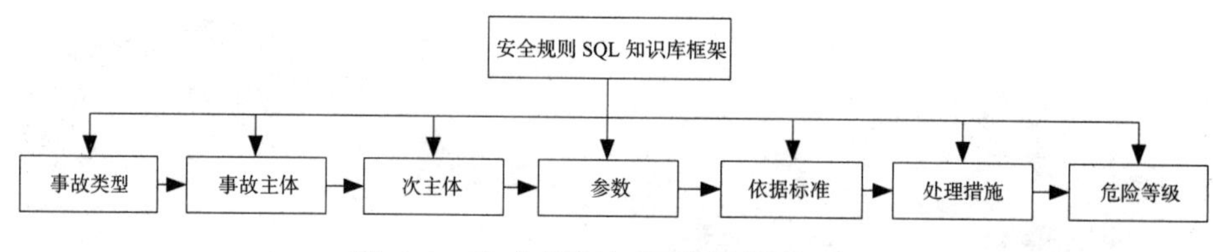


**图 6-4　安全规则知识库数据关系图**

将 BIM 模型的构件条件信息映射入结构型安全规则知识库，使知识库进行条件结果运算，即 BIM 模型的构件名称、几何和非几何数据匹配设定的安全规则中的事故主体、次主体属性、直接参数、间接参数；然后自动判断输出事故类型表、依据标准表、处理措施表以及危险等级表，见图 6-5。

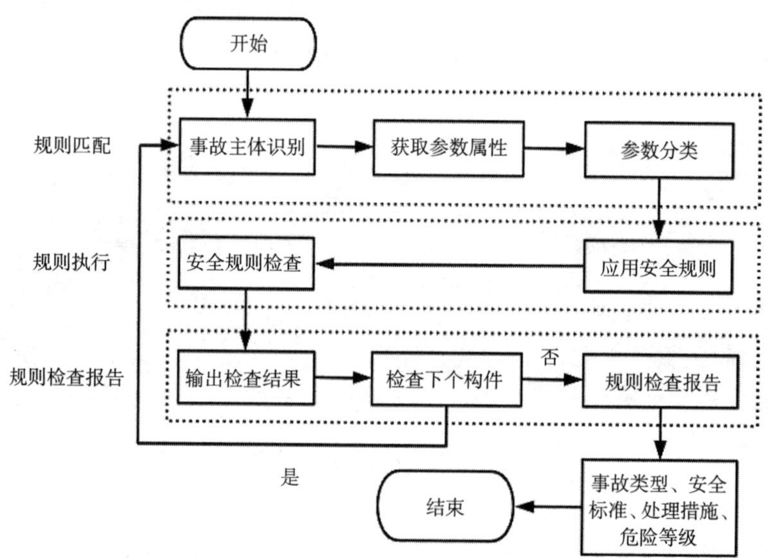


**图 6-5　规则检查算法**

不论是通过人工辨识还是自动辨识，一旦辨识出危险源之后，就可以直接在 BIM 模型中标记已经发现的危险源，并利用软件导出相应的危险源清单，见图 6-6。

检查结果

安全检查标准JGJ59-2011　消防安全技术规范GB50720-2011

| 阶段 | 问题描述 | 判断依据 | 整改意见 | 构件 |
|---|---|---|---|---|
| ⊟ 土方阶段 | | | | |
| 1 | 未按规定悬挂安全标志 | 3.1.4-4 | 施工现场入口处及主要施工区域、危险部位应设置相应 | 安全警示牌、安全警示灯 |
| 2 | 未设置封闭围挡 | 3.2.3-1 | 市区主要路段的工地应设置高度不小于2.5m的封闭围挡 | 围墙 |
| 3 | 未设置门卫室 | 3.2.3-2 | 施工现场进出口应设置大门，并应设置门卫值班室 | 岗亭 |
| 4 | 未设置车辆冲洗设施 | 3.2.3-2 | 施工现场出入口应标有企业名称或标识，并应设置车辆 | 洗车池 |
| 5 | 未采取防尘措施 | 3.2.3-3 | 施工现场应有防止扬尘措施 | 防扬尘喷洒设施 |
| 6 | 施工现场除基坑范围外未布置排水沟 | 3.2.3-3 | 施工现场应设置排水设施，且排水通畅无积水 | 排水沟 |
| 7 | 未采取防止泥浆、污水、废水污染环境措施 | 3.2.3-3 | 施工现场应有防止泥浆、污水、废水污染环境的措施 | 沉淀池 |
| 8 | 未设置吸烟处 | 3.2.3-3 | 施工现场应设置专门的吸烟处，严禁随意吸烟 | 茶水亭/吸烟室 |
| 9 | 材料码放未标明名称、规格 | 3.2.3-4 | 材料应码放整齐，并应标明名称、规格等 | 标志标识牌 |
| 10 | 施工现场消防通道、消防水源的设置不符合规范要求 | 3.2.3-6 | 施工现场应设置消防通道、消防水源，并应符合规范要 | 消防栓 |
| 11 | 施工现场灭火器材布局、配置不合理 | 3.2.3-6 | 施工现场灭火器材应保证可靠有效，布置配置应符合规 | 灭火器 |
| 12 | 生活区未设置供作业人员学习和娱乐场所 | 3.2.4-1 | 生活区内应设置供作业人员学习和娱乐的场所 | 健身器材 |
| 13 | 未设置淋浴室 | 3.2.4-3 | 应设置淋浴室，且能满足现场人员要求 | 浴室 |
| 14 | 基坑边沿周围地面未设排水沟或排水沟设置不符合规范要 | 3.11.3-3 | 基坑边沿周围地面应设排水沟 | 排水沟 |
| 15 | 基坑底四周未设排水沟和集水井 | 3.11.3-3 | 基坑底四周应按专项施工方案设排水沟和集水井，并应 | 排水沟、集水井 |
| 16 | 基坑内未设置供施工人员上下的专用梯道 | 3.11.3-6 | 基坑内应设置供施工人员上下的专用梯道 | 施工斜道 |
| 17 | 在建工程的孔、洞未采取防护措施 | 3.13.3-5 | 在建工程的预留洞口、楼梯口、电梯井口等孔洞应采取 | 水平洞口防护 |
| 18 | 未搭设防护棚 | 3.13.3-6 | 应搭设防护棚且防护严密、牢固 | 安全通道 |
| 19 | 未设置出入口防护棚 | 3.16.3-3 | 地面出入通道防护棚的搭设应符合规范要求 | 施工电梯 |
| 20 | 任意两台塔式起重机之间的最小架设距离不符合规范要求 | 3.17.3-5 | 任意两台塔式起重机之间的最小架设距离应符合规范要 | 塔吊 |
| 21 | 钢筋加工区未设置作业棚 | 3.19.3-4 | 钢筋加工区应按规定设置作业棚，并应具有防雨、防晒 | 钢筋加工机械 |
| ⊟ 结构阶段 | | | | |
| 1 | 未按规定悬挂安全标志 | 3.1.4-4 | 施工现场入口处及主要施工区域、危险部位应设置相应 | 安全警示牌、安全警示灯 |

导出到Excel　确定　取消

图 6-6　危险源清单

同时可以基于 BIM 模型进行危险源的前置评审。如果遇到技术问题，也可以实时邀请后方技术人员基于模型进行远程协同辨识和评估。

### 6.1.2　施工过程中的危险源辨识和监管应用

数字建造技术在施工过程中的危险源辨识和监管也是依托 BIM 模型作为核心，以 BIM 模型为数据载体，以“人”“机”“料”“法”“环”数据为依据开展管理，实现对传统作业方式的替代与提升。

基于 BIM 技术建立与实际项目实时交互的数字模型，保证数字模型能够实时精准地反映工地现场情况，真正实现对生产过程的危险源进行管理。

在 BIM 模型的相应位置设置摄像机与实际现场布置的摄像机位置对应后，利用 AI 技术结合摄像机可以在出入口、加工车间、作业面等多处实现对安全帽、反光衣、安全带等能够保障作业人员生命安全的着装设备进行全天候监管，并能实时语音提醒、自动抓拍、实名统计，形成管理闭环，有效填补管理疲劳、漏洞，提升安全帽、反光衣穿戴率，降低人力管理成本，见图 6-7、图 6-8。

图 6-7　AI 安全着装管理系统

图 6-8　AI 大作业面全景监控系统

利用 AI 技术结合摄像机实时监控大门、高压线和变电箱、基坑边等周边围挡及场内电梯井、临边洞口等危险区域，对越界等行为进行 24h 识别并做出相应提醒，同时可以触发报警机制，提醒管理人员尽快到场进行人为管理，提高管理效率，见图 6-9。

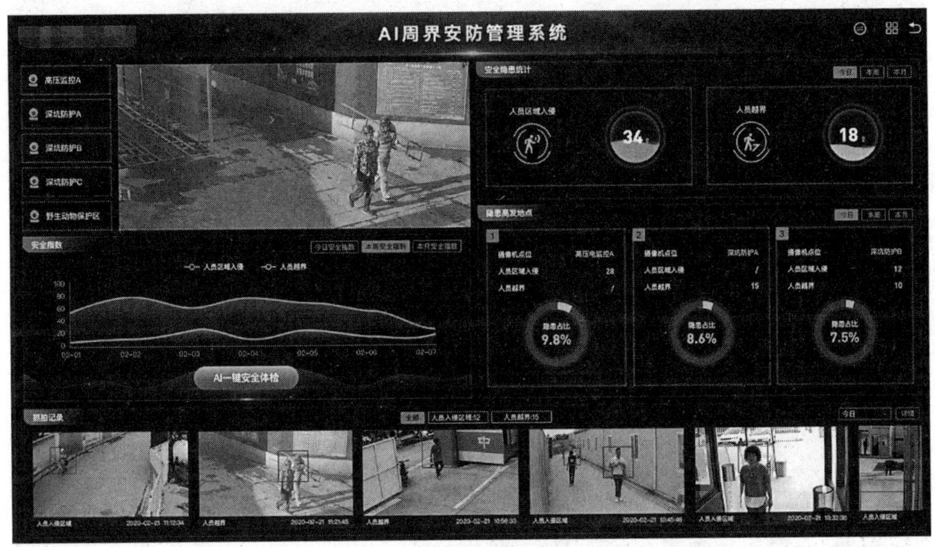


图 6-9　AI 周界安防管理系统

因新冠肺炎疫情管控，人员佩戴口罩与否是一项重要的管控要求，而 AI 技术可以对口罩佩戴进行实时识别和监管，极大地减少人员监管难度，降低监管不到位的情况；同时，利用 AI 结合热感应技术对出入口人员进行体温监测，提高公共卫生健康安全，保障人身安全，见图 6-10。

利用 AI 技术对施工升降梯内的人员进行可视化识别，可以快速统计厢内施工人数，并对超员现象进行预警。同时自动统计相关数据，为后续的教育和奖惩提供依据，见图 6-11。

利用 BIM 模型结合物联网技术，在可视化数字看板上可以实时管控整个施工场地的危险源情况、定位危险源位置、记录危险源的相关变化，并根据设置的预警条件进行动态预警展示，见图 6-12。

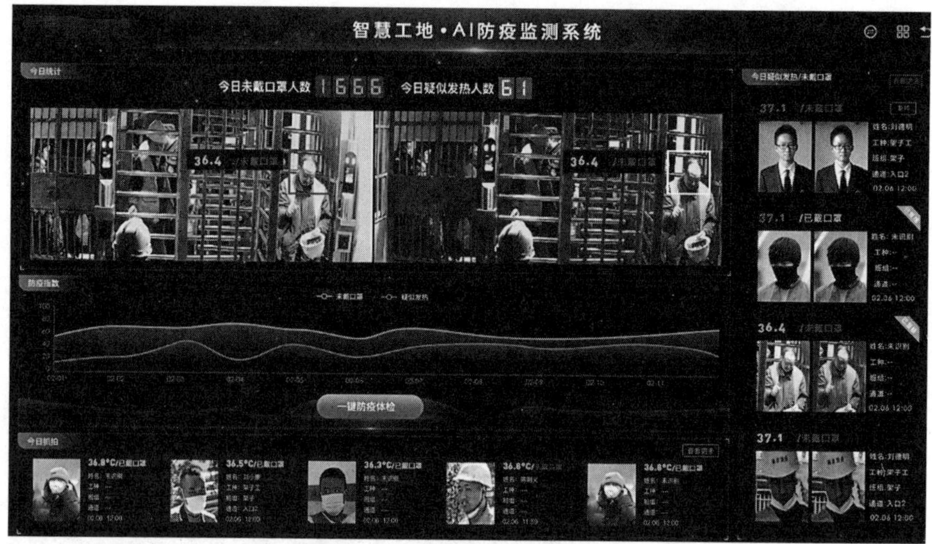


图 6-10　AI 防疫监测系统

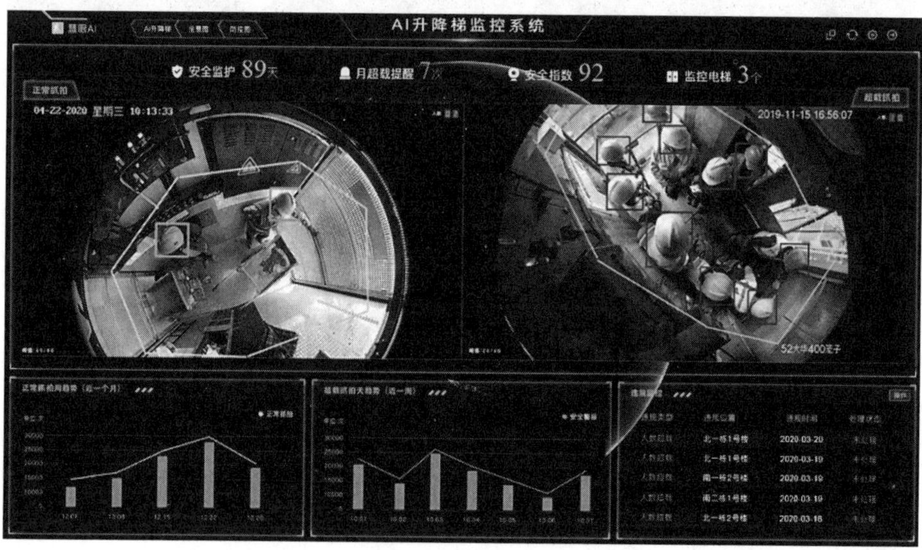


图 6-11　AI 升降梯监控系统

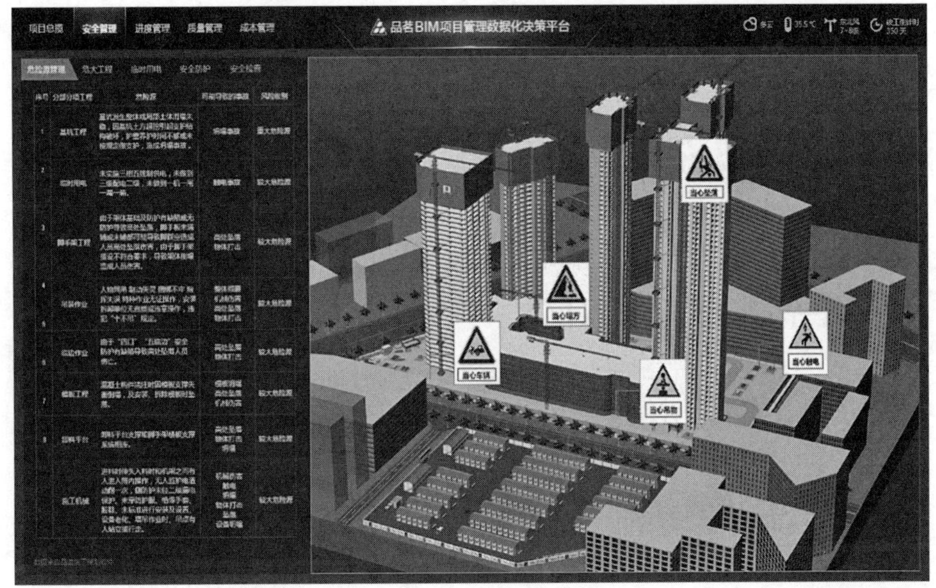


图 6-12　安全管理决策平台

### 6.1.3　施工后的危险源评价分析应用

数字建造技术在施工后的危险源评价分析依托 BIM 模型作为核心，以 BIM 模型为数据载体进行数据分析。

利用大数据和机器学习算法，获取施工后的相关记录和资料，分析隐患和事故，总结其要素，在危险源库中添加内容并不断优化危险源库，为后续危险源分析提供更强的决策依据，见图 6-13。例如通过项目安全隐患

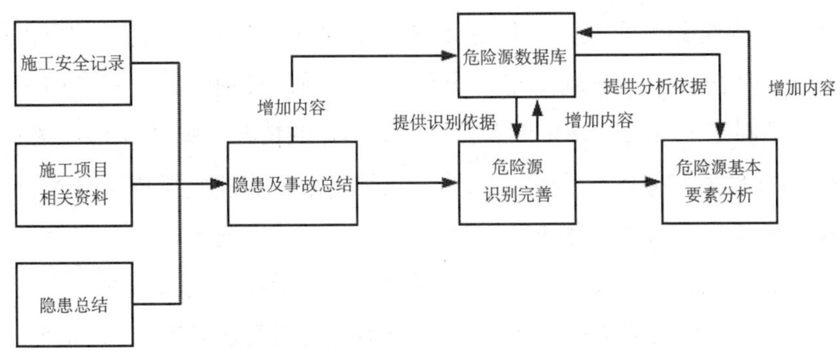


图 6-13　基于机器学习的危险源库优化

出现频率排名和项目安全事故发生排名进行对比，如果两者偏差完全重叠就可以直观地发现一个项目上出现某一类安全隐患数量较多；然而，当发现的隐患已经及时进行整改，但这个项目这一类隐患产生事故的概率仍然很高，那么相关人员就需要针对此类情况对每个项目的危险源风险评估再次进行分析和调整。

## 6.2 安全施工组织设计

目前在施工组织设计过程中总是出现以下问题：追求快速而忽略质量，对施工组织设计所需资料的收集不认真，施工部署未能结合工程实际情况进行有针对性的规划部署，对于安全规划重视程度不够，甚至很多时候只是一种形式；上级审批时仅通过施工组织设计并未深入了解项目实际情况，从而无法提出有针对性的优化意见；施工组织设计交底、执行力度不足。

在实际施工过程中，现场安全管理对施工现场整体规划设计、针对性设施、施工组织设计的理解落地等环节都是至关重要的。数字建造技术的出现，一定程度上为这些问题的解决提供了不一样的解决思路。

### 6.2.1 施工组织设计编制中的应用

数字建造技术在施工组织设计编制中主要依托 BIM 模型，以 BIM 模型为数据载体，对现场出现的各种情况进行还原展示，有利于在施工组织编制时提前发现潜在问题，制定可行的施工方法。

当 BIM 模型创建完成后，利用 BIM 模型的可视化特点对已经建立的模型进行查看，从而减少传统施工组织中存在的漏洞，特别是针对复杂施工工况下出现的不同施工阶段的转化或者存在交叉作业的情况，见图 6-14、图 6-15。

将 BIM 模型与 GIS 结合后，对建筑场地选址、建筑施工周边环境分析及建筑成品预览都有很大的帮助，特别是对于不在项目现场的公司层级，通过 BIM+GIS 模型可以更加直观地了解现场情况，包括项目周边交通、水文、居民分布、重要文物建筑物等，以便对工程施工的前期策划提供指导，辅助决策，见图 6-16。

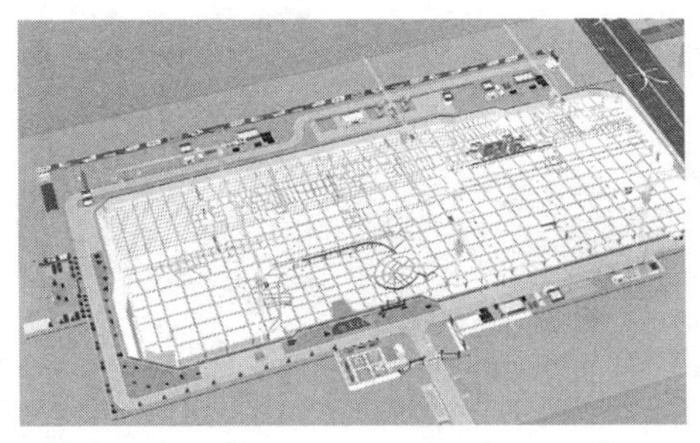

图 6-14 基础阶段现场

图 6-15 结构阶段现场

图 6-16 BIM+GIS 模型

将BIM模型与倾斜摄影技术进行结合，利用倾斜摄影技术大范围、高精度、高清晰的特点，全面感知施工现场周边复杂场景，直观反映物的外观、位置、高度等属性，为真实效果和测绘级精度提供保证，见图 6-17、图 6-18。通过实景模型，即使不到现场也可以在实景模型中完成准确的实景测绘、实景方案模拟、实景场地布置模拟、实景进度汇报、实景进度分析，即足不出户也可以像在现场一样了解现场情况、解决现场问题、管理现场施工等。在一些非常依赖现场条件的改扩建项目中，还能预先发现拟建物与场地、已有建筑、道路、管道等的冲突。

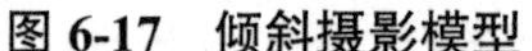
图 6-17　倾斜摄影模型

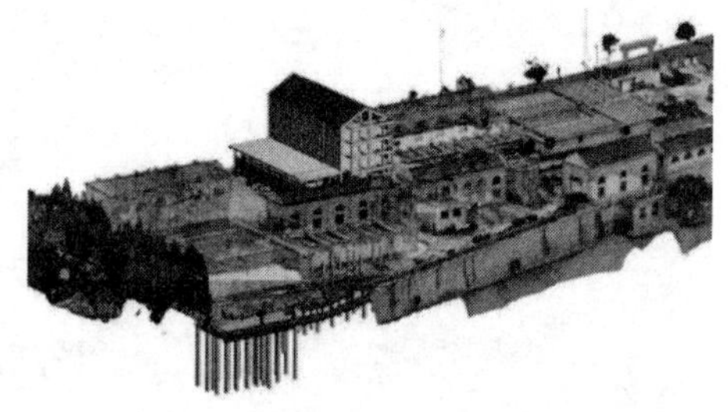

图 6-18　BIM+ 倾斜摄影模型

利用 BIM 技术进行施工进度模拟，可以通过施工模拟动画对施工全流程进行预演，发现现场施工过程中需要关注的安全措施设计，包括施工工艺或施工工序导致的临时问题或者容易遗漏的风险、作业面交叉导致的风险、防护措施不到位等情况，见图 6-19、图 6-20。

图 6-19　土方阶段现场

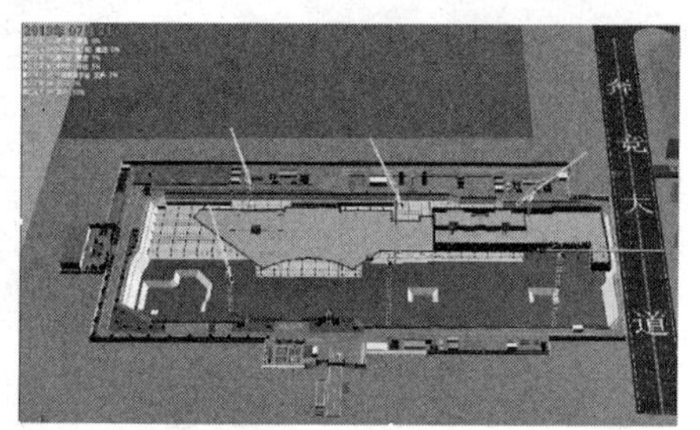

图 6-20　结构阶段现场

基于 BIM 场布模型，快速统计出临建工程量，例如机械设备规格及数量、板房面积、围挡总体长度、排水沟长度、堆场数量以及外脚手架钢管数量等，提前对安全费用投入进行评估，并且可以根据进度计划导出各个阶段的所需临建设施，便于提前准备资源，避免现场出现物资紧缺导致的安全隐患，见图 6-21。

运用 BIM 技术对复杂构件进行数字化加工，或者将 BIM 技术与预制技术更好地结合在一起，施工企业在建造过程中可以变得更加准确、经济、安全，包括对土建、机电等的深化设计，以尽量排除需要返工导致的拆除等情况引发的安全风险，见图 6-22。

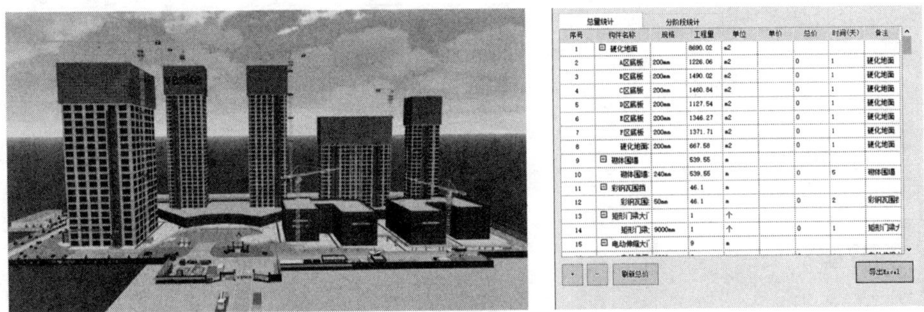

| 序号 | 构件名称 | 规格 | 工程量 | 单位 | 单价 | 总价 | 时间(天) | 备注 |
|---|---|---|---|---|---|---|---|---|
| 1 | ⊟ 硬化地面 | | 8690.02 | m2 | | | | |
| 2 | A区底板 | 200mm | 1226.06 | m2 | | 0 | 1 | 硬化地面 |
| 3 | B区底板 | 200mm | 1490.02 | m2 | | 0 | 1 | 硬化地面 |
| 4 | C区底板 | 200mm | 1460.84 | m2 | | 0 | 1 | 硬化地面 |
| 5 | D区底板 | 200mm | 1127.54 | m2 | | 0 | 1 | 硬化地面 |
| 6 | E区底板 | 200mm | 1346.27 | m2 | | 0 | 1 | 硬化地面 |
| 7 | F区底板 | 200mm | 1371.71 | m2 | | 0 | 1 | 硬化地面 |
| 8 | 硬化地面 | 200mm | 667.58 | m2 | | 0 | 1 | 硬化地面 |
| 9 | ⊟ 砌体围墙 | | 539.55 | m | | | | |
| 10 | 砌体围墙 | 240mm | 539.55 | m | | 0 | 5 | 砌体围墙 |
| 11 | ⊟ 彩钢瓦围挡 | | 46.1 | m | | | | |
| 12 | 彩钢瓦围 | 50mm | 46.1 | m | | 0 | 2 | 彩钢瓦围挡 |
| 13 | ⊟ 矩形门梁大门 | | 1 | 个 | | | | |
| 14 | 矩形门梁 | 9000mm | 1 | 个 | | 0 | 1 | 矩形门梁大 |
| 15 | ⊟ 电动伸缩大门 | | 9 | m | | | | |



图 6-21　基于 BIM 场布模型的工程量统计

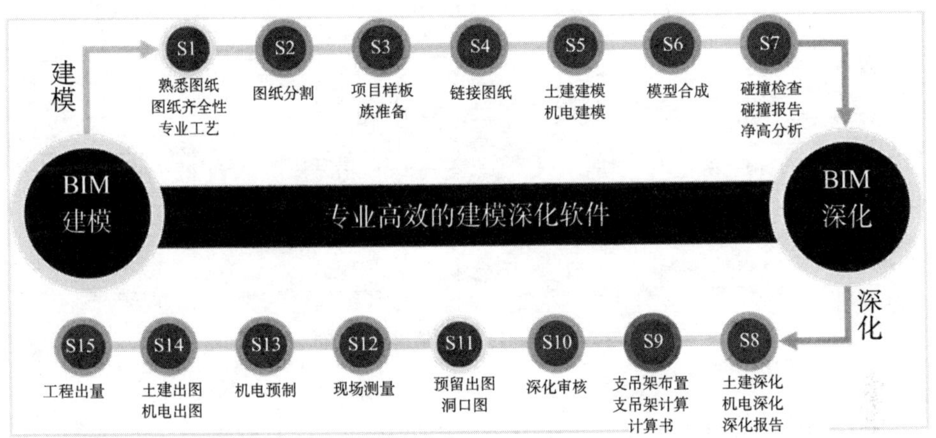


图 6-22　建模深化工作流程

基于 BIM 的二次结构深化设计，是指在设计模型的基础上，通过设置相应施工要求及标准，能够快速自动完成土建模型二次结构深化工作，包含砌体排砖、构造柱、过梁、圈梁、压顶、门垛、翻边，并能根据出具的深化模型一键生成工程量和深化图纸。例如使用频率很高的砌体排砖，根据砌体墙的轮廓自动进行砌块砖排布，支持单面墙、T 形墙、L 形墙等多种组合墙体的排布，排布完成后可以根据现场实际进行砖长调整，统计不同砖尺寸的工程量，对现场砌体墙排砖有指导性作用。可以有效地避免材料反复运输的风险重复、现场加工的废料高空坠落、二次结构不合理导致的墙体坍塌等情况，见图 6-23。

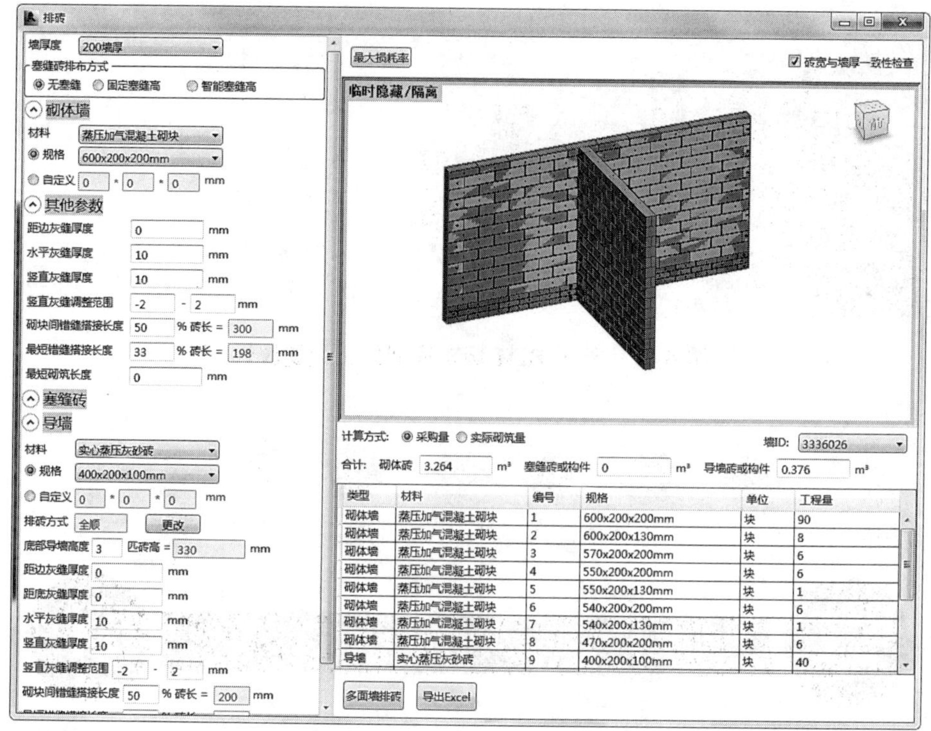

图 6-23　BIM 软件排砖界面

基于 BIM 的机电深化，是指基于已经创建的机电管综模型，进行碰撞检查和净高分析。经碰撞检查后的模型，不仅可以消除施工过程中的硬碰撞问题，减少实际工程阶段存在的错误以及返工的可能性，还可以净化管道空间以及管线排布方案，减少后期水电管线不合理引发的触电、消防、碰撞损伤等安全问题，见图 6-24。

基于 BIM 的开洞套管是土建、机电产生协同的工作之一，BIM 软件原理是根据管线穿结构或二次结构自动判断套管类型，例如人防墙预留密闭套管，对人员专业度要求较少，自动化程度较高，且套管类型及数量等信息可以一键统计，避免预埋套管不合理导致后期开孔引发的高空作业和坠物风险，见图 6-25。

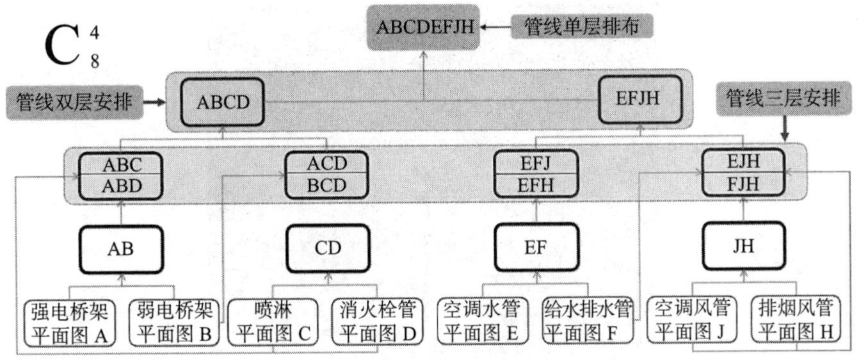


图 6-24 管综深化工作流程

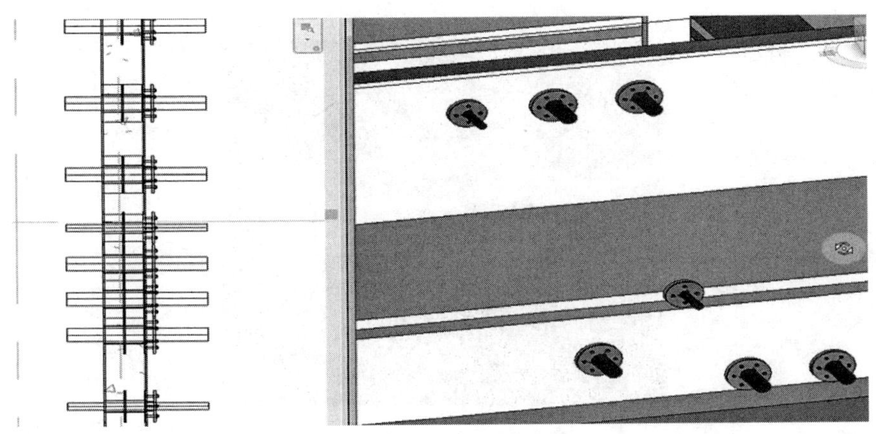

图 6-25 墙面开洞

基于 BIM 的机电工厂化预制技术，是指通过 BIM 软件对建筑给水排水、供暖、电气、智能化及通风空调工程机电管线综合排布与深化设计、创建机电管线预制模型并出具预制加工图及预制下料清单，在预制工厂完成管线的深度加工，施工现场完成装配化安装的技术。例如机电 BIM 深化是施工图可施工、精确预留、正确预制和准确采购的必要条件，而构件拆分要确保工厂可预制、过程可运输、现场可安装，同时要考虑节约原材料，见图 6-26 ~ 图 6-28。采用机电工厂化预制技术，可以明显缩短工期、降低成本、提升质量，提高绿色安全文明施工水平及降低施工安全风险，还可以缓解现场劳动力不足等问题。

图 6-26　管道预制工厂

图 6-27　风管预制工厂

图 6-28　现场吊装

### 6.2.2 施工组织设计审批中的应用

数字建造技术在施工组织设计审批中主要依托可以进行 BIM 模型的轻量化展示、文档管理和进行审批的数字建造平台实现。这种平台在施工组织设计的审批中，不仅是浏览文档 + 流程管理，还可以将工程的建筑结构模型、场布模型、外脚手架模型和模板支撑体系模型等各种 BIM 模型，随着文档一起上传至系统中，见图 6-29、图 6-30。通过三维 BIM 模型，方便施工组织设计审批者更加深入地理解施工组织设计内容，让远离项目的人员更加深入地了解项目情况，及时进行跟踪指导。

施工组织设计的审批流程很长，从项目级到公司总工，中间还可能穿插二级子公司的审批，且一般公司级审批涉及与施工组织设计相关的技术、安全、机械设备、物资、项目管理等各部门，在漫长的审批流程中，各部门对施工组织设计的审批建议都可以在文档中进行批注，施工组织设计编制在批注位置更改后保留记录，整个审批流程保持动态更新。

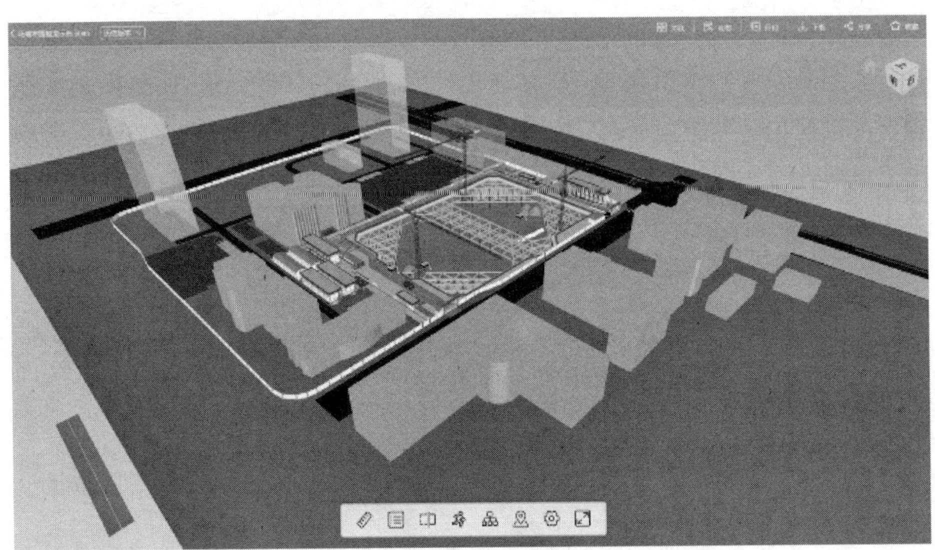

图 6-29 BIM 平台—场地布置模型示例

图 6-30　建筑结构模型基础阶段

### 6.2.3　施工组织设计交底中的应用

数字建造技术在施工组织设计交底中依托 BIM 模型作为核心，以 BIM 模型为沟通桥梁，避免因二维 CAD 图纸所能反映的内容有限且不够直观，需要具备一定的专业知识和施工经验才能很好地领会设计者意图。BIM 实现场地布置的可视化，更能直观地反映场地布置规划。通过 BIM 模型可以进行大型施工机械设施规划、现场道路规划、生活临建、临水临电部署等方面的交底，见图 6-31。

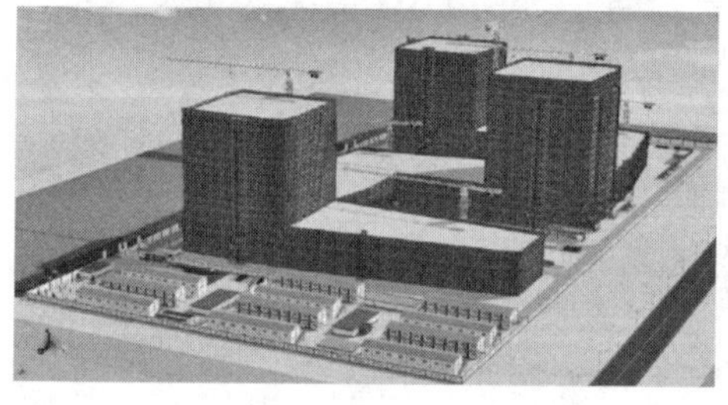

图 6-31　现场平面交底

施工组织设计中同样包含企业自身的企业形象和CI要求，利用BIM模型还可以把传统的企业CI图册上的各项要求，变成基于虚拟施工环境进行的、可满足企业要求的CI设计样板。同时，企业可以自行定制相关的CI构件存放在云端，可随时优化和调整，确保企业员工同步更新，从而给项目施工作业人员按最新的要求进行交底，避免理解偏差，见图6-32。

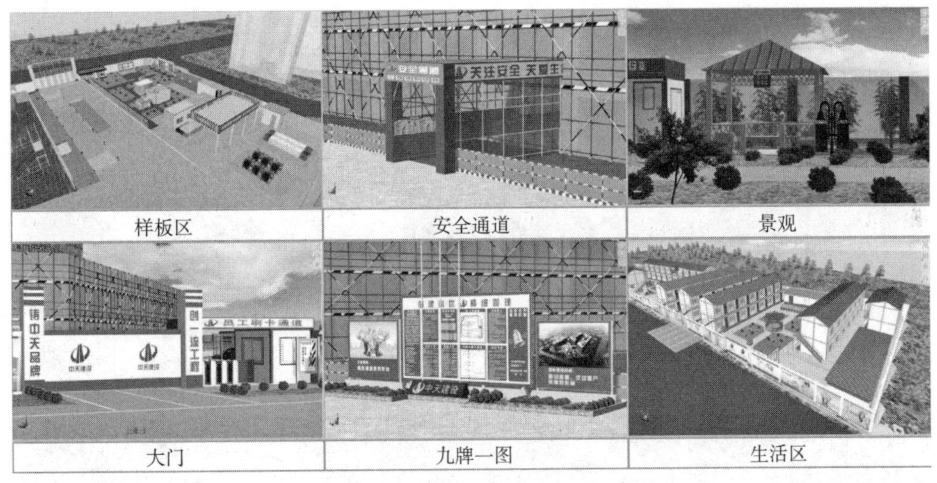


**图6-32　企业CI要求交底**

施工组织设计中包含对各危险部位的防护措施、绿色文明施工措施等要求，依靠单一的文字描述无法准确表达实际要求。通过BIM模型可视化进行防护栏杆、脚手架、安全通道、洗车池、雨水回收利用等安全文明措施的交底，见图6-33。

**图6-33　安全文明措施交底**

施工组织设计中包含施工进度、设备进出场时间、工序工艺交叉等内容，利用BIM进行施工模拟，力求真实反映现场，例如必要的拟建建筑、周边原有建筑、生活办公临时建筑设施、道路、脚手架、施工电梯、架空电线等。通过整体动画模拟播放，可以实现对现场进度安排、材料设备、各施工环节先后时间等情况的作业交底，见图6-34。

图6-34 进度模拟交底

### 6.2.4 施工组织设计落地执行中的应用

数字建造技术在施工组织设计落地执行中的应用，也是基于BIM模型的现场施工质量、安全、进度等的全方面落地管控。施工组织的动态管理，是很多企业项目管理中缺失的一环，例如大部分工程建设中的施工组织设计频繁变更，有的根本不符合施工现场情况而导致不能真正落实，结果出现很多施工单位忽视了方案本身的动态特性。

当项目真正实施时，如果客观条件发生变化，就要对相应的分部分项施工方案进行调整。数字监管平台的建立是对施工组织设计推行动态管理、跟踪管理的有效手段，从而使其更加标准化，见图6-35。

图 6-35　施工组织设计数字监管平台

施工组织中的进度落地执行，是指利用视频监控与 BIM 集成的建筑施工进度监测方法，可以自动检测现场进度。该方法通过视频监控现场进度，使用 AI 算法自动分析进度，与 BIM 模型做对比，如图 6-36 所示，图示楼层为 AI 算法分析出的当前进度，与 BIM 看板中的进度对比，一个进度正常，一个进度滞后，平台将滞后延期、正常进行的进度信息显示在右侧实时提示。当进度出现超期风险时可以及时进行预警，加班追赶工期的调整安排以及人员、物资、安全措施的同步调整跟进。

施工组织中的安全措施落地执行，是指利用 BIM 模型和物联网技术，通过对施工组织中安全措施的联动监管，同时通过防护设施模型的布置，让管理人员直观地进行安全检查，确保现场按照模型布置执行，见图 6-37。

施工组织中的质量措施落地执行，是指让现场管理人员利用模型进行施工检查工作的布置和对比，快速发现现场质量问题，并直接拍照记录、生成和发起质量整改通知单，保证问题处理的及时性，加强施工过程中的质量控制，见图 6-38。

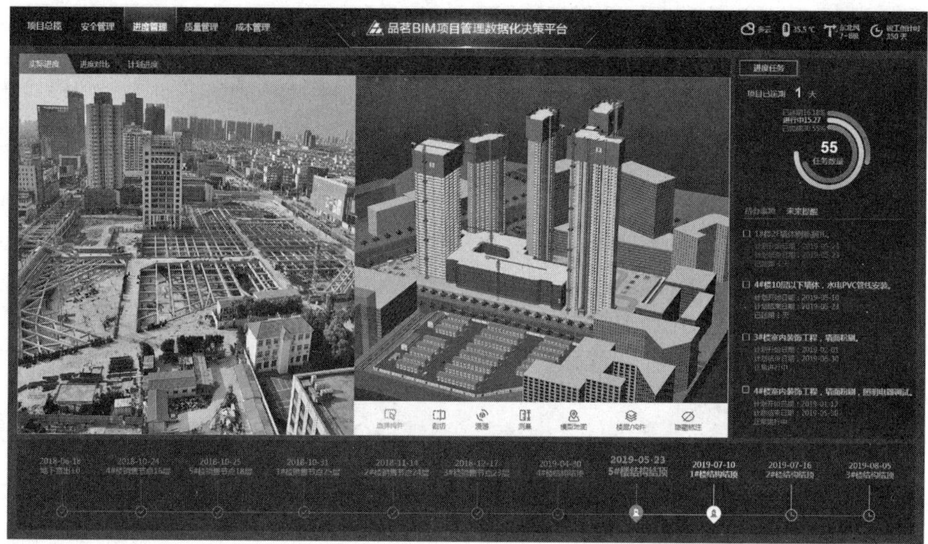


图 6-36　进度监管执行

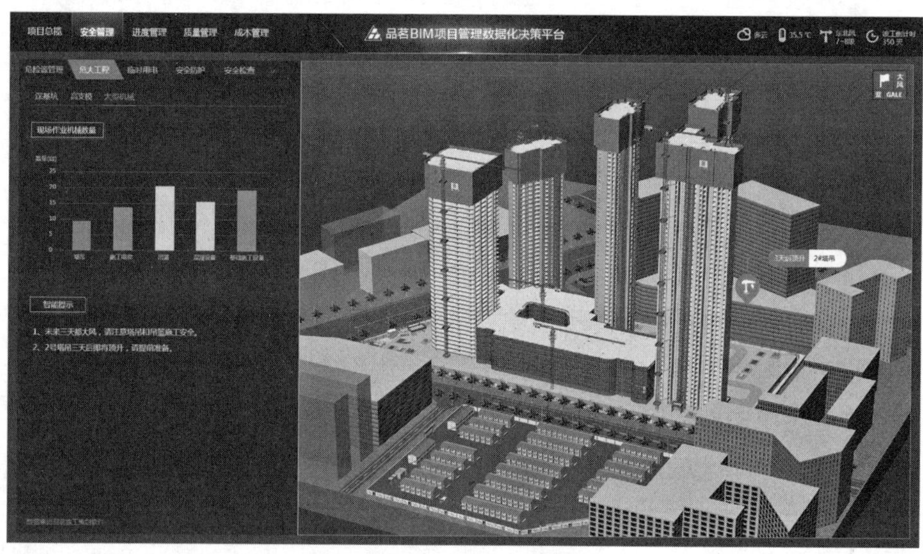


图 6-37　安全监管执行

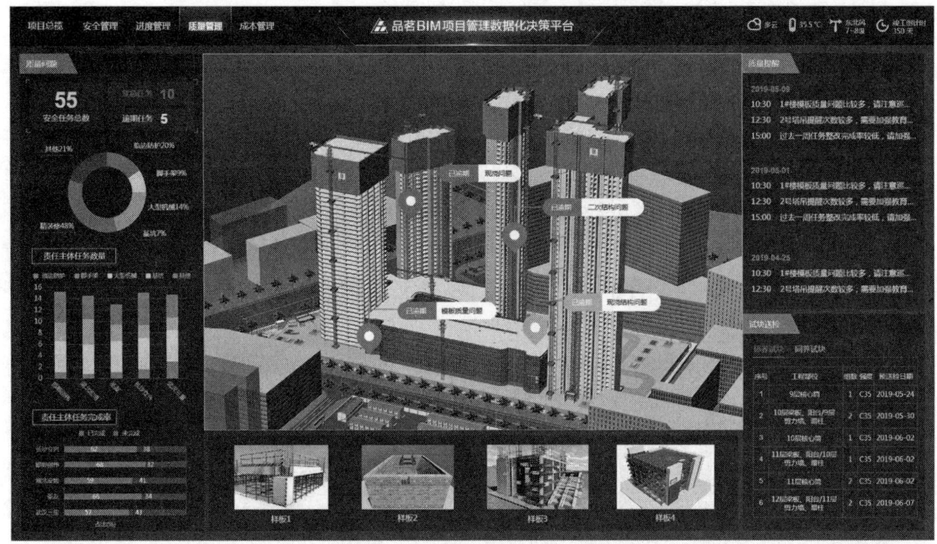


图 6-38 质量监管执行

# 6.3 安全专项施工方案

数字建造技术在安全专项施工方案中的应用主要通过 BIM 进行方案的模拟施工，通过物联网技术对安全方案的落地进行监管，大大提升安全监管的效率，减少安全事故发生的概率，保障施工人员生命安全和工程建设进度。

## 6.3.1 基坑工程安全专项施工方案中的应用

数字建造技术在基坑工程安全专项施工方案编制中，可以利用 BIM 创建施工现场及周边环境模型。对于土方开挖过程中的进出场道路、出土口、土方开挖方式、土方支护施工顺序、排水井、降水井、排水沟等基坑施工相关的施工措施、安全措施、文明措施进行模拟，提高方案编制的合理性，见图 6-39。

数字建造技术在基坑工程安全专项施工方案的监管中，利用自动化监测系统替代人工测量后，通过安装在有关部位的检测仪器实现数据自动采集，见图 6-40 ~ 图 6-43。

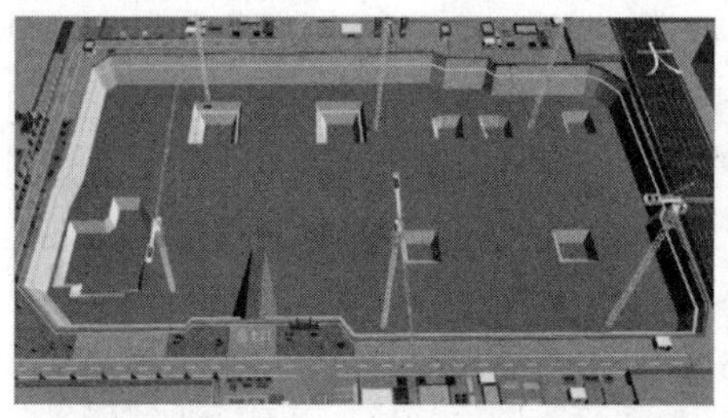

图 6-39　基坑工程施工方案模拟

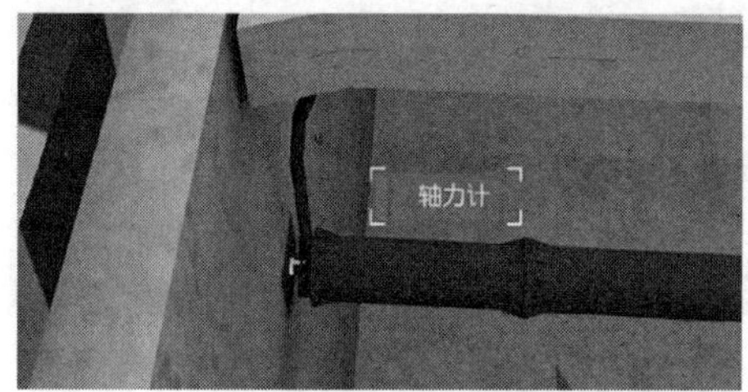


图 6-40　轴力计

图 6-41　沉降监测点

图 6-42　轴力计

图 6-43　测斜仪

同时将各类传感器监测到的数据与 BIM 模型相结合，并通过可视化平台展示，可以实现监测信息动态显示、实时预警、监测点定位等，为基坑安全全天候保驾护航，见图 6-44。

### 6.3.2　模板工程安全专项施工方案中的应用

数字建造技术在模板工程安全专项施工方案编制中，可以利用 BIM 创建项目结构模型。软件可以通过结构模型自动进行高支模辨识、架体智能排布、架体安全计算、方案书面生成、施工图生成等，并可以通过三维模型进行模

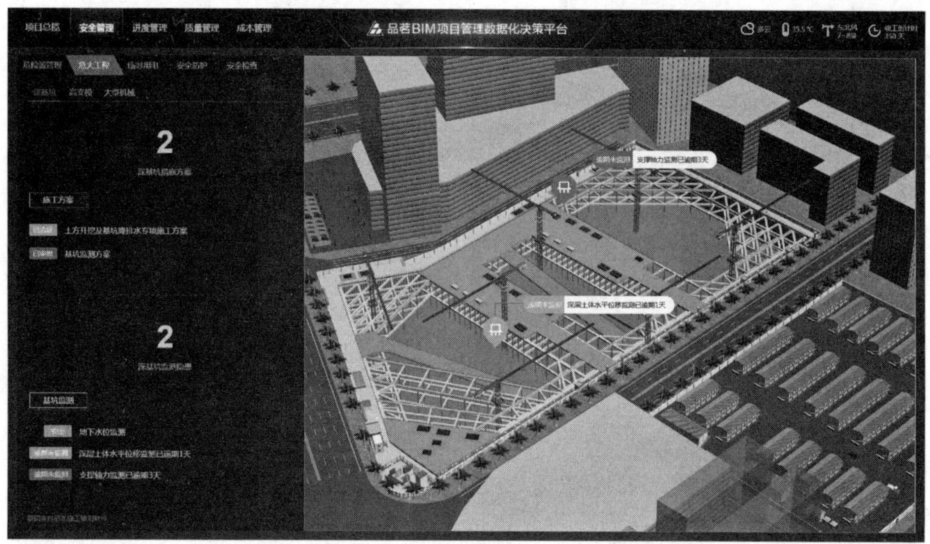


图 6-44　基坑工程施工方案模拟

板支架的施工安全技术交底，同时还可以进行配模、配架以及材料管理，见图 6-45 ~ 图 6-47。

在模板工程安全专项施工方案施工过程中，选择基于 GPRS 物联网传输的自动化监测系统。监测内容涵盖立杆竖向压力、支架水平压力、支模体系的竖向和水平位移、支架的倾斜角度等，施工部署方便，能够在不受人为干扰的前提下，自动完成监测器内的全部监测内容。在收集到相关支撑系统的杆件位移和变形数据后，利用 BIM 模型结合可视化平台进行展示，不仅能够记录数据、定位监测点，还能够对超出预警值的数据进行报警，见图 6-48、图 6-49。

### 6.3.3　起重吊装安全专项施工方案中的应用

数字建造技术在起重吊装工程安全专项施工方案编制中，目前经常编制的是起重机械安装、拆卸工程以及采用起重机械进行安装的工程（装配式建筑吊装施工）。利用 BIM 模拟起重机械的安拆角度和作业环境，分析是否满足安拆需要，见图 6-50。利用 BIM 模型进行装配式建筑的吊装能力分析，以适配吊装施工需要，见图 6-51。

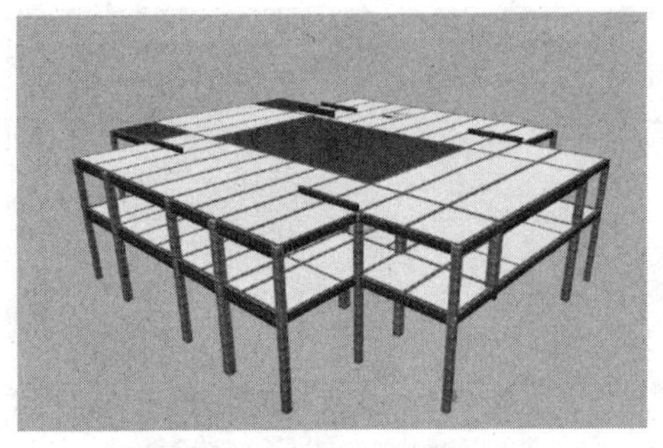

图 6-45　高支模辨识

图 6-46　模板支架三维交底

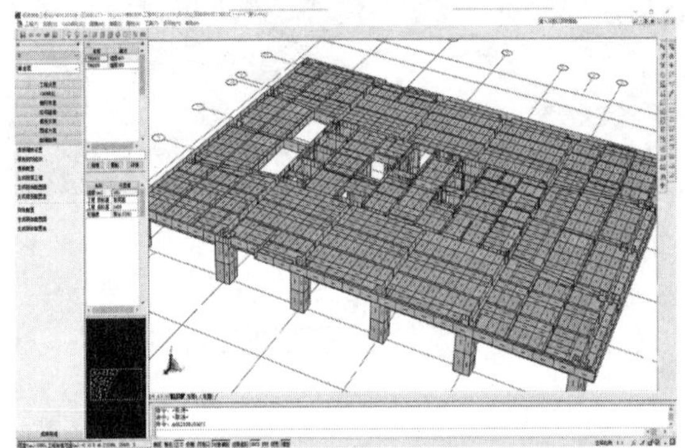

| 序号 | 构件信息 | 单位 | 工程量 |
|---|---|---|---|
| 1 | ⊟ 砼量 | | |
| 1.1 | ⊟ 砼强度[默认(C25)] | m3 | 1922.396 |
| 1.1.1 | ⊞ 现浇平板 | m3 | 603.603 |
| 1.1.2 | ⊞ 砼柱 | m3 | 464.2 |
| 1.1.3 | ⊞ 框架梁 | m3 | 555.69 |
| 1.1.4 | ⊞ 次梁 | m3 | 298.903 |
| 2 | ⊟ 模板 | | |
| 2.1 | ⊟ 覆面木胶合板[18] | m2 | 6595.354 |
| 2.1.1 | ⊞ 现浇平板 | m2 | 2347.973 |
| 2.1.2 | ⊞ 砼柱 | m2 | 1241.249 |
| 2.1.3 | ⊞ 框架梁 | m2 | 1651.83 |
| 2.1.4 | ⊞ 次梁 | m2 | 1354.302 |
| 3 | ⊟ 立杆 | | |
| 3.1 | ⊞ 钢管[Φ48×3.5] | m | 27461.721 |
| 4 | ⊞ 横杆 | | |
| 5 | ⊞ 主梁 | | |
| 6 | ⊞ 小梁 | | |
| 7 | ⊞ 对拉螺栓 | | |
| 8 | ⊞ 固定支撑 | | |
| 9 | ⊞ 底座\垫板 | | |
| 10 | ⊞ 扣件 | | |

图 6-47　模板支撑体系工程量统计

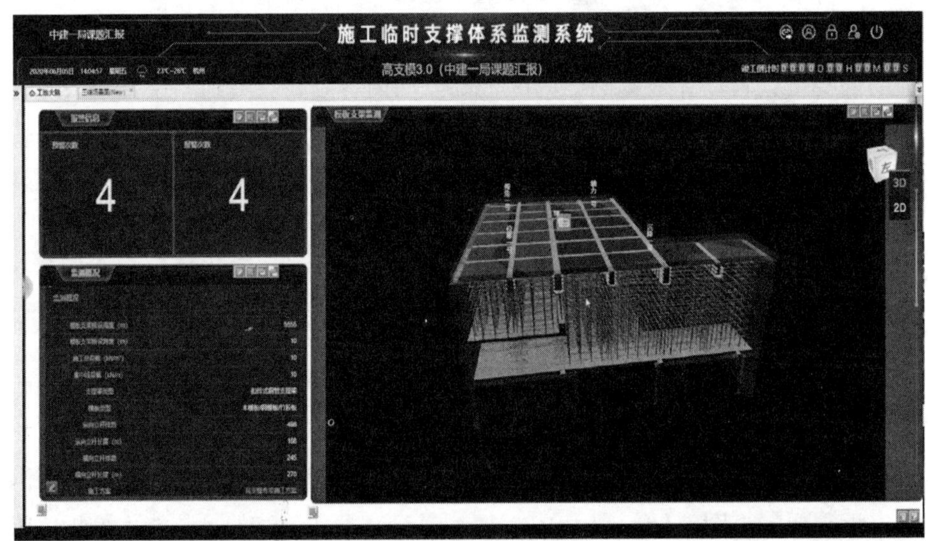


图 6-48　高支模监测系统

图 6-49 监测点在 BIM 模型上的位置

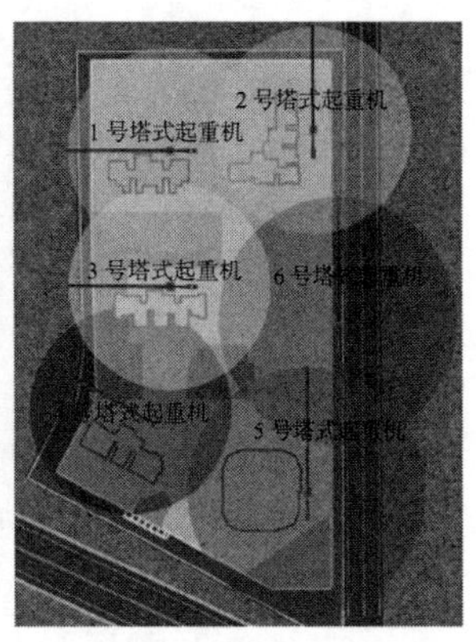


图 6-50 塔式起重机安拆模拟

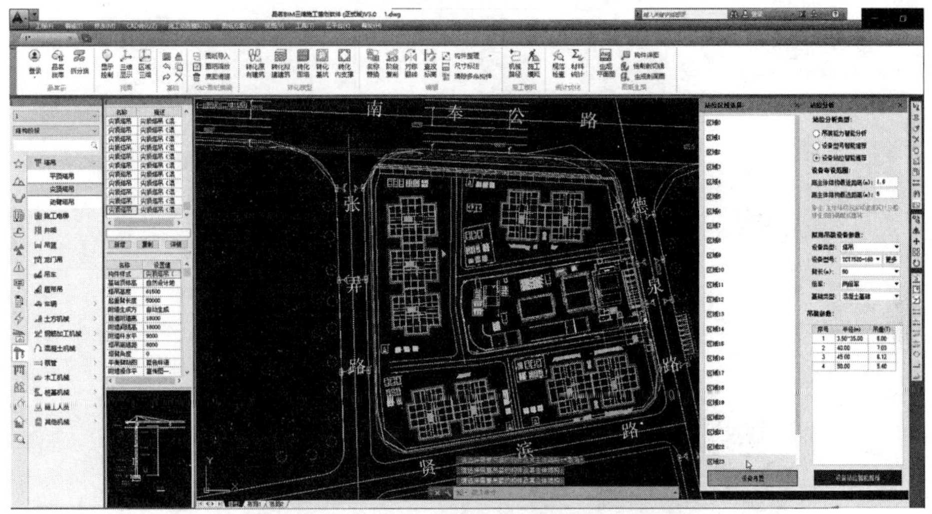


图 6-51 装配式建筑起重吊装能力分析

在起重吊装施工过程中，可以通过安全监控系统的无线通信模块，实现塔式起重机群局域组网，使有碰撞关系的塔式起重机之间的状态数据信息能够交互，并将相关数据传输到塔式起重机监控平台进行分析，当平台分析出某台塔式起重机与相邻塔式起重机有碰撞危险趋势时，通过塔式起重机安全监控平台能自动发出声光报警，并输出相应的避让控制指令，避免由于驾驶员疏忽或操作不当造成碰撞事故的发生。

### 6.3.4 脚手架工程安全专项施工方案中的应用

数字建造技术在脚手架工程安全专项施工方案编制中，可以利用 BIM 创建项目结构模型，通过结构模型自动进行建筑外轮廓识别、架体智能生成、架体安全计算、方案书面生成、施工图生成等，并可以通过三维模型进行脚手架施工安全技术交底，见图 6-52。

在脚手架安全专项施工方案施工过程中，采取有效措施加强周转材料的管理，是精细化管理的一项必要工作。运用 BIM 外脚手架设计软件，可以快速进行工程量统计。根据统计的各个分段工程量，结合工程进度，合理安排材料调配，见图 6-53。

图 6-52 脚手架三维交底

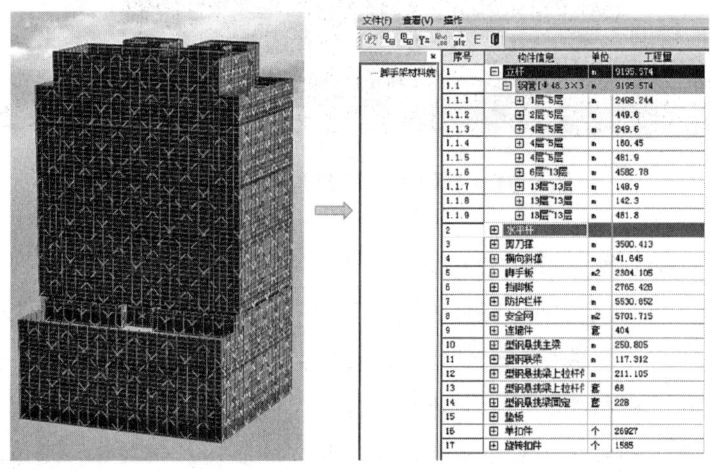


| 序号 | 构件信息 | 单位 | 工程量 |
|---|---|---|---|
| 1 | 立杆 | m | 9195.574 |
| 1.1 | 钢管[Φ48.3×3 | m | 9195.574 |
| 1.1.1 | 1层~5层 | m | 2498.244 |
| 1.1.2 | 2层~5层 | m | 449.6 |
| 1.1.3 | 4层~5层 | m | 249.6 |
| 1.1.4 | 4层~5层 | m | 180.45 |
| 1.1.5 | 4层~5层 | m | 481.9 |
| 1.1.6 | 6层~13层 | m | 4582.78 |
| 1.1.7 | 13层~13层 | m | 148.9 |
| 1.1.8 | 13层~13层 | m | 142.3 |
| 1.1.9 | 13层~13层 | m | 481.8 |
| 2 | 水平杆 | | |
| 3 | 剪刀撑 | m | 3500.413 |
| 4 | 横向斜撑 | m | 41.645 |
| 5 | 脚手板 | m2 | 2304.105 |
| 6 | 挡脚板 | m | 2765.428 |
| 7 | 防护栏杆 | m | 5530.852 |
| 8 | 安全网 | m2 | 5701.715 |
| 9 | 连墙件 | 套 | 404 |
| 10 | 型钢悬挑主梁 | m | 250.805 |
| 11 | 型钢联梁 | m | 117.312 |
| 12 | 型钢悬挑梁上拉杆f | m | 211.105 |
| 13 | 型钢悬挑梁上拉杆f | 套 | 68 |
| 14 | 型钢悬挑梁固定 | 套 | 228 |
| 15 | 垫板 | | |
| 16 | 单扣件 | 个 | 26927 |
| 17 | 旋转扣件 | 个 | 1585 |

图 6-53 外脚手架工程量统计

### 6.3.5 临水临电安全专项施工方案中的应用

数字建造技术在临水临电安全专项施工方案编制过程中，以 BIM 模型模拟施工现场临水临电布置，比平面绘制更多地考虑楼层空间的变化及使用需要，通过软件内置的标准进行符合性检查，对临时用电设置是否符合标准要求的 TN-S 系统配电要求，以及消防用水设置是否符合要求自动进行检测和报警，从而提高临水临电设计的准确性和可靠性，见图 6-54、图 6-55。

图 6-54 临时用电设计模型

图 6-55 施工及消防临时用水设计模型

在临水临电安全专项施工方案施工过程中，以 BIM 模型为数据载体，利用物联网系统监管各电器使用部位的电压和电流等，一旦超过方案允许的范围就会及时进行预警。同时跟进方案要求，如果相关设计太久没有进行检修也会进行预警，见图 6-56。

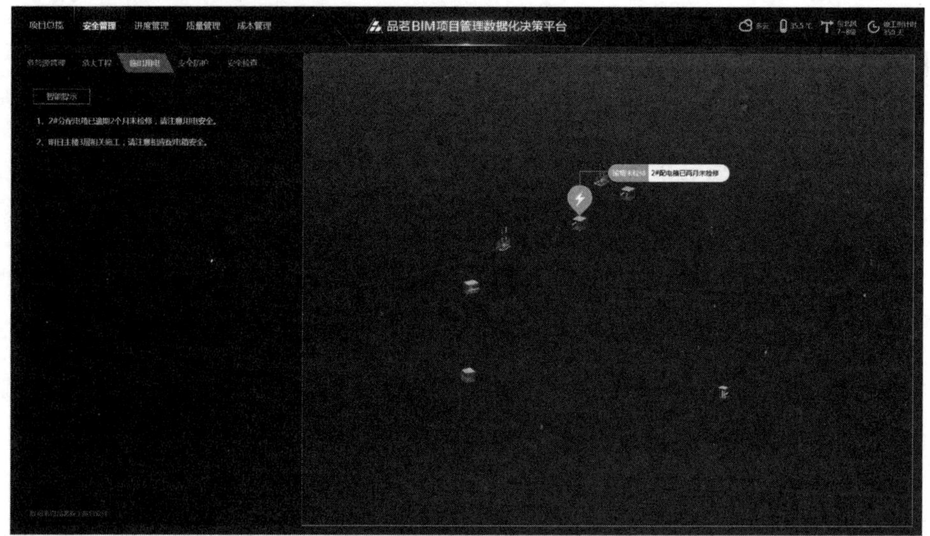


图 6-56　临时用电数字管理平台

# 6.4　安全教育

建筑行业一直是我国安全事故高发的行业，国家建设主管部门对建筑行业从业人员的安全教育一直高度重视，从人员入职的三级安全教育，再到日常施工中的班前安全教育等；从班前的安全交底，到项目的各项安全台账，都是对工人安全教育的重视和要求，而且针对建设工程从业人员的安全教育，是作为项目安全管理的一项重要任务完成。一直以来，传统的安全教育形式无法满足安全教育要求。传统安全教育中的文件宣读、事故通报、教育视频、现场挂图等形式，因缺少互动机制，使得从业人员的体验不深。数字建造使工人的安全意识提高，让一线施工人员“下意识”避开工地现场危险源，减少不安全行为发生，最终降低工地意外事故伤害的发生。

## 6.4.1　三级安全教育中的应用

数字建造技术在三级安全教育中的应用主要依托教育培训系统、二维码答题等方式实现。教育培训系统可以针对不同施工场景、不同工种，特别是危险性较大的作业制定培训方案，工人可根据自己的需求选择不同方案，通

过观看视频、课件等方式进行学习，事先了解工地上可能发生的危险性较大的典型事故，在施工时重点关注，防患于未然，从而达到减少事故发生概率的目的，见图 6-57。

图 6-57 培训教育系统

二维码答题支持工人扫码进行在线答题（图 6-58），项目部可针对施工场景配置一系列题库，下载并将题库二维码张贴在工地上，工人通过扫描二维码选择题库进行答题教育；此外，项目部可设定答题通过条件，当工人通过后方可进入工地，同时，管理员可以在手机端查看工人答题情况，针对易错题型进行重点关注，再让工人通过反复答题的方式加深记忆，从而掌握安全教育知识，加强工人安全意识，减少事故发生概率。

图 6-58 二维码答题

### 6.4.2 安全技术交底中的应用

数字建造技术在安全技术交底中的应用可通过 VR 实现，系统根据施工单位的要求和标准，通过 VR 技术以及三维建模，把建筑施工的常见工艺进行 1∶1 还原，节约实物制作成本，减少模型占地面积。一方面，在外部 VR 眼镜和 4D 硬件设备支持下，增强视听感受，通过沉浸式体验，可使体验者身临其境地学习施工工艺，使施工人员对施工工艺的知识学习更加直观且高效便捷；另一方面，适应多元化场景部署需求，建造工艺、流程等数据同步云平台，项目部可快速在线查看交底情况。

系统涵盖大体积混凝土浇筑、二次结构、卫生间防水、屋面架构等施工工艺。图 6-59 ～图 6-62 为大面积混凝土施工中止水钢板、集水坑模板、混凝土浇筑、疏干降水井的施工工艺演示。

图 6-59　止水钢板

图 6-60　集水坑模板

图 6-61　混凝土浇筑

图 6-62　疏干降水井

### 6.4.3　安全事故体验中的应用

数字建造技术在安全事故体验中的应用，可以利用 VR 虚拟仿真技术，结合 BIM 建筑模型信息和实际工地情况，全真模拟房建、市政、交通等工程建设领域的施工场景。场景内容实地取景，场景内环境真实还原真实的施工场景，让工人在虚拟环境中模拟实际工作场景，享受六自由度沉浸式交互体验和享受在 VR 空间中自由行走体验。培训过程无安全隐患，屏蔽外界干扰，趣味化培训过程使工人身临其境，且场馆随拆随装、限制少，可循环使用，见图 6-63。

图 6-63　VR 体验馆

通过先体验后学习的模式，使工人的安全意识从感知到认识，从认识到理解，从理解到掌握，深化工人安全意识，让施工人员“下意识地”避开危险源，减少不安全行为和意外事故的发生，培训后的记录无需手动录入，数据实时上传，与实名制系统联动，支持在线快速查询。图 6-64 ~ 图 6-67 为模拟的安全事故场景。

工人使用 VR 事故安全体验馆需经历三个阶段：需求选择、情境生成、学习与测试。在需求选择阶段，学习者首先进行登录，根据系统提示依次选择角色、建筑类型以及施工阶段；在情境生成阶段，系统根据需求调用不同知识库和场景库，学习者可根据需求自由调整视角，浏览场景；在学习与测试阶段，分为三个模块，学习者可根据需求选择任一模块进行学习，见图 6-68、图 6-69。

**图 6-64　升降机坠落**

**图 6-65　压路机侧翻**

**图 6-66　吊篮作业危险源**

图 6-67 压路机碾伤路人

图 6-68 VR 头戴设备

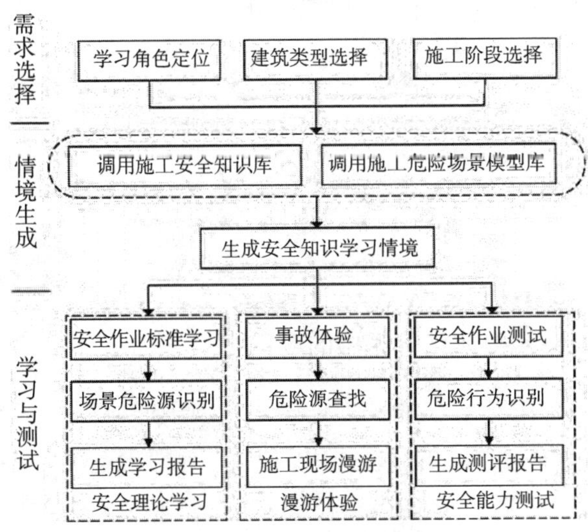


图 6-69 系统使用流程

### 6.4.4　安全教育巩固中的应用

数字建造技术在安全教育巩固中的应用主要依托 Wi-Fi 教育实现（图 6-70）。为了满足工人上网需求以及提高工人安全意识，推出“Wi-Fi+ 教育知识”模式，项目部可自定义题库，工人手机连接工地 Wi-Fi，通过先答题后上网的形式，完成安全问答且正确率达标即可上网，将被动学习转化为主动学习。Wi-Fi 教育全面覆盖工人生活区，在工人日常享受网络生活的同时，潜移默化地提高工人安全意识。

图 6-70　Wi-Fi 教育答题

### 6.4.5　安全教育平台整体化管理中的应用

数字建造技术在安全教育平台整体化管理中的应用，主要依托 PC 端、PAD 端、手机端等移动终端的联动作用，以实名制管理系统为基础（图 6-71），建筑工人可通过手机端、PC 端等途径录入身份证等个人信息，生成个人档案后可通过平台进行实名制在线学习和考试，考试通过后方可上岗。安全教育在线学习方式多样，二维码答题、Wi-Fi 教育、VR 体验馆等（图 6-72），管理员可随时随地对学习情况进行监督和管理，并可对个人进行抽查考试，对不合格者给予记录，实时远程无线数据对接，通过诚信公示，杜绝安全培训流于形式以及代人学习考试问题，解决工地范围广、人员分散、安全学习不直观、管理难等问题，真正实现安全教育的便利性和全覆盖。

图 6-71　实名制管理系统

图 6-72　VR 质量工艺馆内容展示

## 6.5 安全检查

项目安全检查的任务工作量烦琐又巨大。安全检查事前、事中和事后都要进行大量的准备、检查和统计工作。数字建造技术引入安全检查中，可以有效地提高检查工作效率，通过建设物联网监测系统，配合移动端检查设备，对工地现场各阶段生产设备活动进行安全检查，进一步落实企业安全监管责任，提高企业对工程现场的远程管理水平，加快企业对工程现场安全隐患处理的速度，对施工现场大型机械、设备、技术措施涉及的各类风险源进行闭环整改。另外，数字建造技术以围绕安全监管制度为核心，以物联网技术配合移动端为技术手段，将科技技术力量与安全监管制度紧密结合，成立综合性应急管理机构，实现建筑科技创新，统一处置生产安全领域的各类事件。安全检查类型按业务场景大致可分为日检、周检、飞行检查、领导带班检查等，见图 6-73。

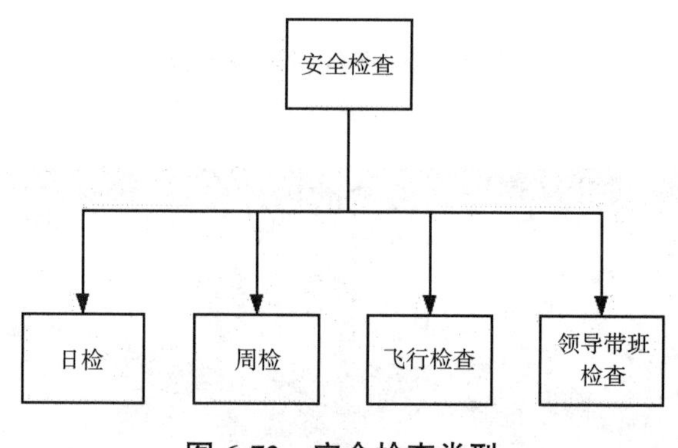


**图 6-73 安全检查类型**

### 6.5.1 日检中的应用

日常检查是指相关管理人员对现场直观明显的问题进行检查，起到安全监督和标准作用。传统工作流程中，管理人员在检查现场时通过表单填写，检查完毕后人为组织整改并进行检查落实。这一方式体系复杂且耗费大量时间精力，增加隐性工作量。通过数字建造技术，项目管理人员可使用物联网检测技术移动端设备信息采集，每日对施工现场进行安全监督检查，施工作业班组专、兼职安全管理人员负责每日对本班组作业场所进行安全监督检查。

通过移动端设备的应用，日常检查可由项目上任何一个管理人员线上发起，输入检查项目、检查时间、参建人员等信息，参检人员在施工现场发现安全隐患后通过移动设备在线填写检查记录和整改要求，明确到整改责任人并拍照上传提交，定责定岗，从而减少传统作业流程中职责划分不明确等问题，方便整改事后追溯与统计，见图 6-74。

图 6-74　项目管理员发起日常检查

通过移动端进行日常检查，方便检查人员记录整理，同时在 PC 端将隐患记录详情收集并自动生成相应表单，依照整改情况进行分类，这样可以极大地提高管控效率，见图 6-75。

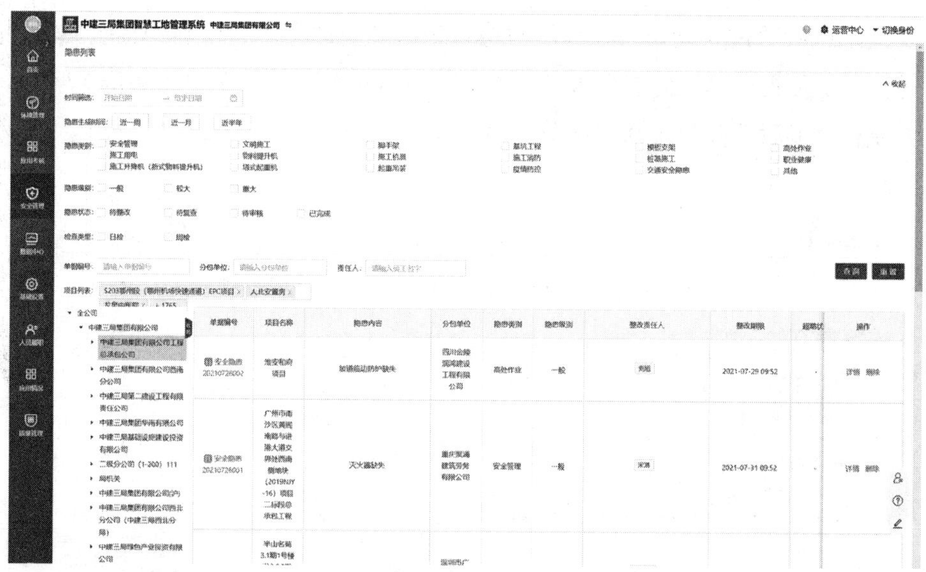


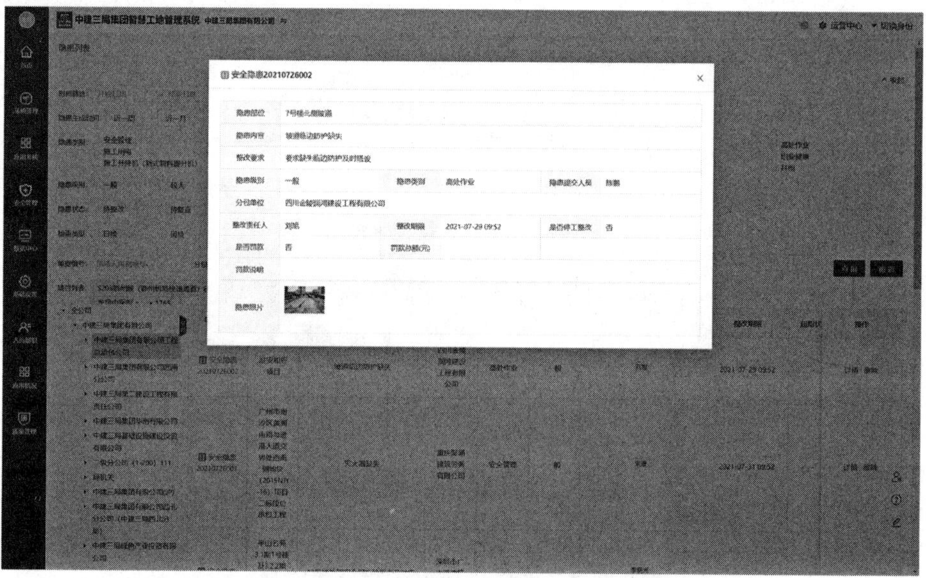


图 6-75　安全管理——检查隐患列表

日常检查中发现的隐患需要进行有针对性的整改，依据检查出的隐患建立 PC 端安全隐患库，对隐患进行分级分类，为整改各类隐患提供专业描述以及有针对性的整改办法，可提高项目全员对隐患专业描述能力，使整改对象更加明确，为整改人员提供专业的整改指导办法，见图 6-76。

**图 6-76　企业安全隐患库列表**

## 6.5.2　周检中的应用

安全周检由项目经理或建造总监或安全总监（一般为以上三类岗位人员）发起，每周组织管理人员开展一次施工现场安全监督检查。若周检记录全部由现场人员书面填写也将造成额外的工作量。数字建造技术应用后，可通过系统上传检查发现的安全隐患信息，并填写隐患整改责任人、隐患整改要求、隐患整改完成时间等内容，根据各参检人员输入的数据信息推送至项目经理审核，由项目经理统一生成整改单，隐患整改责任人只需在整改期限内完成隐患整改并上传文字、图片及描述数据，作为整改完成的依据，证明检查人员已履行整改责任，见图 6-77。通过采取智能化设备参与周检工作，对机械、设备、生产措施等方面存在的安全隐患进行排查，消除了每周对纸质表单的重复填写，同时保障现场施工安全。

### 6.5.3　飞行检查中的应用

传统飞行检查工作由检查评估小组在全年范围内对所有在建项目进行随机抽取开展工作，抽取容易受到人为主观因素的影响，容易出现不够公平客观的现象。通过数字建造技术智能化系统的应用，对飞行检查进行标准化管理，改变以往检查人凭主观打分的情况。系统对检查流程、检查内容进行明确，同时设置权限信息，项目人员仅可查看本项目信息，从而提升工作小组检查效率，见图 6-78。

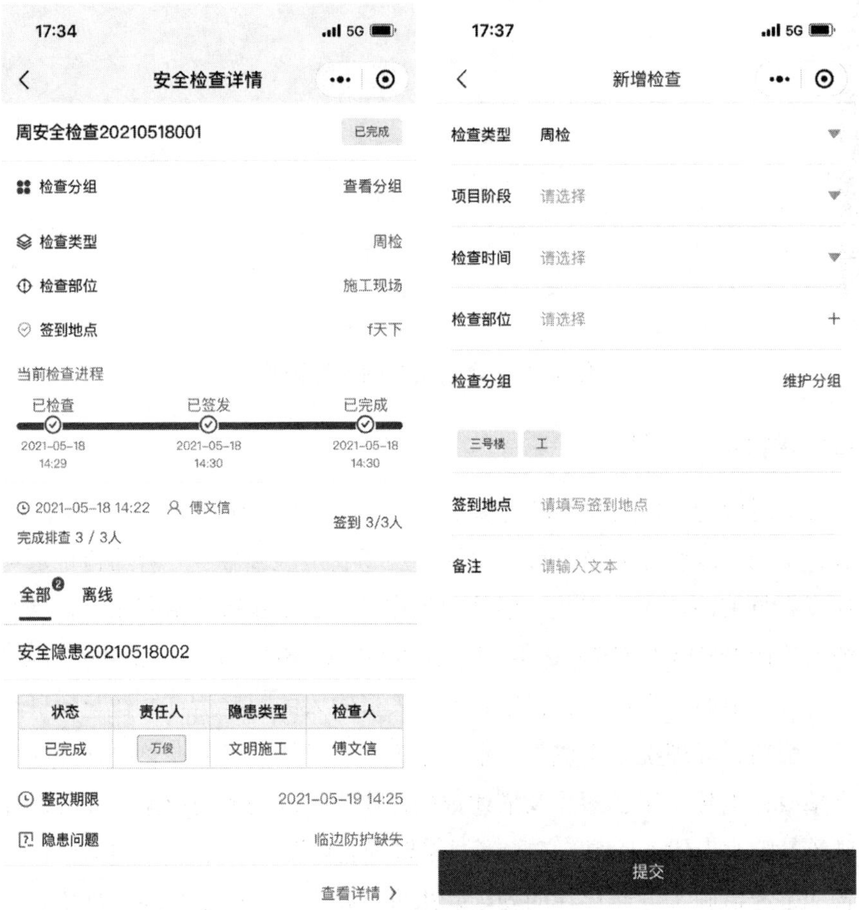

17:34
安全检查详情
周安全检查20210518001　已完成
检查分组　查看分组
检查类型　周检
检查部位　施工现场
签到地点　f天下
当前检查进程
已检查 2021-05-18 14:29　已签发 2021-05-18 14:30　已完成 2021-05-18 14:30
2021-05-18 14:22　傅文信
完成排查 3 / 3人　签到 3/3人
全部　离线
安全隐患20210518002

| 状态 | 责任人 | 隐患类型 | 检查人 |
| --- | --- | --- | --- |
| 已完成 | 万俊 | 文明施工 | 傅文信 |

整改期限　2021-05-19 14:25
隐患问题　临边防护缺失
查看详情 ›

17:37
新增检查
检查类型　周检
项目阶段　请选择
检查时间　请选择
检查部位　请选择　+
检查分组　维护分组
三号楼　工
签到地点　请填写签到地点
备注　请输入文本
提交

图 6-77　周检作业流程

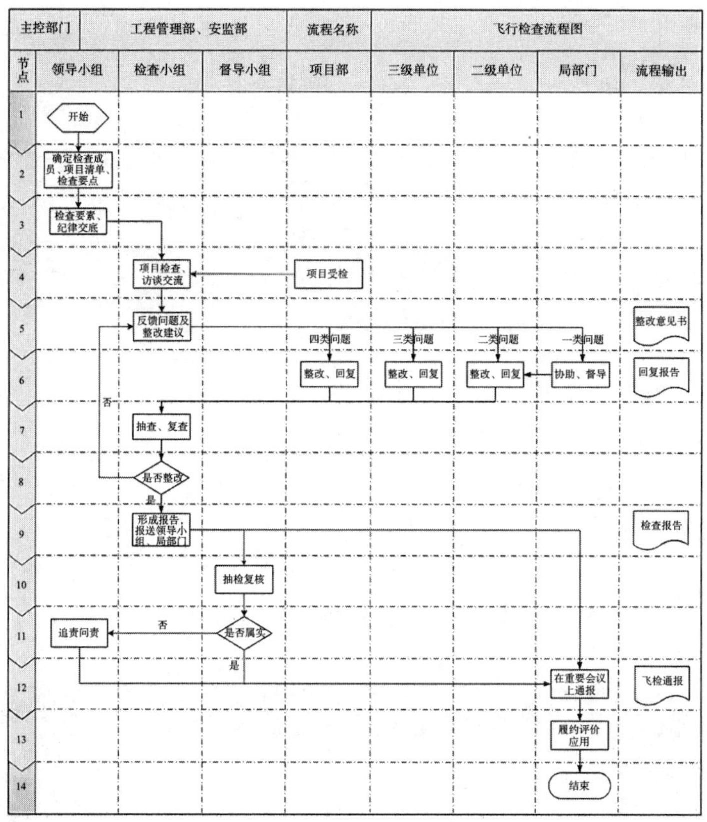


图 6-78 飞行检查流程图

### 6.5.4 领导带班检查中的应用

国务院、住房城乡建设部等相关部门均要求为进一步加强建筑工程安全生产管理，增强领导及施工人员的安全意识，在项目检查中需进行领导带班检查。项目负责人每月至少带班检查一次，每月增加相应数量的书面材料。通过智能化设备的填写，免去人工记录和事后整理工作，即可在PC端生成相应带班检查记录，便于分散精力加强管控，见图 6-79。

依据领导带班检查记录要求，整改时项目安全总监需要细化领导带班检查内容及整改责任人和措施，相关材料直接录入PC端，项目负责人审核隐患整改和复查情况，填写检查反馈，可免去材料周转流程和时间，极大地提高效率，见图 6-80。

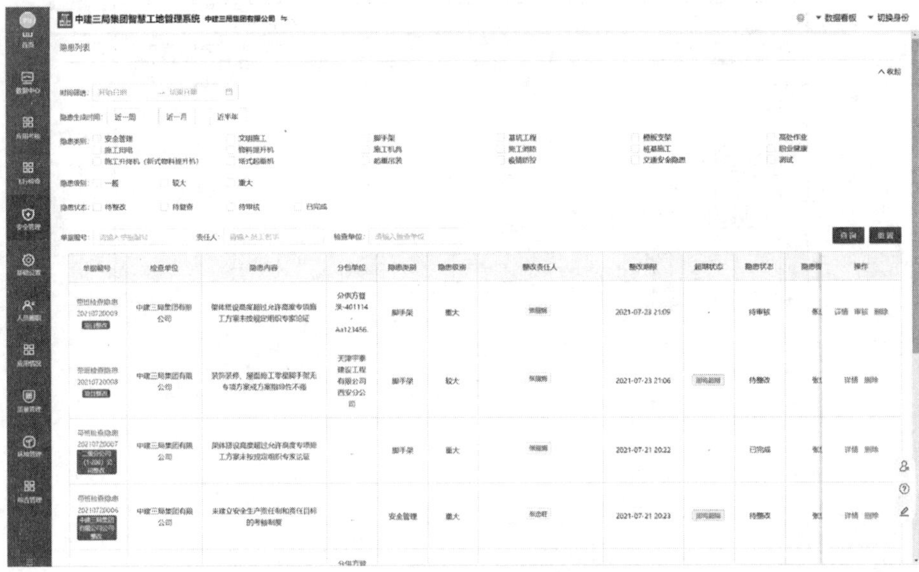

图 6-79 PC 端带班检查记录列表

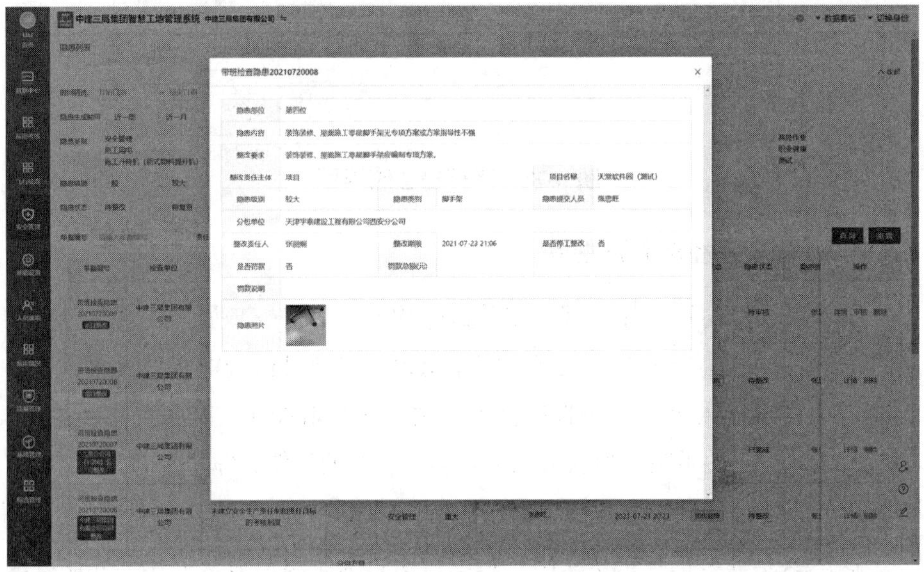

图 6-80 带班检查隐患内容及措施

### 6.5.5 无人机和 AR 巡检的应用

1. 无人机

无人机在施工现场上的应用，主要体现在无人机搭载高清视频设备进行现场巡视，将视频和图像资料实时回传给操作人员，通过软件收录和分析，把整个工地全貌展现在监控中心管理人员面前，管理人员可以对施工人员行为进行有效监控和教育，见图 6-81。无人机在工地上可以代替人工巡检，一方面，在时间上比人工巡检方便，在 10000m$^2$ 建筑面积中，巡检只需 0.5h，极大地提高巡检效率；另一方面，在空间上尤其是高处盲区、死角等人力不可及之处，小巧轻便的无人机可以自由穿梭高空各个区域，直观地反映和监控施工动态和施工现场情况。

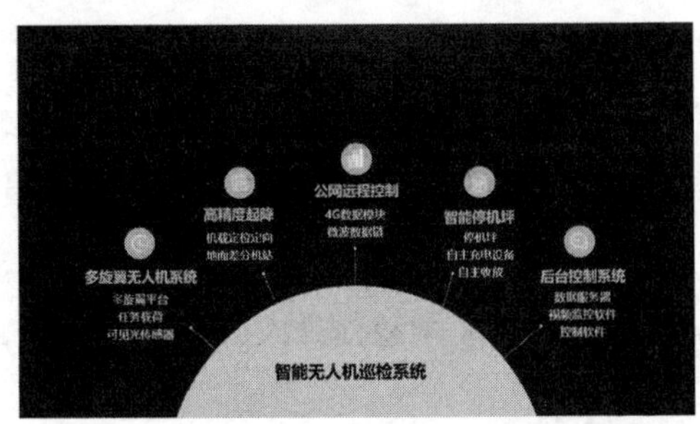


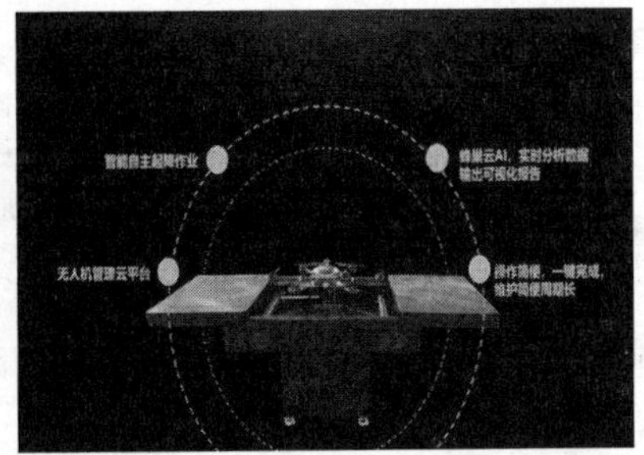


图 6-81 智能无人机巡检系统（图片源自《智能无人机巡检系统行业应用》）

例如深圳国际会展中心（一期）项目就使用无人机自动巡航，现场只要一架无人机在工地上空开始巡检，并且设置固定巡航路线，自动飞行自动返回，23min 就可以完成全场巡检。此外，无人机还可以检测建筑质量，建筑质量有缺陷的部位，发出的温度信号与周边部位不同。项目无人机搭载红外热像仪，可快速探测哪些部位温度异常，检测混凝土底板等不易被肉眼发现部位的裂缝和渗漏点，提高施工质量。

2. AR 眼镜

目前，除了 AR 和 VR 已经被开发应用于建筑行业的培训和安全外，AR 眼镜也频繁出现在建筑行业巡检范围中。以第一视角 AR 眼镜为前端的“现场智能管理系统＋单兵作业指导 APP+ 智慧指挥中心后台”一体化方案，三箭并发一举击中施工管理痛点，改变施工现场乱象，大幅度提升工地作业标准化与人员安全意识。

AR 眼镜功能特性：首先是巡检过程远程 AR 协助。巡检人员借助 VR 眼镜以其第一视角实时投影到监控中心，采用音视频远程交互方式，对事件做出最快反应，协助管理人员实时联动配合。后台做出最优的决策和整改，推送图文至 VR 眼镜，提高整改专业性。

其次是巡检实时记录，及时通知管理人员安排及组织人员整改。巡检人员通过巡检拍照或者语音转文本方式将问题同步至后台，并产生记录存储至后台，便于管理人员安排相关人员整改和后期调取信息。

最后是人脸识别、安全行为纠正整治。通过 AR 眼镜对工地作业区的员工进行人脸识别、个人信息获取，对工人的行为标准进一步识别，例如是否佩戴“三安”用具，纠正工人行为，提高员工安全防范意识。

AR 眼镜用于巡检应用首先可以实时提供工地现场的设备、设施状态信息，自动生成设备维护计划和现场信息数据。其次，通过音视频方式为工程人员提供更准确的可视化实时信息，提高整改作业水平。另外，AR 眼镜携带方便，能够以第一视角同步现场情况，远程协作辅助，极大地提升人力资源利用率，提高巡检效率和质量。

## 6.6 安全验收

在建筑工程施工过程中，因机械设备违规施工或机具检查管理不及时、内部安全管理人员未到岗履职、警戒线及警示标志缺失等原因导致塌方伤害和高处坠落等“五大伤害”事故频出。2003 年国务院发布的《建设工程安全生产管理条例》中第三十五条提到：施工单位在使用施工起重机械和整体提升脚手架、模板等自升式架设设施前，应当组织有关单位进行验收，也可以委托具有相应资质的检验检测机构进行验收；使用承租的机械设备和施工机具及配件的，由施工总承包单位、分包单位、出租单位和安装单位共同进行验收，验收合格的方可使用[1]。

众所周知，机械维护和保养管理是作为生产要素管理中的重要一项。验收程序更是杜绝“带病”设备违规施工，减少风险隐患，提高设施安全作业的必要监管手段。

安全验收种类如表 6-1 所示。

**安全验收种类** **表 6-1**

| 安全验收种类 | 项目验收主体 | 公司 |
| --- | --- | --- |
| 一般防护设施、各类临边、孔洞、安全通道、安全网等 | 责任工程师组织验收，安全部门和分包单位参加验收 | — |
| 临时用电工程、中小型机械设备 | 机电负责人或专业责任工程师组织验收，技术部门、安全部门、分包单位参加验收 | — |
| 危险性较大分部分项工程 | 技术负责人或方案编制人组织相关部门参与，项目生产负责人、安全总监（安全负责人）及分包单位参加验收 | 技术部门、工程部门、安全部门派人参加（或委托授权） |
| 大型机械设备、超重设备、施工电梯、架桥机、盾构机等 | 生产负责人组织验收，责任工程师、技术部门、安全部门、安拆单位参加验收 | 设备部门、安全部门派人参加（或委托授权） |
| 劳动防护用品、消防器材 | 项目责任工程师组织验收，项目安全，消防人员参加验收 | 安全部门抽检 |

2019 年 2 月住房城乡建设部发布《房屋市政工程安全生产标准化指导图册》，对涉及施工安全的材料、构配件、机具、吊索具等，应按现行有关标准进行安全验收。各类验收应填写验收记录表，参加验收的各方签字确认后，由安全部门存单保管[2]。

❶ 国务院 . 建设工程安全生产管理条例 [G]. 中华人民共和国国务院，2003.

❷ 中华人民共和国住房和城乡建设部办公厅 . 推广使用房屋市政工程安全生产标准化指导图册 [G]. 中华人民共和国住房和城乡建设部，2019.

### 6.6.1 大型机械设备安全验收应用

1. 数字建造技术在设备进场前完成检验并建立电子档案、人员管理

机械设备是施工现场安全生产要素之一，尤其是大型起重设备，其性能和状态更是关系着重大的生命和财产安全。机械设备的检查、维修、保养、记录等情况，普遍存在管理难、管理不及时等现象，存在较大的安全隐患和风险。需要有便捷的工具帮助企业解决机械设备档案建立不及时、不完整、易丢失、难知情等难题，改善信息获取途径，加大设备管理深度，降低设备潜在安全风险，辅助落实企业安全生产责任制。同时，还要帮助验收人员知悉设备情况，提高验收工作效率。

大型起重机械设备现场管理系统（简称“机管大师”）是一款专业易用的机械设备管理工具，实现设备安装验收。其通过现场机械设备电子档案建立和监管，方便相关履职人员对机械设备进场检验、监察和验收管理，提高专职员工履职率，降低设备安全风险。

在机械设备进场之前，建立机械设备电子档案，了解设备可使用生命信息，包括设备名称、类型、规格、型号、性能参数、出厂编号等信息，支持多端查询。同时，统一设备管理人员信息，包括证件、交底、考勤和交接班记录等，根据管理要求智能预警。此外，可增加验收相关人员信息及履职内容端口，当人机真实信息完成后，再经过相关验收人员的审批及验收同意信息（照片）呈现，机械设备方可进场使用，见图 6-82。简而言之，此软件极大地提高了机械设备信息透明度及人员机械管理职责，提高设施安全验收效率。

2. 数字建造技术在设备使用后生成电子台账，信息归集，大数据助监察应用

在建筑施工过程中，机械设备应用于各个生产环节。在传统工序中，如果项目经理想在时间和空间上获取机械设备情况和机械运行情况的第一手信息是有较大难度的，尤其是在多节点管理和细分管理步骤上，更是难上加难。而借助移动互联网技术，能够实现机械设备项目周期管理，动态掌握设备信息。同时，按照时间轴自动生成对应的设备电子台账，如保养周期、检查要点等，支持内部安全验收人员定时定点地自动合规检查，见图 6-83。

<返回 设备人员花名册

设备人员花名册

| 品茗建设集团（数据维护中） | | | | | 汇总时间 | 2021-08-27 |
|---|---|---|---|---|---|---|
| 项目 | 机械设备管理人员 | 塔式起重机司机 | 塔式起重机指挥 | 施工升降机司机 | 物料提升机司机 | 设备维修人员 |
| 6 | 4 | 2 | 3 | 0 | 0 | 1 |

10

品茗经典案例演示（项目级）

| 人员分类 | 姓名 | 手机号 | 班组 | 操作资格证 | | 有效期 |
|---|---|---|---|---|---|---|
| 机械设备管理人员 | [illegible] | 18657136322 | 暂无班组 | | | |
| 机械设备管理人员 | [illegible] | 15901430158 | 暂无班组 | | | |
| 机械设备管理人员 | [illegible] | 18606535256 | 暂无班组 | | | |
| 机械设备管理人员 | [illegible] | 18965400234 | 暂无班组 | | | |
| 塔式起重机司机 | [illegible] | 15869123698 | | | 2019-09-24 | |
| 塔式起重机司机 | [illegible] | 18833886477 | | | | |
| 塔式起重机指挥 | [illegible] | 18833886477 | | | 2020-03-30 | |
| 塔式起重机指挥 | [illegible] | 13666666666 | | | | |
| 塔式起重机指挥 | [illegible] | 15869123698 | | | | |
| 设备维修人员 | [illegible] | 13319952558 | | | 2020-01-06 | |

深坑公寓六地块改造项目

| 人员分类 | 姓名 | 手机号 | 班组 | 操作资格证 | 有效期 |
|---|---|---|---|---|---|

杭州湾海上别墅园区工程

| 人员分类 | 姓名 | 手机号 | 班组 | 操作资格证 | 有效期 |
|---|---|---|---|---|---|

天堂软件园品茗大楼工程

| 人员分类 | 姓名 | 手机号 | 班组 | 操作资格证 | 有效期 |
|---|---|---|---|---|---|

杭州至上海悬列铁轨项目

| 人员分类 | 姓名 | 手机号 | 班组 | 操作资格证 | 有效期 |
|---|---|---|---|---|---|

运河路景观提升工程

| 人员分类 | 姓名 | 手机号 | 班组 | 操作资格证 | 有效期 |
|---|---|---|---|---|---|

<返回 在用设备清单

在用设备清单

| [illegible] | 混凝土设备 | 施工机具 | 基础施工设备 | 其它 | 平板车 | 推土机 | 压路机 | 摊铺机 | 旋挖钻机 | 冲机钻机 | 挖掘机 |
|---|---|---|---|---|---|---|---|---|---|---|---|
| | 1 | 1 | 1 | 1 | 0 | 0 | 0 | 0 | 0 | 0 | 1 |

19

品茗经典案例演示（项目

| 自编号 | 生产厂家 | 规格型号 | 出厂编号 |
|---|---|---|---|
| | 山东华夏集团有限公司 | QTZ125(TC6010) | |
| | 江麓机电集团有限公司 | QTZ125(6018) | udjsjejbs |
| | 山东鸿达建工集团有限公司 | QTZ80(5513) | [illegible] |
| | 山东鸿达建工集团有限公司 | QTZ125(TC6010) | |
| | 三一重工股份有限公司 | SYT80(T6012-6) | 535 |
| | 7 | SCD200 | |
| | 波坦塔机 | PT120(5518) | 123123123 |
| | 中联重科股份有限公司 | C6018 | [illegible] |
| | 山东鸿达建工集团有限公司 | STT293 | [illegible] |
| | 中联重科股份有限公司 | QTZ125(TC6010) | [illegible] |
| | 三一重工股份有限公司 | SCD200 | |
| | 杭州华诚机械有限公司 | TC6010 | [illegible] |
| | 波坦塔机 | Q6015 | 44444 |
| | [illegible] | C6018 | [illegible] |
| | 山东华夏集团有限公司 | S450L25 | |
| | 山东大汶建设机械有限公司 | XT6513-8 | [illegible] |
| | [illegible] | JS1000 | 6 |
| | 波坦塔机 | QTZ5010 | 22222 |
| | 波坦塔机 | PT120(5518) | 1111222 |

深坑公寓六地块改造项

| 自编号 | 生产厂家 | 规格型号 | 出厂编号 |
|---|---|---|---|

杭州湾海上别墅园区工

| 自编号 | 生产厂家 | 规格型号 | 出厂编号 |
|---|---|---|---|

天堂软件园品茗大楼工

| 自编号 | 生产厂家 | 规格型号 | 出厂编号 |
|---|---|---|---|

杭州至上海悬列铁轨项

| 自编号 | 生产厂家 | 规格型号 | 出厂编号 |
|---|---|---|---|

运河路景观提升工程

| 自编号 | 生产厂家 | 规格型号 | 出厂编号 |
|---|---|---|---|

图 6-82 设备人员和设备信息录入

图 6-83 电子台账、设备信息、统计报表展示

大数据在安全设备验收的应用。首先，当多项目前期人机信息实时录入，特种设备重点监察和分类评定验收信息实时更新形成时间序列数据。其次，当承接新项目时，大数据将直观呈现每台设备使用情况，帮助多方参与者提高特种设备在安全监察使用环节中的应用：

（1）通过数据联查，能快速发现过往无证操作的特种设备。

（2）通过跨部门数据共享，能及时发现未注册登记的特种设备。

（3）内外联动广泛筛查，能快速发现超期未检验的特种设备。

其中，第（3）条就是内部每天对各区域内、各设备类别的超期未检设备进行统计，可得到一年内哪段时间、哪个区域、哪类设备的超期未检设备数量是偏高或偏低。同时,统计得到的数据还用于支持特种设备安全监察工作者，在设备安全监察高峰期，提供数据，提高检验人员检验工作效率。

### 6.6.2 危险性较大分部分项工程质量验收应用

建筑工程中，一些危险性较大分部分项工程存在远程质量验收难点，例如超高层工程建筑楼内主干线路因建筑未完成而无法架设 AP；关键部位隐蔽工程的地下室 [ 开挖深度超过 3m 的基坑（槽）] 等主体结构为外框内筒型钢混型结构，因钢结构、钢筋密集原因，施工现场环境复杂而无法保证线路安全等问题，导致信号无法传输，无法使用通信手段进行实时验收视频信息收集和记录，传输至质量管理部门进行检验，导致工程质量验收安全隐患大。

目前，国内已使用的远程质量验收系统主要通过有线或无线方式将网络信号引至建筑物，在建筑物主体内建立主干有线局域网络，通过该网络将前端数字摄像机拍摄的图像传至质量管理部门。以单兵系统为例（图 6-84），单兵设备是专门针对以上描述的问题而研发的，采用模块化设计，可独立完成视频采集、现场环境采样、传输等功能，自带显示屏，支持前端存储，视频采集可支持多种设备，支持多种传输方式，传输可支持多种方式。

如图 6-85 所示的验收工作流程显示，当在正常情况下验收时，验收辅助人员携带远程质量前端到达验收位置，通过单兵设备语音通知质量管理人员，视频信号通过单兵设备经无线网络传输至质量管理中心。通过质量管理中心天线将远程回传的信号接入办公局域网，总工程师或质量总监只

需坐在显示器前，通过软件即可直接观看前端画面，并通过云镜控制观看所关心的部位情况，对于画面中无法观察到的位置，可指挥现场利用验收辅助人员进行检查和验收，其他相关人员也可通过授权，在局域网或者互联网上观看验收情况❶。

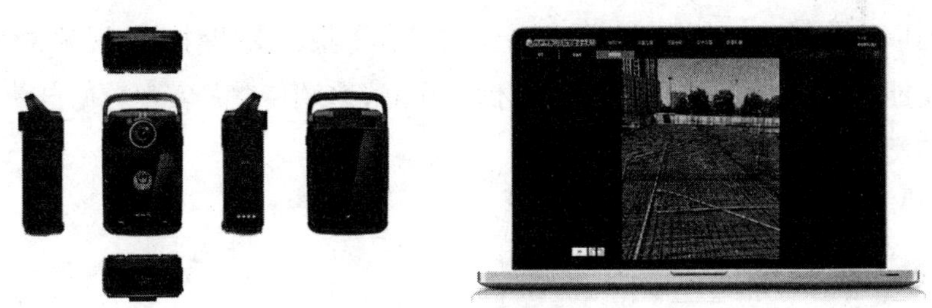

图 6-84　单兵系统

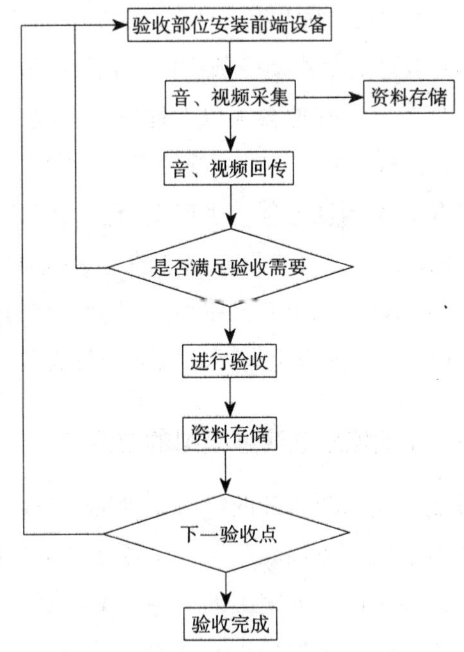


图 6-85　验收工作流程图

❶ 杨勋．超高层建筑施工实测实量质量控制 [J]. 中国房地产业，2015，(4)(08)：138.

另一方面，对于超高层建筑和地下室钢混结构，超高层采用预设线缆等方式采集数据耗费较大且施工进度无法跟进，同时在进行地下工程作业时，受环境网络影响，在无法实时上传数据的情况下，不能达到质量验收时，单兵系统可以不受现场作业环境、采集设备、操作人员技术能力影响，实现自动采集、存储功能；可以有效实现对位置、周边环境、关键人员及其他关键项目的抓取、分析；支持视频、照片多模式组合采集，支持对讲、视频、远程指挥等功能；采集的数据支持4G、蓝牙、网络等多端传输，实现数据自动上传、自动归类。

## 6.7 应急救援

2021年6月10日，全国人大常委会表决通过了关于修改《中华人民共和国安全生产法》的决定，将于2021年9月1日起施行。文中第五章生产安全事故的应急救援与调查处理的第八十一条：生产经营单位应当制定本单位生产安全事故应急救援预案，与所在地县级以上地方人民政府组织制定的生产安全事故应急救援预案相衔接，并定期组织演练[1]。

如果生产经营单位未按照规定制定生产安全事故应急救援预案或者未定期组织演练的，责令限期改正，处十万元以下的罚款；逾期未改正的，责令停产停业整顿，并处十万元以上二十万元以下的罚款，对其直接负责的主管人员和其他直接责任人员处二万元以上五万元以下的罚款[1]。

### 6.7.1 预案前 BIM+VR 虚拟应急演练模拟的应用

施工企业应当编制公司和项目部两级应急预案，公司级别的应急预案属于综合预案，项目部级别的应急预案属于专项预案，项目部针对危险性较大的分部分项工程编制的专项施工方案中的应急预案应属于现场处置方案的范畴。现场处置方案是生产经营单位根据不同事故类别，针对具体的场所、装置或设施制定的应急处置措施。

[1] 中国人大网．中华人民共和国安全生产法（第三次修正）[G]．全国人民代表大会常务委员，2021.

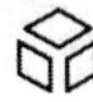

传统的安全事故应急救援预案存在几个问题。第一，应急预案的编制问题。个别施工企业安全意识不尽相同，预案编制也大同小异，预案存在模板复制抄袭，并未根据施工的重点和特点设计，同时很多施工企业只是为了应付检查，预案中很多评估工作并未做到位和思考到位。第二，应急预案的操作问题。由于“纸上谈兵”，缺乏实际情况的预估，和实际落地差异较大，导致落实结果天差地别。第三，应急预案的界面划分问题。在相关应对部门责任人之间没有规划好，同时各个工种在应急预案的共同参与和讨论较少，等真正操作时指挥难度大。第四，应急预案的宣传、培训等落实只是起到“有预案”的认识，而非深入人心，文字阅读模式导致人员对事故应急措施的无条件反射响应。

数字建造的运用可以改善上述问题，使预案、教育培训、交底和演练工作做到位。例如 BIM 技术在应急救援预案中的应用，通过 BIM 三维模型技术，应急预案编制人员可以进行施工动画的动态模拟、潜在应急源的演练，将漫游模拟应急演练动画展示给业主、施工工作人员，方便理解，提高工人对重大事故的应急能力；另外，虚拟应急演练模拟能够给工作人员留下直观印象，比阅读文本方案、口头描述或者桌面演示还要高效。同时，在 BIM 技术模拟方案下，按照建筑面积可配备必要的应急救援器材和消防物资，成立安全生产应急救援组织。

此外，BIM 技术和 VR 虚拟现实技术结合，成立 BIM+VR 安全体验馆（图 6-86）：安全带使用体验、墙体倾倒体验、爬梯体验、洞口坠落体验、平衡木体验、撞击体验等场景生动形象，让安全意识薄弱的工人理解得更加深刻。一旦发生情况，受过虚拟视觉记忆培训的工作人员能立马启动身体的应急机制响应，从而能在最短时间内做出响应，立即进行应急处置，减少事故损失。

### 6.7.2　演练观摩会在应急预案事中的应用

目前，不少企业在每年“安全生产月”组织安全观摩会，通过观摩会进行演练，让人员充分认识到事故是如何发生的以及应如何应对。每场观摩会大约有几百甚至上千人，包括建设单位、施工单位、监理单位。

图 6-86 VR+BIM 体验图

（图片源自深圳特区安全教育培训中心）

演练共分为起重伤害、物体打击、高处坠落、触电、火灾、车辆伤害、防汛、管线事故、中暑九个科目，按事故的发现与报告、应急指挥与协调、现场疏散和抢险救援等流程进行，涵盖事故应急救援处置的各个环节。参演人员针对设定的事故场景及其后续发展情景，在事故发生后立即启动应急预案，通过现场演练和科技赋能演练（VR 安全体验馆，健康体检仪，高坠、密闭空间体验区），对报告事故发生情况、警戒疏散、排除险情、组织救援、总结点评等环节，真实模拟了事故发生后的应急救援场景，见图 6-87。通过演练极大程度地提高了市政工程相关人员的现场组织指挥、队伍调动、应急处置等应急能力。

### 6.7.3 应急管理系统在应急预案事后的应用

应急预案设置内部应急组织和社会应急机构救援机制。当事故不可避免地发生后，首先公司内部应急组织应最早响应，内部应急救援组织机构如图 6-88 所示。

**图 6-87　模拟施工现场脚手架发生坍塌**

（图片源自贵阳远大三期项目观摩会）

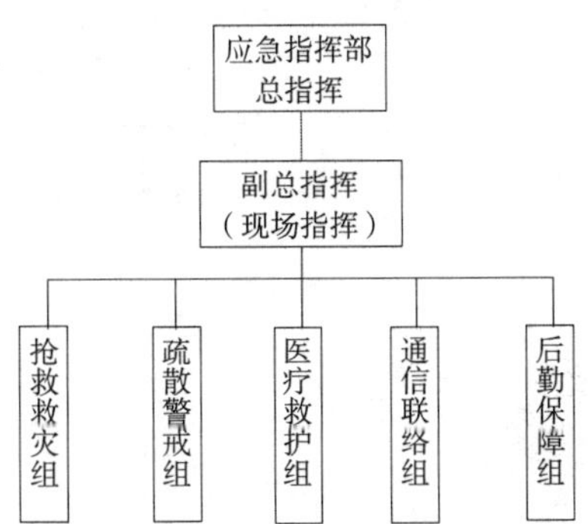


**图 6-88　内部应急救援组织机构**

安全生产责任将责任到人。事故发生的第一时间，发现者要快速地找到负责人，除了传统的移动设备，还可以借助应急管理系统（图 6-89），例如系统中设置“一键应急”功能，通知者可根据不同事故等级做出不同的应急救援措施，找到相关负责人如安全总监，只要一键通知，就可以把消息发送到指挥中心的安全总监处，抢救救灾组和医疗救护组将立马赶赴事故点进行救援，其他各组同一时间段进行相应的配合工作，用最短的时间且最快的速度争取救援的“黄金时间”，抢救伤者，减少事故损失。另外，系统还设置“紧急情况”功能，通过系统展示的应急措施协助相应人员进行处理，但如果事故发生超过公司应急能力，则直接启动寻求社会应急机构救援的功能，发动报警，组织公安、消防、医疗卫生、住房城乡建设、应急救援、供电、供气等联动单位先行到场处置。

此外，当遇到工地中部分地区的信号较差时，可以在人流量大的通道口、作业面设置一键式救援平台，当工人在作业现场发生紧急事件后，直接一键呼叫项目管理人员，项目管理人员沟通了解情况后，便可以马上有针对性地启动应急方案，快速控制局面，从而提高救援效率。

图 6-89 应急管理系统：一键应急和紧急情况

## 6.8 综合治理

施工现场存在各类安全隐患，包括人的不安全行为导致的安全隐患、大型机械设备运行过程可能产生的安全隐患、现场环境因素产生的各类安全隐患（如用电安全）等。这些隐患除了通过加强日常检查排查进行危险源识别

和整改，以及通过加强工人的安全教育、提高工人安全意识外，还可以利用视频监控技术、IoT 技术和 AI 技术等数字建造技术进行自动监控识别，实现实时、不间断的自动、智能监控，更好地规避安全隐患的发生。

### 6.8.1 视频监控在施工安全管理方面的应用

视频监控对监控区域的安全防范是最基本的应用价值，在施工现场安装视频监控，最初的目的也是为了安全防范，其中核心是起到防盗作用。例如，最初在工地周界安装监控，目的是防范夜间有人偷盗工地材料（钢材），后来发展到在项目部大门、主要施工面、堆料场、办公区、生活区等区域均加装监控，除了防盗外，还起到一定的安全防范监控作用，即通过监控且是明确告知工人的情况下，起到督促工人注意安全行为规范的作用，以减少因人的不安全行为导致安全事故的发生。

如果只要求安防监控，那么安装监控对现场的条件要求并不是很高，对于监控设备的要求也并不高，只需要普通的网络监控摄像机（IPC）就可以满足，现场也不需要宽带接入，只需要把各路监控组成局域网即可，再通过现场安装的 NVR（硬盘录像机）对监控内容进行存储保存，见图 6-90。

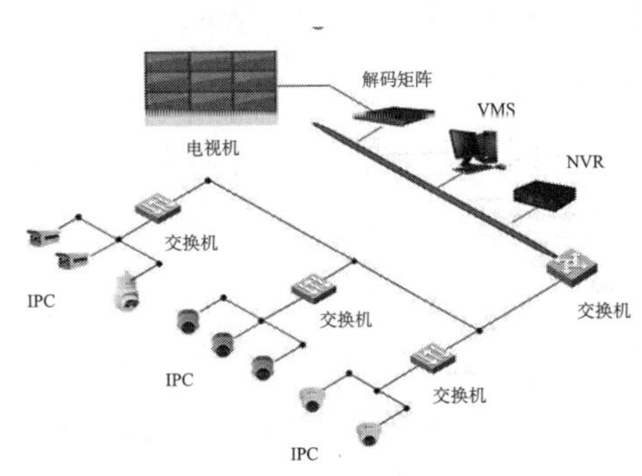


图 6-90 施工现场视频监控网络拓扑示意图

将现场安装的 NVR 通过宽带接入公网，将现场视频监控接入上级公司的视频监控平台，除了现场管理人员外，其他人员（如上级公司领导）也可以通过远程查看现场视频监控，实现远程作业督导或安全排查，见图 6-91。

图 6-91　远程视频监控中心系统示意图

### 6.8.2　IoT 监控技术在施工安全管控方面的应用

IoT 监控技术目前已广泛应用于工程施工现场安全管控，如大型起重机械监控、临时用电安全监控、支模架安全监控、基坑施工安全监测等。

大型起重机械安全监控应用方面，以塔式起重机安全监控为例（图 6-92），通过在塔式起重机上安装各类精密传感器，实时采集吊重、变幅、高度、回转转角、环境风速等多项安全作业工况指标数据，触摸式触控显示屏以图形数值的形式，实时显示当前工作参数、声光报警，使司机可以直观地正确操作并了解塔式起重机工作状态。

塔式起重机安全监控系统借助 4G/5G 通信技术，能够实时将塔式起重机运行数据传输到服务器，利用服务器进行实时数据解析、分析、计算、汇总，将塔式起重机运行数据及运行状态实时呈现在平台上，帮助监管人员进行塔式起重机远程监控、管理，见图 6-93。通过远程监控可以避免操作人员的违规操作，降低因不正当操作造成的一系列事故。

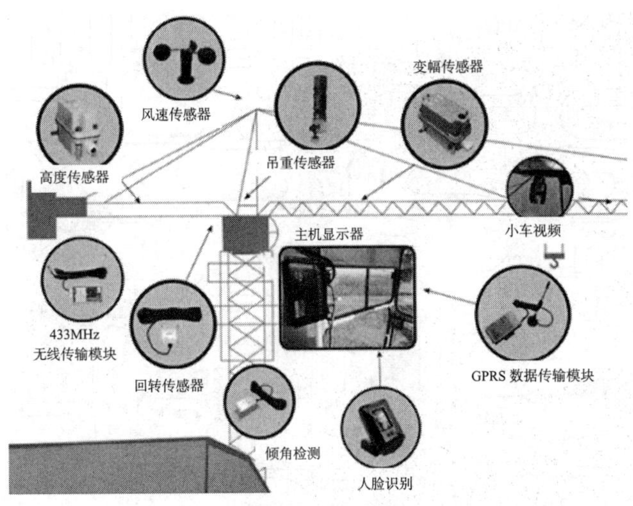


**图 6-92　塔式起重机安全保护装置示意图**

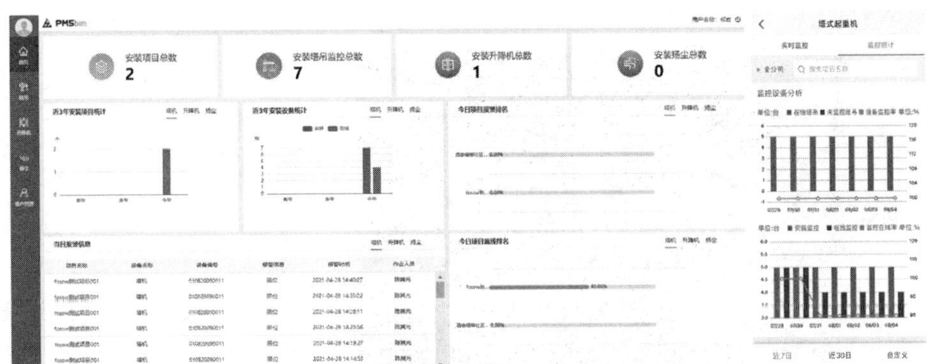


**图 6-93　塔式起重机安全监控系统平台及移动端**

另外，为了避免卸料平台因堆载不标准导致的超载超限问题，卸料平台安全监控子系统（图 6-94）还可利用蓝牙通信技术和 LOAR 无线传输技术，结合施工现场应用环境，通过传感器对卸料平台的堆载状态进行实时监控，当出现过载时发出报警，提醒操作人员标准操作，防止危险事故的发生。

在临时用电安全管控方面，配电箱安全监控系统可以通过对配电柜、二级箱柜等各关键节点的剩余电流、电流和温度进行监测，实时掌握线路动态运行，减少可能存在的用电安全隐患的发生，见图 6-95。

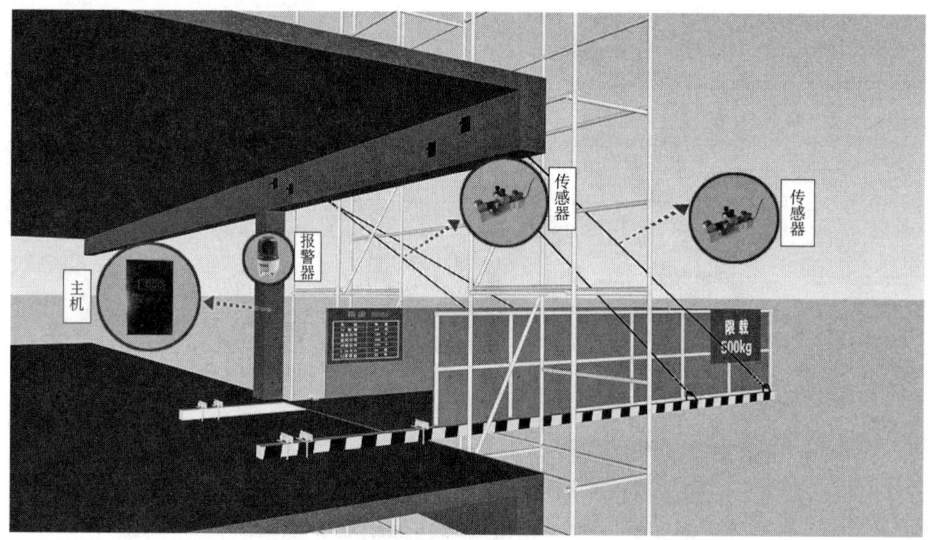


图 6-94　卸料平台安全监控子系统安装位置图

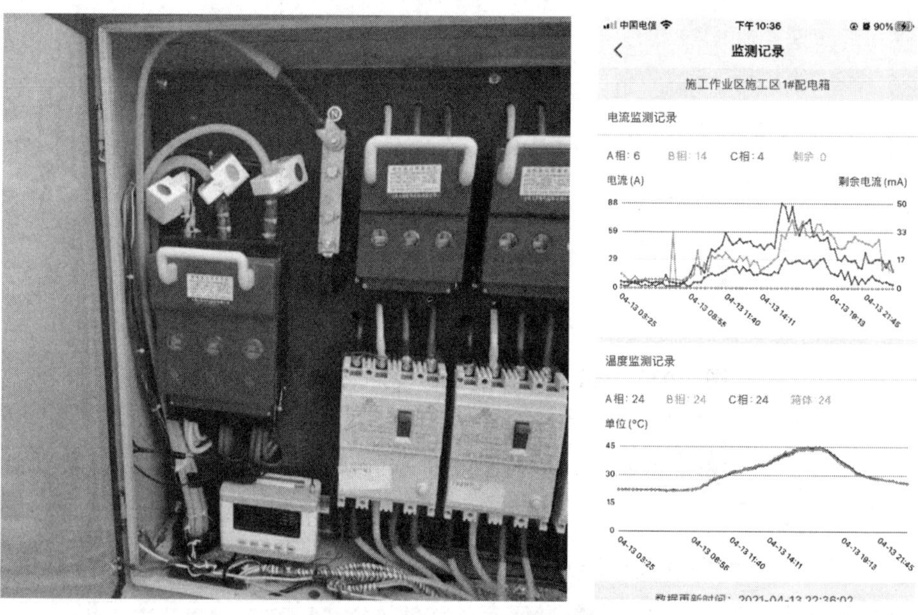


图 6-95　配电箱安全监控安装效果图及运行监控系统

在支模架安全监测应用方面，支模架监测系统（图 6-96）通过在模板支架顶部安装传感器，实时监测模板支架钢管承受的压力、架体的竖向位移和倾斜度等内容，并通过无线通信模板将各支撑钢管柱头的传感器数据发送至设备信号接收和分析终端，数据接收终端在收到数据后对数据进行分析，在将数据传递给远程监测系统的同时，对数据的安全性进行计算，并及时将支模架的危险状态通过声光报警、短信发送出去，以及通过向平台实时传讯的模式传递出去。

图 6-96　支模架监测系统安装效果图

基坑支护变形监测系统（图 6-97）通过土压力盒、锚杆应力计、孔隙水压计等智能传感设备，在基坑开挖阶段、支护施工阶段、地下建筑施工阶段及竣工后周边相邻建筑物、附属设施的稳定情况下进行实时监测，承担着对现场监测数据采集、复核、汇总、整理、分析与数据传送的职责，并对超警戒数据进行报警，为设计单位、施工单位提供可靠的数据支持。

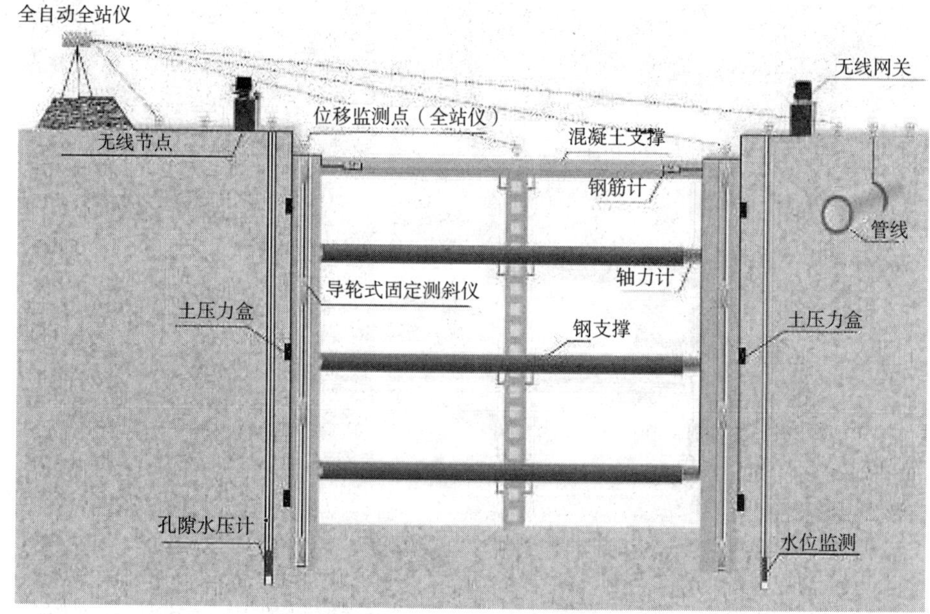


图 6-97　深基坑监测子系统安装示意图

### 6.8.3　AI 技术在施工安全管控方面的应用

近几年 AI 技术和算法进步很大，在施工安全管理应用方面出现了很多成熟的产品和解决方案。这些产品或解决方案主要集中在对工人着装、异常行为识别监控，以及工地施工现场环境和安防识别监控：如火灾预警、周界安防等。

1. AI 在安全着装识别监控的应用场景

AI 在安全着装识别监控的重点在工地出入口和工作场所，通过音柱安全提醒、抓拍入口处大屏展示等方式对不标准的着装行为进行提醒，提高对工

人安全着装规范的执行力度；对违规行为（不佩戴安全帽、不穿戴反光衣、不佩戴安全带等）进行统计，在着装管理上掌握完整信息，形成管理闭环。

（1）安全帽识别（图 6-98）

通过实时抓拍人像，分析人员信息，识别有无佩戴安全帽，同时进行声音报警，保存未佩戴安全帽人员的抓拍图片记录。

图 6-98　安全帽识别

（2）反光衣识别（图 6-99）

通过实时抓拍人像，分析人员信息，识别有无穿戴反光衣，同时进行声音报警，保存未穿戴反光衣人员的抓拍图片记录。

（3）安全带识别（图 6-100）

算法描述：通过系统部署的摄像机，实时抓拍人像，分析人员信息，识别有无佩戴安全带，同时进行声音报警，保存未佩戴安全带人员的抓拍图片记录。

2. AI 在人员异常行为管理方面的应用场景

（1）摔倒识别（图 6-101）

通过高清摄像机自动识别人体状态，判断是否处于摔倒倒地等危险情况，发现异常立即现场报警。

图 6-99　反光衣识别

图 6-100　安全带识别

图 6-101　摔倒识别

（2）人员聚集识别（图 6-102）

通过高清摄像机自动识别人体状态并计数，超过设定的阈值则发出报警，防止人员异常聚集，杜绝安全隐患的发生。

图 6-102　人员聚集识别

3. AI 在火灾预警防范方面的应用

在火灾预警防范场景应用中，AI 算法通常可以安装在工地电动车停车棚，监控电动车充电过程中的火灾；安装在电焊作业区域，对可能的电焊点燃可燃物情况进行监控；安装在办公区等禁烟区域，有人违规吸烟则立即报警；对顶棚等夏季高温区进行监控。

（1）明火识别（图 6-103）

通过摄像机实时抓拍现场，如果检测到明火，自动进行声音报警，保存明火抓拍图片记录。

**图 6-103　明火识别**

（2）烟雾识别（图 6-104）

通过摄像机实时抓拍现场，如果检测到烟雾，自动进行声音报警，保存烟雾抓拍图片记录。

（3）吸烟识别（图 6-105）

通过摄像机实时抓拍现场人员，如果发现有人吸烟，自动进行声音报警，保存人员吸烟图片抓拍记录。

图 6-104 烟雾识别

图 6-105 吸烟识别

4. AI在周界安防方面的应用

在高压区、临边洞口等危险区域进行监控，防止人员侵入。

（1）区域入侵检测（图6-106）

通过摄像机实时抓拍现场，发现目标区域有人入侵，自动声音报警，保存区域入侵图片记录。

（2）越界检测（图6-107）

通过摄像机实时抓拍现场，发现有人越界，自动声音报警，保存人员越界图片记录。

图6-106　区域入侵检测

图6-107　越界检测

## 6.9 施工项目安全管理平台

近 20 年来，我国建筑业迎来高速发展，2020 年建筑业生产总值达到 2000 年的 21 倍，不仅在建筑总量上不断增大，单个项目建设规模也在不断增加。在传统项目安全管理模式下，由于建筑工程体量大，施工现场各方作业分散，导致管理难度大；由于管理人员能力不一，沟通方式多样，造成信息传达不到位；信息和数据的收集依靠人工方式，容易出现数据计算失误和数据丢失等，不能精准地识别事故隐患。

随着建筑工程项目建设规模越来越大，工程项目管理工作也越来越繁重，传统管理模式不再胜任新建工程的管理要求。项目管理数字化升级使项目安全管理达到新的高度，不仅能减少因管理人员决策失误导致的安全风险，也能避免安全问题给项目和企业带来的经济和声誉损失。

### 6.9.1 智慧工地管理平台全方位风险控制的应用

随着近几年数字建造技术的发展，建筑业传统管理模式受到很大冲击，由于新的管理模式能给建筑业安全管理增加许多附加值而受到不少建筑单位的追捧。数字建造技术在安全管理方面的应用——智慧工地管理平台（图 6-108），通过运用大数据技术、移动应用、云计算、BIM 等技术，集成各个安全管理子系统，构建工地智能监控和控制体系，能有效弥补传统方法和技术在监管中的缺陷，实现对人、机、料、法、环的全方位实时监控。

智慧工地系统构建了智能、高效、绿色、精益的一体化管理平台，可以变被动监督为主动监控；同时，数据平台又能打破生产各要素“信息孤岛”，实现各要素数据共享、智能监控、预测报警和业务协同；最终，在建筑项目中实现可视化管理、工人安全教育管理、危险性较大分部分项工程管理、起重机安全监控等一系列安全管理管控，实现施工工地全方位风险控制，防范施工事故，保障施工环境安全。

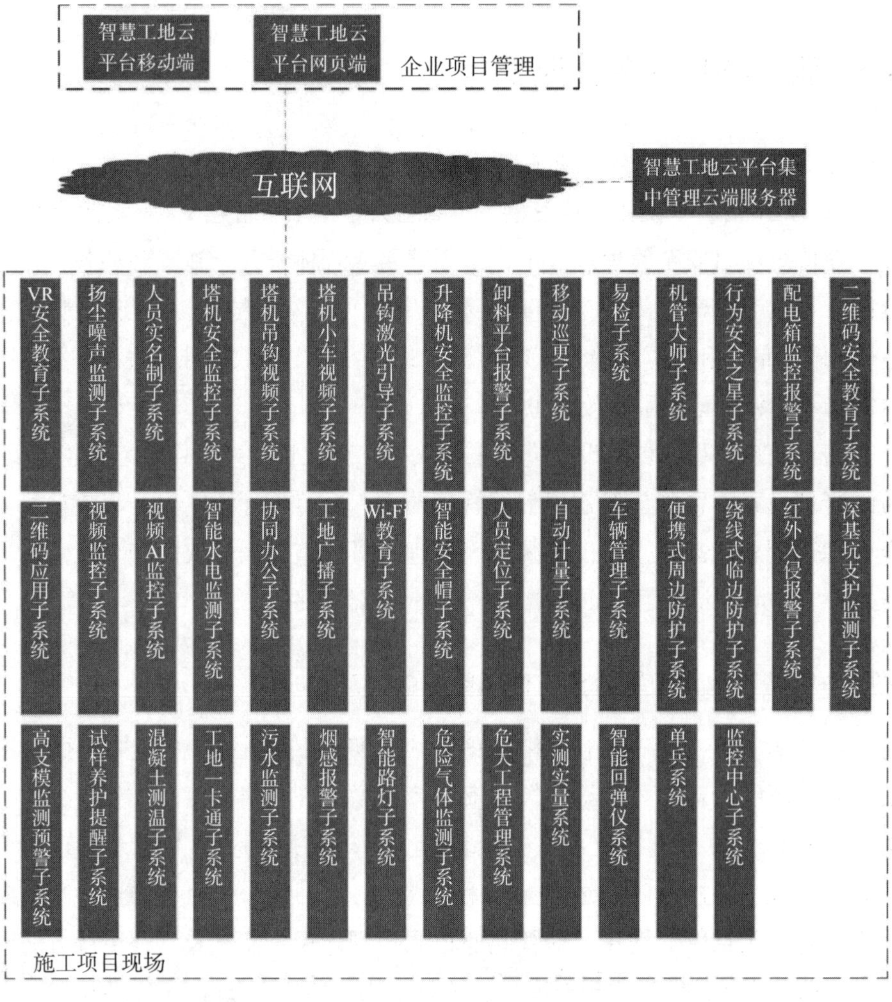

智慧工地云平台移动端
智慧工地云平台网页端
企业项目管理

互联网
智慧工地云平台集中管理云端服务器

VR安全教育子系统
扬尘噪声监测子系统
人员实名制子系统
塔机安全监控子系统
塔机吊钩视频子系统
塔机小车视频子系统
吊钩激光引导子系统
升降机安全监控子系统
卸料平台报警子系统
移动巡更子系统
易检子系统
机管大师子系统
行为安全之星子系统
配电箱监控报警子系统
二维码安全教育子系统
二维码应用子系统
视频监控子系统
视频AI监控子系统
智能水电监测子系统
协同办公子系统
工地广播子系统
Wi-Fi教育子系统
智能安全帽子系统
人员定位子系统
自动计量子系统
车辆管理子系统
便携式周边防护子系统
绕线式临边防护子系统
红外入侵报警子系统
深基坑支护监测子系统
高支模监测预警子系统
试样养护提醒子系统
混凝土测温子系统
工地一卡通子系统
污水监测子系统
烟感报警子系统
智能路灯子系统
危险气体监测子系统
危大工程管理系统
实测实量系统
智能回弹仪系统
单兵系统
监控中心子系统
施工项目现场

**图 6-108　智慧工地管理平台架构图**

施工现场安全管理具体问题具体分析，例如针对工程项目“检查难、整改难、管理难”等问题，智慧工地管理平台利用大数据分析技术对现场动态工况进行分析与预警，帮助项目管理者及时发现现场存在的问题，有效辅助项目管理者规避安全风险。通过智慧工地管理平台可以进行“全方位、立体式、无缝隙”的全景监控，全面查看作业施工进度情况，全链条呈现检查整改过程，责任到人。

### 6.9.2 平台数据可视化辅助管理决策的应用

通过智慧工地管理平台汇总各子系统收集的数据，通过大数据、云计算等技术对数据进行分类、处理和分析，最终可视化呈现在项目监控中心大屏、项目管理人员的 PC 端，进行可视化看板或者移动端查看信息等。让管理人员直观地了解施工现场内容，此平台实现不同应用端口数据穿透性查看，管理人员可以通过分级管理，自动进行数据筛选，对项目部的安全管理和质量管理等进行综合分析，为项目管理的信息化管理提供支撑，同时为公司在管理同类项目的设备和人员安排、施工进度安排和资金投入等决策提供数据支撑。

工地大脑平台是智慧工地管理平台集聚项目各子场景应用的信息和数据综合门户（图 6-109），通过建立开放的数据接口标准，集成各应用系统数据，以平面图、全景图、BIM 模型等为信息载体，数字化映射真实工地，可视化构建数字工地，结合项目管控的业务需求，通过数据分析、辅助项目管理决策，实现项目质量、安全、进度、绿色、成本等管理目标。

图 6-109 工地大脑平台

从工地大脑平台来看，平台可以根据项目管理人员分析的需求，布局平台窗口。首先，安全管理人员需要对工程项目基本信息了然于胸，如建筑面积、工程造价、开工日期和安全生产日期等信息。其次，在基本信息的基础上，增加项目管理人员关心的数据，如项目施工进度信息、质量检查数据、安全整改数据、绿色施工数据等，再以图形方式可视化呈现，供管理人员分析施工现场是否维持安全作业方式。最后，可以根据项目管理人员的阅读习惯，设置不同的端口，如项目部、党组织、活动活动、学习强国等端口。

项目管理人员可以通过工地大脑平台呈现出来的数据，了解现场施工产生的问题以及问题分布和态势，智能分析问题趋势和完成情况，并将安全和质量问题自动分类并统计分析，有效降低管理成本，提高现场决策能力和管理效率。

总而言之，和过去“纸上”管理方式不同，数字建造赋能施工安全管理，项目管理人员只要通过电脑、手机等就可以随时查看工人现场施工状态和各项设备参数；同时，在终端平台通过可视化看板和大屏，便能对人、机、料、环境进行综合管理，实现工地数字化、数据网络化、管理智慧化。

# 7 数字建造在安全管理方面的典型实践

## 7.1 萧山国际机场三期项目

### 7.1.1 工程概况

萧山国际机场三期项目新建航站楼及陆侧交通中心工程Ⅱ标段（以下简称萧山机场项目）位于浙江省杭州市萧山区，项目包含新建综合交通中心 47.4 万 $m^2$、旅客过夜用房 9.3 万 $m^2$、配套业务用房 7.45 万 $m^2$；其地下室均为全连通形式，总计建筑面积约 64 万 $m^2$。基坑设计深度 19.550m、钢结构部分最大跨度为 30m。

本项目主要有以下六大难点：

（1）体量大，工期紧。项目总建筑面积 64 万 $m^2$，5 个基坑总面积 10 万 $m^2$，而且工期比计划压缩 4.5 个月。

（2）平面管理难度大。项目日出土量 1.5 万 $m^3$，仅有一条车道通行，而且进入场地内必须通过Ⅰ标段。

（3）资源组织难度高。高峰期施工人员达到 5000 人，项目总混凝土浇筑量 46 万 $m^3$，模板用量 64.5 万 $m^2$，钢筋 8 万吨，钢管 1.6 万吨，盘扣杆件 3200t。

（4）逆作法难度大。地下室包含地下 4 层结构，基坑面积 4.1 万 $m^2$，采用逆作法施工难度大。

（5）超大超深基坑施工。基坑总面积 10 万 $m^2$，大面挖深 19.55m，并且项目南北侧与在建高铁、地铁相邻。

（6）总承包管理难度大。机场不停航施工，对质量安全、文明施工要求高；另外场内交通紧张，专业性强，因此总承包单位的管理难度极大增加。

以上几项施工难点容易滋生安全隐患，传统的安全管控手段（单纯依靠人工监督）无法满足安全施工的迫切需求，通过数字化安全管控则能使项目安全施工的要求得到更好的保障。项目依托基于5G技术的“BIM+智慧工地”管理平台，进行项目整体智慧建造协同管理。以BIM模型为基础，通过物联网技术将模型与现场关联，实现基于BIM模型的进度跟踪、生产任务管理、模型工程量管理，树立浙江省首个5G“智慧工地”，致力于打造浙江省建筑施工安全数字化标杆项目。

### 7.1.2 安全方案

本项目数字化安全管控依托基于5G技术打造的“BIM+智慧工地”安全管理平台。该平台的技术背景如下：

（1）2019年6月6日，工业和信息化部正式发布5G商用牌照，2019年10月31日，三大运营商公布5G商用套餐，并于2019年11月1日正式上线5G商用套餐，中国正式进入5G商用时代。5G的本质是多方联结应用，这将促进社会、企业的数字化转型，也将带来业务、管理体制和商业模式等的创新。这些改变将大幅度提高生产效率，改变未来的生活质量。

（2）5G技术以大带宽、低延时、广连接性为特点，可以提供10Gbps的传播速度、毫秒级延时、每平方公里百万连接等突出性能，成为赋能建筑业数字建造的最佳选择。

（3）萧山机场项目存在网络受限的问题，机场使用内部网络，不允许外网接入，普通4G移动网络也无法满足现场实时智慧管理的传输带宽要求。

引入5G技术成为解决项目网络受限问题的首选。项目实现多项突破，与浙江省联通公司共同完成5G基站搭建，搭设5G专属移动网络，围绕人、机、料等要素研发基于5G技术的“BIM+智慧工地”集成管理平台，结合云计算、区块链、大数据等技术，开启多个创新应用。5G技术应用原理概括来说就是通过搭建5G基站，采用云服务器等相关技术，实现施工区域和办公区域信息的互联互通，应用原理图如图7-1所示。

与此同时，项目以BIM模型为基础，通过物联网技术将模型与现场实况关联，实现基于BIM模型的进度跟踪、生产任务管理、模型工程量管理。通过5G技术，集成各应用系统数据，配合物联网应用将施工现场的塔式起重

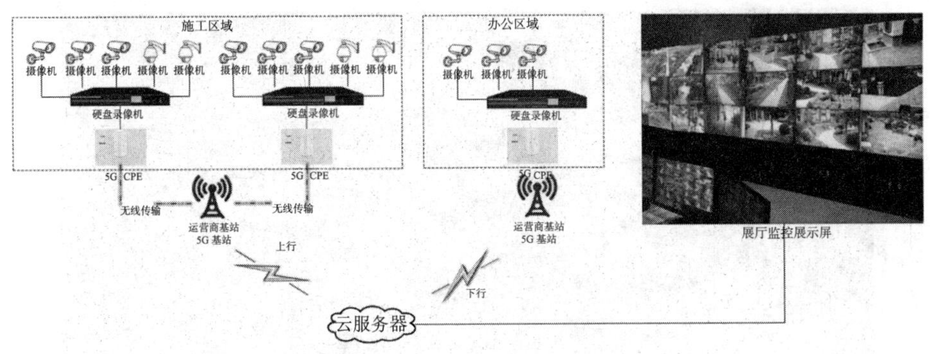


**图 7-1　5G 技术应用原理图**

机安全、施工升降机安全、现场作业安全、人员安全、人员数量、工地扬尘污染情况等内容进行自动数据采集，发现危险情况进行自动反映和自动控制，并对以上过程进行数据记录，为项目管理和工程信息化管理提供数据支撑。以BIM模型为信息载体，将施工过程、安全管理、人员管理、绿色施工等内容，从传统的定性表达转变为定量表达，实现工地信息化管理，对施工现场所有可能出现的风险起到预控作用。

智慧建造管理平台业务架构包括应用层、数据规范、数据层和管理层，详见图 7-2。“BIM+ 智慧工地”云平台分为九个板块，包括进度板块、安全板块、劳务管理、机械设备管理、绿色施工、慧眼 AI、质量板块、党建展示及数字工地，并在大屏上进行信息展示。其中展示屏左上为进度板块，进度板块包括项目时间轴、项目进度计划表和进度任务管理；展示屏左下位置为安全板块，安全板块包括安全教育人数曲线、安全之星榜、安全检查统计曲线、安全管理及分类图；展示屏中上位置为数字工地；展示屏中下位置为劳务管理和机械设备管理；展示屏右上位置为绿色施工、慧眼 AI、党建展示；展示屏右下位置为质量板块，质量板块包括质量管控数量、质量检查记录、试块养护记录、质量成果，展示屏及功能展示区具体内容详见图 7-3、图 7-4。

1. 5G 实名制管理系统

项目采取基于 5G 网络 + 慧眼 AI 的高速人脸识别技术，通过信息化系统和各类智能硬件设备，实现项目现场人员实名登记，并能够及时记录和掌握工人安全教育情况，实时统计现场劳务用工情况，分析劳务工种配置。同时

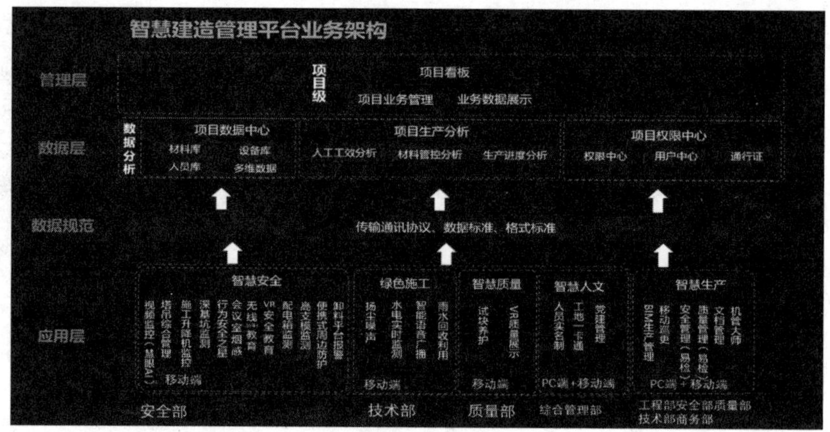


图 7-2　智慧建造管理平台业务架构

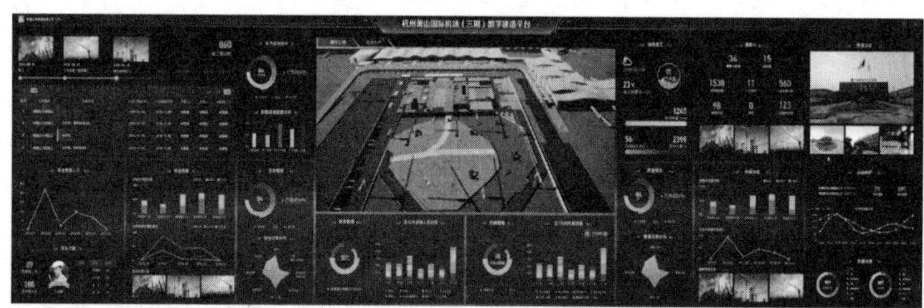

图 7-3　“BIM+ 智慧工地”展示屏

| 1.进度板块 | 1-1.项目时间轴 | 2.安全板块 | 2-1.安全教育人数曲线 | 3.劳务管理 | 7.质量板块 | 7-1.质量管控数量 | 8.党建展示 |
|---|---|---|---|---|---|---|---|
| | 1-2.项目进度计划表 | | 2-2.安全之星榜 | 4.机械设备管理 | | 7-2.质量检查记录 | 9.数字工地 |
| | 1-3.进度任务管理 | | 2-3.安全检查统计曲线 | 5.绿色施工 | | 7-3.试块养护记录 | |
| | | | 2-4.安全管理及分类图 | 6.慧眼AI | | 7-4.质量成果 | |

图 7-4　“BIM+ 智慧工地”功能展示区

可以监控人员流动情况，监管工资发放情况，为企业及项目部保障生产提供决策数据依据。在工地现场和生活区的 11 个人员通道布置实名制管理系统，在确保工人上下班快速通过的同时能够完成自动考勤。项目施工期间，实名制在册人数超过 2000 人，7 日内平均在场近 1800 人。项目实现了工人入场信息记录准确、工资发放及时、工程无欠薪等管理目标。此外，实名制系统对接银行和政府，跟工人工资发放管理挂钩。考勤数据同步对接萧山区住建实名制平台、杭州市住建实名制平台、云筑劳务与智慧工地数字建造云平台。相关场景如图 7-5 所示。

**图 7-5　5G+ 智慧工地——人员管理**

2. 5G 实时监控 + 慧眼 AI 系统

利用 5G 网络高速、低延时的特性，实现施工现场和生活区的无线监控全覆盖，同时基于 BIM 模型展现各个摄像机布设的位置，完成模型和现场的实时对接。在移动端和电脑端都可以通过智慧建造管理平台实时查看施工现场和生活区的情况。

利用现场的全景球机，对施工现场全貌进行远程查看，并自动合成延时摄影，动态反馈项目进度。施工区布置了 4 台球机、1 台鹰眼全景摄像机、9 台枪机；工人生活区布置了 16 台枪机；项目部布置了 4 台枪机；管理人员生活区布置了 5 台枪机；监控数据通过 5G 网络无延时传输，如图 7-6 ~ 图 7-8 所示。

新冠肺炎疫情期间，项目“BIM+ 智慧工地”平台增加了 5G 慧眼 AI 红外智能体温监测功能，全时侦测待监测事件，通过“实名制 + 测温 + 口罩识别”三重防护，实现工地出入口无人值守安全管控等效果，在打赢工程项目复工防疫双线战役中发挥了重大的作用。通过视频监控、慧眼 AI 和行为安全之星的系统联动记录现场人员安全行为，并对人员行为进行判别和奖惩，如图 7-9 所示。通过视频监控、慧眼 AI 和行为安全之星的系统联动，项目行为安全之星总激励人次 310 人次，总处理人次 416 人次。

图 7-6　全景球机

图 7-7　施工现场全貌

图 7-8　延时摄影

AI 现场抓拍违规行为

**图 7-9 慧眼 AI 系统**

3. 5G 远程协作系统

利用 5G 技术，管理人员可通过移动端查看 BIM 模型以及现场施工情况，可实现远程巡检和连线检查，同时可进行实时语音、文字、视频交互沟通，通过模型获取数据并及时解决现场问题，如图 7-10 所示。

4. 易检、机管大师系统

易检系统可以随时随地发起质量、安全整改任务，实时追踪整改进度，不错过一次整改，并能按照浙江省安全文明施工资料归档要求自动创建施工电子档案，如图 7-11 所示。

图 7-10　移动端远程查看

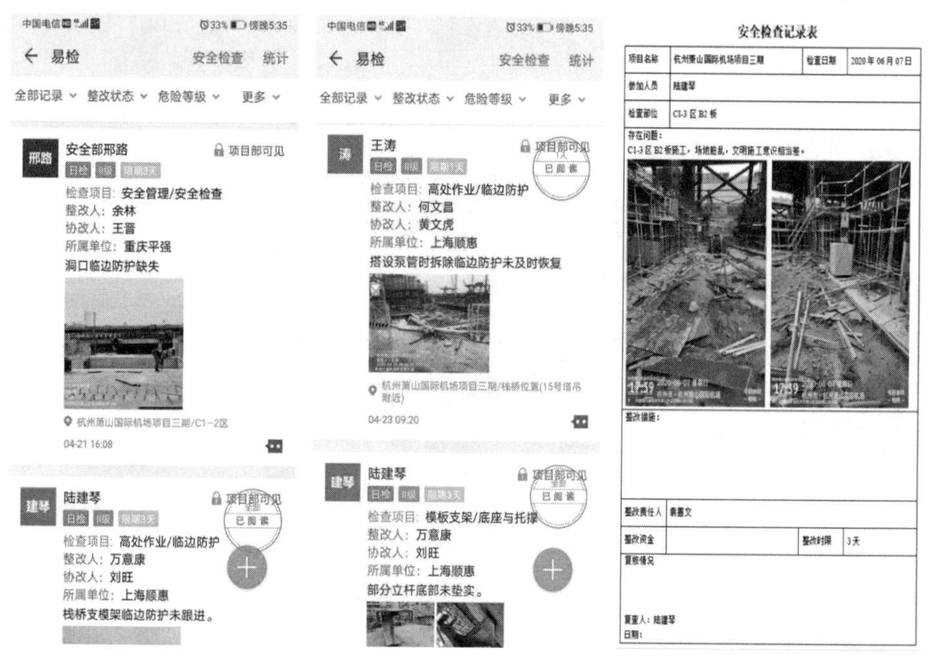



安全检查记录表

| 项目名称 | 杭州萧山国际机场项目三期 | 检查日期 | 2020年06月07日 |
|---|---|---|---|
| 参加人员 | 陆建琴 | | |
| 检查部位 | C1-3区B2板 | | |
| 存在问题：<br>C1-3区B2板施工，场地脏乱，文明施工意识相当差。 | | | |
| 整改措施： | | | |
| 整改责任人 | 袁嘉文 | | |
| 整改资金 | | 整改时限 | 3天 |
| 复核情况<br>复查人：陆建琴<br>日期： | | | |

图 7-11　易检系统

机管大师系统可以时刻跟踪设备的进场、检查、维保、维修、退场等工作状态，并对设备的日常检查情况进行统计和管理，如图 7-12 所示。

安全管理成效：项目通过易检和机管大师系统共发出问题 92 项，整改完成 89 项，占比 97%；发出风险Ⅰ级预警 16 项，风险Ⅱ级预警 29 项，风险Ⅲ级预警 47 项。

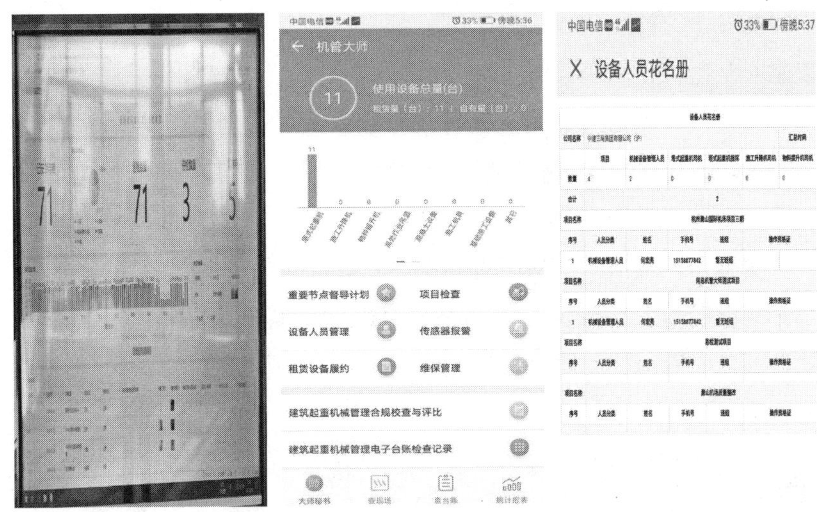

图 7-12　机管大师系统

5. 塔式起重机防碰撞系统监控

项目现场 13 台塔式起重机全部安装了监控系统和吊钩可视化系统，可以自动预防群塔碰撞，同时防止塔式起重机超载违规作业。系统通过智能对焦和实时拍摄，扩充了驾驶员视野，降低了隔山吊、盲吊等日常操作安全隐患。通过“BIM+ 智慧工地”云平台实现了实时监控群塔作业、360° 识别危险区域、报警并切断危险方向操作等多项功能，最终实现塔式起重机“0”事故。系统现场安装如图 7-13、图 7-14 所示。

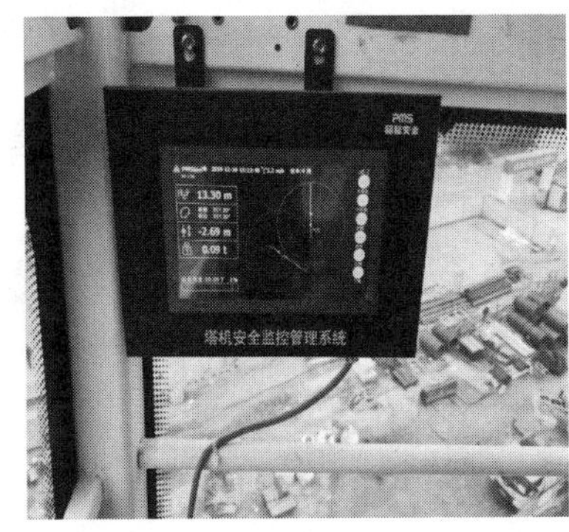

图 7-13　塔式起重机监控系统

图 7-14　吊钩可视化系统

6. 智能安全监控

智能安全监控包括以下三个部分：

（1）高支模自动监测。高支模自动监测系统可以全天候进行高频次监测，预警危险状态，及时排查危险原因，见图 7-15。

（2）临建防护监测。临建防护监测系统可以实现物理断线监测功能，同时高灵敏度感知异常情况，从而对异常情况进行防范，见图 7-16。

（3）配电箱监测。配电箱监测系统可以实时监测用电箱内电缆温度、环境温度、剩余电流情况，同时自动监测电箱漏电，避免发生火灾，见图 7-17。

**图 7-15　高支模监测**

**图 7-16　临边防护监测**

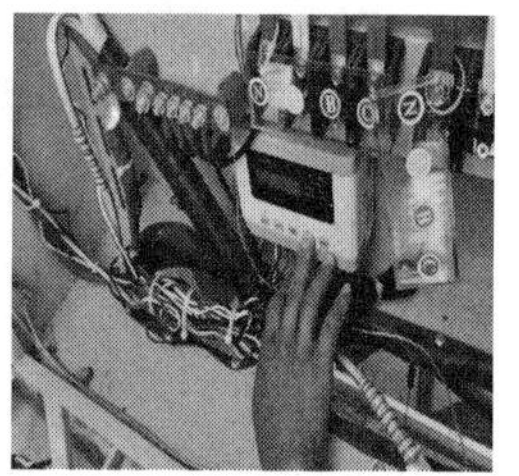

**图 7-17　配电箱监测**

7. 工人安全教育

新冠肺炎疫情期间，项目采用二维码远程在线教育系统，保证工人安全教育和防疫教育工作的顺利开展。通过 VR 技术（图 7-18），对多种施工场景进行全真模拟，使安全理念直达人心。生活区采用 Wi-Fi 教育系统（图 7-19），为工人提供免费 Wi-Fi 的同时，潜移默化地提高工人的安全意识和防疫知识。

**图 7-18　VR 体验中心**

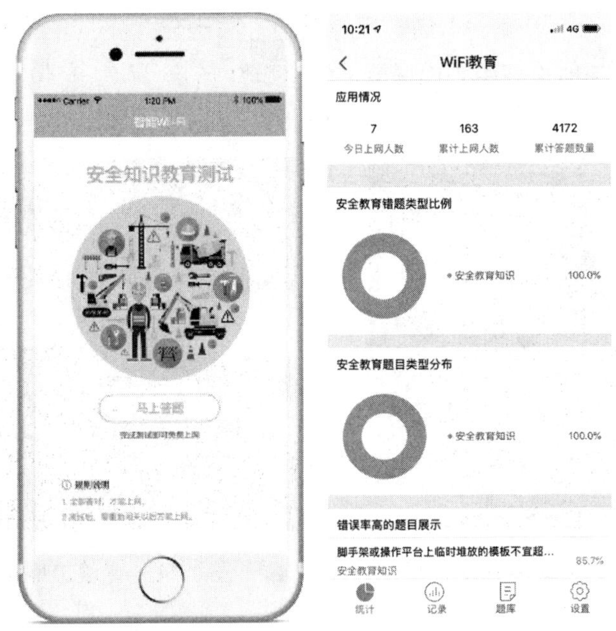


**图 7-19　Wi-Fi 教育系统**

安全教育成效：项目在场 2000 多名工人全部通过二维码移动在线安全教育、VR 安全教育学习安全知识。通过一段时间的安全教育实施，项目 Wi-Fi 教育错题率明显降低，表明工人的安全知识水平显著提高。

8. 5G“BIM+ 智慧工地”云平台系统及指挥中心

将以上所有数字化安全施工产品整合，利用 5G 技术，集成各应用系统数据，将施工现场的塔式起重机安全、施工升降机安全、现场作业安全、人员安全、人员数量、工地扬尘污染情况等内容进行自动数据采集，自动反映和控制危险情况，并对其进行数据记录，为项目管理和工程信息化管理提供数据支撑，以 BIM 模型为信息载体，将施工过程、安全管理、人员管理、绿色施工等内容，从传统的定性表达转变为定量表达，实现工地信息化管理，即组成 5G“BIM+ 智慧工地”云平台系统。图 7-20 为实施现场智慧建造管理云平台照片。

与此同时，利用 5G 技术进行信息传输，在项目部设置智慧工地指挥中心。在指挥中心大屏上展示 BIM 模型，并以模型为核心信息载体，结合视频监控、智能广播、劳务一卡通、车辆管理等系统，构建全方位、多样化管理的数字化工地。智慧工地指挥中心现场情况如图 7-21 所示。

图 7-20　智慧建造管理云平台

图 7-21　智慧工地指挥中心

### 7.1.3　实施总结

项目使用 5G“BIM+ 智慧工地”云平台的主要效果包括以下几个方面：

（1）人员管理成效：项目实现了工人入场信息记录准确、工资发放及时、工程无欠薪。

（2）视频监控 + 慧眼 AI 成效：通过视频监控、慧眼 AI 和行为安全之星的系统联动，项目行为安全之星总激励人次 310 人次，总处理人次 416 人次。

（3）安全管理成效：项目通过易检和机管大师系统共发出问题 92 项，整改完成 89 项，占比 97%；发出风险Ⅰ级预警 16 项，风险Ⅱ级预警 29 项，风险Ⅲ级预警 47 项。

（4）机械管理成效：项目 13 台塔机全部安装了品茗塔式起重机监控系统和吊钩可视化系统，通过“BIM+ 智慧工地”云平台实现实时监控群塔作业、360° 识别危险区域、报警并切断危险方向操作等多项功能，最终实现塔机“0”事故。

（5）安全教育成效：项目在场 2000 多名工人全部通过二维码移动在线安全教育、VR 安全教育学习安全知识。通过一段时间的安全教育实施，项目 Wi-Fi 教育错题率明显降低，表明工人的安全知识水平显著提高。

（6）BIM应用成效：利用BIM技术对项目进行BIM全真模拟建模，将施工现场与模型进行精确定位，结合云平台对施工现场数字化安全施工进行智能化管理，“BIM+智慧工地”数字化安全施工得以真正落地应用。

本项目采用智慧工地解决方案，为项目数字化安全施工保驾护航。“BIM+智慧工地”安全数字化施工为项目提供了一套比较全面的智慧工地解决方案，整理总结了许多可推广的技术和经验，在完成信息化技术子项的基础上，努力挖掘和拓展新的应用点，方便对其他项目进行推广。

根据成本管理分析计算，项目整体预算结构混凝土总用量为22000$m^3$（C20）、152444$m^3$（C35）、239371$m^3$（C40）、21808$m^3$（C60），总计可节约创效约447.25万元，技术商务一体化管理可节省项目成本约27万元，管综优化可节省项目成本约770万元，三项内容共计带来经济效益1244.25万元。

在5G网络使用上，主要成本为5G信号中继硬件及中国联通提供的流量和云服务，成本为两年共94950元。由于本项目施工处于5G推广初期，中国联通合作意愿较强，可以较低成本获得网络传输技术支持，5G使用成本参考价值较低。

本项目在省级远程观摩会中获得长达11min的出境展示，获评“浙江省首个5G智慧工地”称号，获得《中国建设报》专题报道，荣获2020年度浙江省智慧工地示范项目等，反映出智慧工地解决方案在项目安全管控方面的出色表现，凸显出数字化安全施工强大的生命力和驱动力，具体情况如下所述：

（1）项目出镜展示。2020年3月10日下午，浙江省住房城乡建设厅举办“战疫情、保生产，打赢工程项目复工防疫双线战役”主题的全省远程观摩会。萧山机场项目作为本次观摩会的重要样板项目之一，在防疫和复工复产方面做出了突出贡献，在观摩会中对其进行了长达11min的出镜展示。

（2）获评浙江省首个5G“智慧工地”称号。2020年6月，多家媒体同步报道、转载本项目建设浙江省首个5G“智慧工地”的文章，是数字化安全施工方面的典范。

（3）《中国建设报》进行专题报道。《中国建设报》走进杭州萧山国际机场并对其进行了专题报道，作为浙江省推进“大通道建设”十大标志项目之

一、2022 年杭州亚运会重要基础配套项目，实现项目“5G+BIM”应用全覆盖，联合打造浙江省首个 5G“智慧工地”，树立了行业数字安全化施工的标杆典范。

（4）荣获 2020 年度浙江省智慧工地示范项目。2020 年 11 月，在由浙江省建筑业行业协会主办、浙江省智慧工地创新发展联盟承办的 2020 年度浙江省智慧工地示范项目评选活动中，萧山机场项目荣获 2020 年度浙江省智慧工地示范项目，在数字化安全施工方面做出表率。

## 7.2 通州区运河核心区Ⅱ -07 地块和重庆中迪广场

### 7.2.1 工程概况

智能型临时支撑安全技术与装置研究的两个主要示范项目基本信息如下：

项目一：通州区运河核心区Ⅱ -07 地块项目位于北京市通州区永顺镇，东北至温榆河西滨河路西边线，西邻温顺公路（安顺路），南邻通燕路（京哈公路）。总占地面积 2.7 万 $m^2$，总建筑面积 23.4 万 $m^2$，是集大型购物中心、5A 写字楼和酒店为一体的城市综合体，建成后将成为通州区运河核心区商业新地标。

Ⅱ -07-1 地块及Ⅱ -07-2 地块工程，包括一栋超高层塔楼建筑（地上 45 层，总建筑高度 259m）、塔楼周边附属裙楼（地上 6 层，总建筑高度 41.5m）、地下车库（地下 3 层，局部含夹层）、地下交通连廊及其上部城市展厅建筑。建筑外墙装饰为玻璃幕墙及石材幕墙。建筑效果图如图 7-22 所示。

项目二：重庆中迪广场（南区）项目总建筑面积 43 万 $m^2$，由 8 层地下车库及商业（地下 6 层、吊 2 层）、基坑深度 40m、地上 6 层商业裙楼（6 号楼），2 栋 258m 超高层（5 号楼和 7 号楼）、1 栋 100m 级五星级酒店（8 号楼）组成。建筑效果图如图 7-23 所示。

《民用建筑设计统一标准》GB 50352—2019 规定：建筑高度超过 100m 时，不论住宅及公共建筑均为超高层建筑。因此，上述两个项目都属于超高层建筑，超高层建筑中超厚底板支撑及超高超限的模架支撑等临时支撑的施工安全既是施工管理的重点也是难点。

图 7-22　通州区运河核心区Ⅱ -07 地块项目建筑效果图

图 7-23　重庆中迪广场（南区）项目建筑效果图

超厚底板临时支撑难点主要包括：

（1）底板面积大：由于超厚底板一般面积较大，相对应的超厚底板临时支撑面积也较大。

（2）施工人数多：底板钢筋绑扎阶段和混凝土浇筑阶段，大量工人会在超厚底板临时支撑上作业，支撑坍塌会产生严重后果。

（3）不可重复利用：超厚底板临时支撑作为底板上层钢筋绑扎的支护构件，会随着钢筋一起浇筑在混凝土中，不可重复利用，若支撑设计富余过大，会造成建材浪费，提高建造成本。

同时，高大模板支撑体系也是建筑施工过程中的重大危险源之一，需要对其进行安全监测。在临时支撑体系监测中，最重要的是混凝土浇筑至混凝土终凝的阶段，这个阶段具有监测频次高、总体监测时间短、监测过程连续等特点，并要求对细微的杆件压力和变形快速反应。传统的人工监测无法满足这些需求，因此需要采取监测频次高、精度好，并且能够及时反馈监测结果的自动化监测手段。

为了克服上述项目难点，保证施工安全，建设示范项目，在这两个项目中使用了数字建造技术进行施工。在这两个项目中，数字化安全应用主要包含以下两点目标：

（1）设计一款临时支撑体系优化软件。该软件基于 BIM 技术开发，通过 CAD 图纸识别与手工建模快速完成建筑结构 + 钢筋布置的模型创建，再根据模型完成临时支撑的排布和力学安全计算分析，最后在建筑结构 + 钢筋布置 + 临时支撑整个模型的基础上输出计算书、材料用量、临时支撑布置图纸以及进行可视化的三维展示。利用软件快速完成超厚底板钢筋临时支撑安全计算分析，同时节约成本，提高工程施工质量，为超厚底板施工提供安全质量保障。

（2）完成自动化过程监测系统。在混凝土浇筑过程中通过对支撑体系受力、变形情况的连续监测，在保证支架安全性的前提下，研究不同项目对模板支撑体系的自动化过程监测的区别与联系，通过对监测得到的数据进行分析，在现有理论计算体系下，对比理论计算活荷载和实际荷载的差异，从而完成自动化过程监测系统。

实现这两点目标可以为后续模板支撑体系的监测点位选取提供合理化建议，比对模板支撑体系的受力特性，为后续模板支撑体系的方案优化提供技术支撑；探索出一种基于 BIM 轻量化展示的平台级数据展示方法，以便在同类工程施工中，更加便利、直观地对不同部位杆件的受力及变形进行分析，从而实现项目的安全施工数字化管理。

### 7.2.2 安全方案

1. 方案主要内容

（1）基于 BIM 技术的高大模板支撑体系监测预警体系构建。以工程项目为基础建立 BIM 主体结构模型，通过脚手架安全信息导入形成 BIM 脚手架安全信息模型。监测分析钢筋混凝土楼板体系与模板支撑体系之间的相互作

用，建立支撑体系力学计算模型，为对比分析结构试验结果与理论分析结果提供依据。

（2）高大模板支撑构造监测研究。采用高精度传感器和信息自动采集仪，实时捕捉监测点位置信息，实时分析形变和受力情况，对施工中某些杆件超过承载能力做出及时反应措施，通过报警器报警，实现实时监测、超限预警、危险报警等监测目标，保证工程施工过程中的安全和质量，提高新建工程的质量和可靠性。

（3）将 BIM 技术与自动化监测应用在示范工程中进行验证。将研究成果在通州区运河核心区Ⅱ-07 地块项目以及重庆中迪广场（南区）项目进行应用，验证其合理性，并不断调试改进，提高实用性，使其能够普遍推广使用。

2. 方案实施

（1）通州区运河核心区Ⅱ-07 地块高大模板支撑监测数字化施工

项目采用基于 BIM 的模架监测数据平台对项目的高支模进行实时监测分析。通过 BIM 软件进行建模施工，同时采用自动化监测设备实时监测高支模的受力情况，将现场数据与平台进行对接，根据数据平台做出实时预警，从而实现数字化施工安全管理。

（2）重庆中迪广场（南区）项目筏板钢筋马镫支撑方案优化数字化施工

项目使用 BIM 钢筋支架设计软件，通过模型建立（结构模型、钢筋模型）→钢筋支架布置→成果导出（最优方案）的顺序进行支撑优化，高效实现数字化施工安全管理。采用高精度传感器和信息自动采集仪，实时捕捉监测点位置信息，实时分析形变和受力情况，从而对施工中某些杆件受力过载做出及时反应，通过报警器报警，实现实时监测、超限预警、危险报警等监测目标，保证工程施工过程中的安全和质量。

两个项目的施工临时支撑体系采用同一个平台系统进行建模和分析，如图 7-24 所示，通过智能监测系统进行高支模数字化施工安全管理，具体实施过程如下：

（1）智能监测系统安装

在高支模的相应部位安装压力、倾角、位移传感器以及无线声光报警器，同时可以进行各传感器组合安装，如图 7-25 所示。

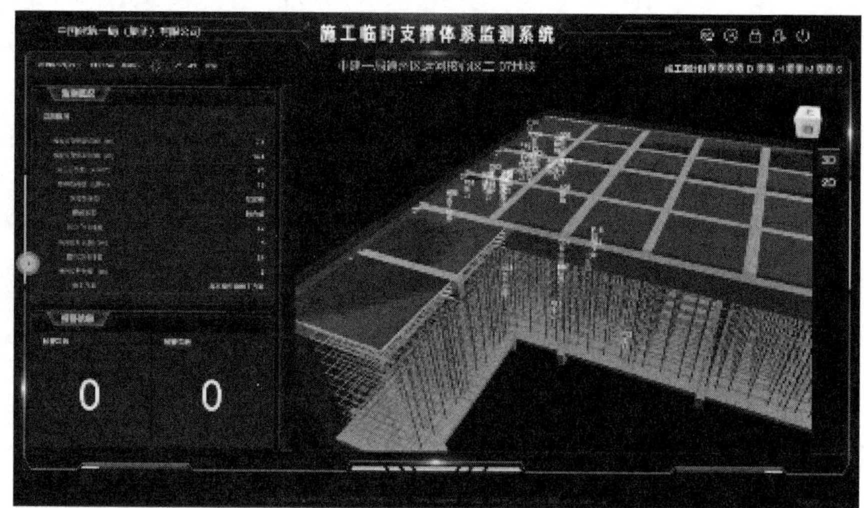


（a）

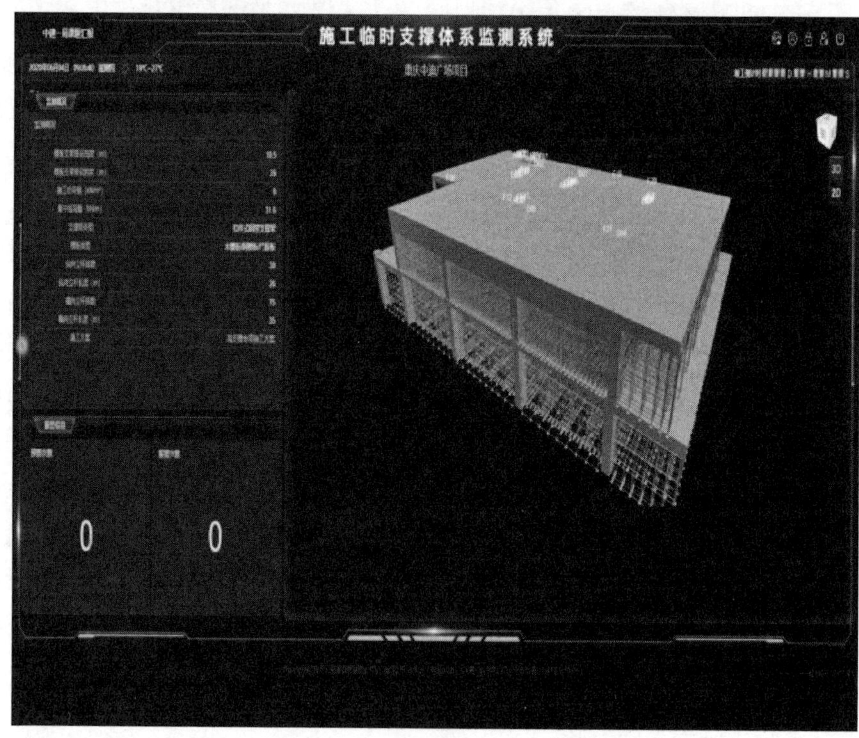


（b）

**图 7-24　基于 BIM 的模架监测数据平台**

（a）通州区运河核心区Ⅱ -07 地块项目；（b）重庆中迪广场（南区）项目

（a）

（b）

（c）

（d）

（e）

**图 7-25 监测设备安装图**

（a）压力传感器；（b）倾角传感器；（c）位移传感器；（d）无线声光报警器；（e）各传感器组合安装

（2）监测参数设置

依据架体设计值、材料规格和标准要求确定监测参数，通过累计变化量和变化速率两个值控制，主要设置的参数有水平位移、倾角、立杆轴压、沉降，预警阈值，如表 7-1 所示。

**监测参数设置表** **表 7-1**

| 监测参数 | 危险报警值 | 预警值 |
|---|---|---|
| 水平位移 | $H$/300（$H$ 为架体高度）；<br>$d$/2（$d$ 为立杆直径）；<br>前 3 次读数平均值的 1.5 倍 | $H$/400（$H$ 为架体高度）；<br>$d$/3（$d$ 为立杆直径）；<br>前 3 次读数平均值的 1.35 倍 |

续表

| 监测参数 | 危险报警值 | 预警值 |
| --- | --- | --- |
| 倾角 | 根据立杆高度和位移允许值计算；<br>前 3 次读数平均值的 1.5 倍 | 根据立杆高度和位移允许值计算；<br>前 3 次读数平均值的 1.35 倍 |
| 立杆轴压 | 设计值的 1.2 倍；<br>材料强度的 0.8 倍；<br>前 3 次读数平均值的 1.5 倍 | 设计值；<br>材料强度的 0.7 倍；<br>前 3 次读数平均值的 1.35 倍 |
| 沉降 | $H$/400（$H$ 为架体高度）；<br>前 3 次读数平均值的 1.5 倍 | $H$/500（$H$ 为架体高度）；<br>前 3 次读数平均值的 1.35 倍 |

（3）监测系统调试验收

架体变形监测系统在支撑架体最终验收前完成调试和验收，以监测点位平面布置图、监测控制参数表为依据，通过目测观察验收点位布置和参数设置是否正确，并通过人工加载的方式观察传感器和监测仪是否正常工作。

（4）监测数据采集

架体承受施工荷载后，各类传感器监测到架体的应力和形变后，通过传感器、数据采集基站实时传输至监测终端。监测平台自动将监测数据与设定的报警值进行对比分析，监测人员可通过监测终端实时关注各监测参数的监测值、变化趋势曲线等数据。

（5）BIM 脚手架安全信息模型构建

以工程项目为基础建立 BIM 主体结构模型，导入脚手架基础信息形成架体 BIM 综合信息实体模型。通过 RFID、移动设备等工具实时采集和传输脚手架搭设、使用、维护阶段的安全状态等架体动静态属性信息，实时更新架体 BIM 施工动态实时模型，实现脚手架安全信息实时追踪定位到 BIM 模型。BIM 脚手架安全预防系统架构如图 7-26 所示。

（6）监测数据处理

1）监测平台采用 IFC 标准或开放 API 等技术，将脚手架实时信息库、BIM 模型、脚手架安全信息数据库之间的数据进行整合和交互。对监测数据进行智能分析后形成曲线图表，监测数据超出预警阈值则发出警报。平台能

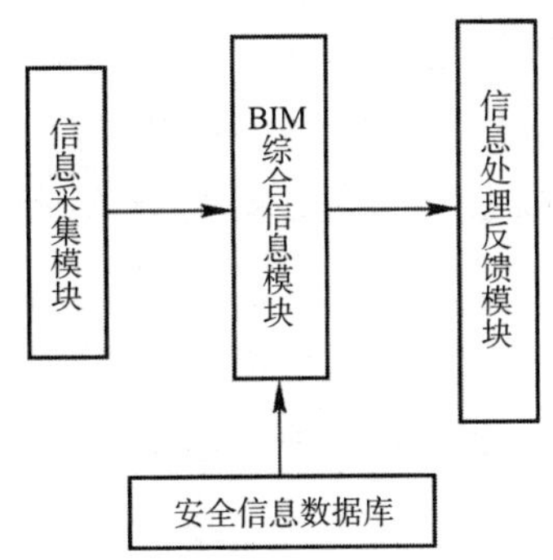


**图 7-26 基于 BIM 技术的脚手架安全预防系统架构**

智能识别正常混凝土浇筑施工造成的突变或离散数据，并提醒管理人员检查。遇到监测数据为 0 的情况，需要人工检查传感器是否被工人误碰停止监测或已经失效。

2）当监测平台发出预警时，监测人员应密切注意监测参数的变化趋势，若变形数据继续上升，应对架体进行加固，必要时停止混凝土浇筑。

3）当监测平台发出危险报警时，现场作业人员应立即停止施工并迅速撤离，同时将相关情况告知项目负责人。监测人员继续观察监测数据的变化情况，确认监测数据趋于稳定后方可进行处理和加固。待险情排除后方可继续混凝土浇筑施工。

### 7.2.3 实施总结

将临时支撑体系设计优化软件以及自动化过程监测系统应用于项目，实现项目现场安全数字化管理，预防安全事故发生。两个项目在高支模施工中未发生安全事故，圆满完成了示范工程在安全生产方面的要求。

重庆中迪广场（南区）项目优化后的筏板钢筋马镫支撑方案，7 号楼和 5 号楼产生的经济效益为：型钢马镫支撑投入施工总费用 – 钢管脚手架马镫支撑投入施工总费用：2×（242592－118137.4）=248909.2（元）。通州区运河核心区Ⅱ -07 地块项目地下连廊区域 400m$^2$ 共计节约 2290 元，项目整体高支模区域 8.8 万 m$^2$，折合节约 50.38 万元。两个项目总共节约经济费用约 75.27 万元。

软件系统可以快速提升建模速度，有效地提高支撑计算分析结果的可靠性与安全性，提升现场施工管理水平，合理配置施工资源，减少材料浪费，节约施工成本，降低工程施工的风险成本，提高施工效率，同时保障生产安全，防范重大安全事故。

通过在重庆中迪广场（南区）项目超高层项目、通州区运河核心区Ⅱ -07 地块项目的应用，优化设计了支撑系统，有效地提前发现支撑系统的薄弱点，减少安全事故发生的可能性，避免安全事故的发生。

以超高层建筑施工安全事故防治及安全性提升为重点，从技术和管理等方面开展提高超高层建筑施工安全技术研究，可以降低生产安全事故，降低人员和财产损失，提升全社会生产安全保障技术和社会重大事故防控能力。

## 7.3 阿里巴巴北京总部园区

### 7.3.1 工程概况

2015 年，阿里巴巴集团（以下简称阿里巴巴）开启北京、杭州“双中心、双总部”战略，2019 年年底，阿里巴巴北京总部园区项目正式开工。该项目是北京市‘三个一百’重点工程之一，目标是将其打造成科技创新样板工程、工程总承包样板工程、精益建造样板工程。为此，项目部精心筹划，建设了智慧工地管理体系，确保工程建设高标准、高质量、高效率推进。

该项目主要建筑包括三座办公大楼及配套设施，属于高科技研发建筑，质量要求高、建设难度大。项目总建筑面积超过 47 万 $m^2$，其中地上建筑面积超过 24.8 万 $m^2$，地下建筑面积超过 22.2 万 $m^2$，管理难度较大。

### 7.3.2 安全方案

本项目施工阶段使用以“4 平台 1 中心 10 板块 31 项”为基础的智慧工地管理体系（图 7-27），集成数字工地、劳务管理、塔式起重机监控、环境监控、质量管理、安全管理、行为识别和党建等管理模块（表 7-2），实现工地数字化、精细化、智慧化管理。

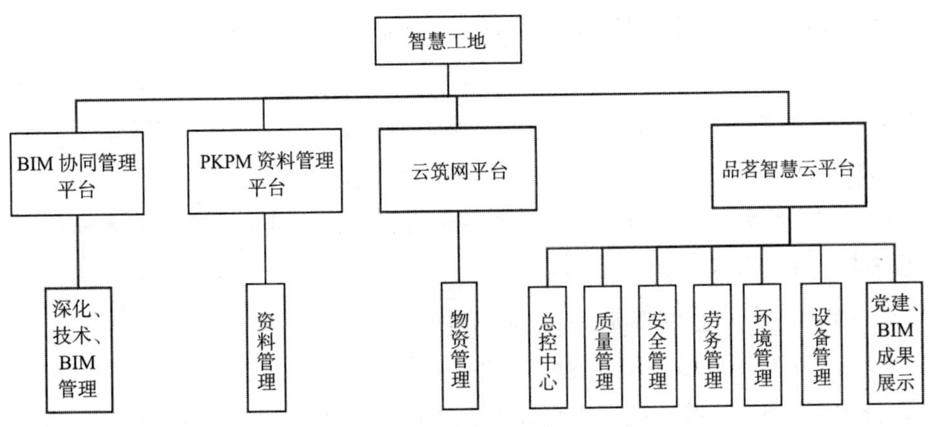


**图 7-27 项目智慧工地管理体系**

**智慧工地板块组成** **表 7-2**

| 总控 | 总控中心 |
|---|---|
| 质量 | 钉钉巡检 |
| 劳务 | 劳务实名制；无感通行 |
| 安全 | VR 安全教育；Wi-Fi 教育；行为安全之星；安全易检；慧眼 AI 识别；智能广播、无线对讲；视频监控；高支模监测；智能安全帽 |
| 环境 | 扬尘噪声监测 |
| 物资 | 云筑集采；零材采购；物资调拨；移动点验；智能地磅 |
| 设备 | 机械管理台账；塔式起重机安全监测系统；吊钩可视化系统；施工升降机监测 |
| 党建 | 党建活动展示；延时摄影 |
| BIM | 模型建立及图纸审核；场地平面布置；深化设计及综合协调；施工模拟；协同平台 |
| 技术 | 资料管理；方案、技术交底管理 |

为解决施工高峰期出入口拥堵问题，项目部在前期策划时在劳务实名制管理系统上部署了多个通道，并设置应急门，实施“无感考勤”，在实名制出入口部署高清网络摄像机，应用视频 AI 技术，拍摄人脸并和数据库进行合法性比对，人员进出场只需要按常规行走速度，在保证没有无关人员进入施工现场的同时，极大地提高了通行效率。

阿里巴巴北京总部园区项目现场有 17 座塔式起重机同时作业，项目部应用“塔机监控 + 吊钩可视化”系统，在吊钩上安装高清摄像机，在驾驶室设置可视化设备，采用视频智能调试算法，在监测设备状态的同时，动态展示塔式起重机运行画面，让驾驶员实时了解起吊物品的位置。另外，该系统采用智能防碰撞技术，当检测到设备有碰撞风险时，可智能锁定危险源，并视情况判断执行降档、截断等措施保证塔式起重机安全。管理人员通过手机等设备上的“检到位”管理系统，能够实时监测塔式起重机各项运行数据，保证塔式起重机运行安全。吊钩的激光补光系统在夜间可对吊钩位置进行补光，即使塔式起重机在夜间作业也能够确保生产安全。

项目中使用了 13 台施工电梯，通过安装施工升降机监控子系统，可以实现升降机驾驶员人脸识别，避免无证人员违规操作。此外，施工升降机监控子系统能检测超重超载并实时报警，防止施工升降机不安全运行，控制系统能够防止施工升降机冲顶和坠落，保护乘员安全。监控系统将施工升降机运行数据实时传输至控制终端，方便管理人员查看施工升降机运行状况，监督施工安全。

在使用高支模的局部工程中，项目部采用高精度倾角传感器，实时采集沉降、倾角、横向位移、空间曲线等形变参数，并实时传输监控数据至计算模块，判断其是否变形超限，及时预警管理人员，防止出现安全问题。

### 7.3.3 实施总结

项目部集成生产和管理的各项数据，以平面图、全景图和 BIM 模型等为信息载体，借助管理模块，数字化映射真实工地，可视化构建数字工地，实现了“一张屏”高效管理，解决了传统施工管理过程中的痛点和难点问题。

对项目建设而言，智慧工地管理体系可以有效地提高生产效率、管理效率和决策能力，实现施工现场更安全、建筑品质更可控和工人权益更有保障的多赢目标；对企业来说，打造智慧工地，赢得业主和社会各界的认可，企业形象、知名度和品牌影响力在无形中获得提升。智慧工地的发展是渐进的过程。数字技术是为业务服务的工具，数字技术与业务的融合要实现从量变到质变，需要长期协同发展。目前，智慧工地的很多应用已经成熟，在推动传统建筑业向现代化转型方面起了重要作用。

## 7.4 济南黄金谷

### 7.4.1 工程概况

济南高新区黄金谷安置区项目二期、配套教育及城市道路工程总承包（EPC）工程项目总用地482亩（1亩=667$m^2$），安置房总建筑面积约61万$m^2$，幼儿园、学校总建筑面积约4.13万$m^2$，4条城市道路长度合计约2736m，1条内部河道长度约450m。

安置区项目二期主要施工项目包括：A1-A17号、B1-B13号、C1-C5号住宅楼及地下车库，1～5号公建楼及地下车库，地块B、地块C换热站及园区道路、管线、绿化、照明等；包含红线范围内的供水、供电、供气、供热、通信等专业管线和既有管线的迁移、改造、保护。住宅楼地上18层，地下2层；车库地下2层，局部1层。

配套教育施工项目包括：36个班小学和15个班幼儿园及园区道路、管线、绿化、照明等；包含红线范围内的供水、供电、供气、供热、通信等专业管线和既有管线的迁移、改造、保护。

城市道路施工项目包括：福瑞达中路（科灵路）东延东段（春芬路南段—春明路）道路总长593.84m，规划红线宽20m；经十路北侧支路（春芬路南段—春明路）道路总长605.73m，规划红线宽20m；春芬路南段（科创路—经十东路）道路总长775.8m，规划红线宽35m；春芬路东侧规划路南段（科创路—经十路北侧支路）道路总长760.14m，规划红线宽20m。东巨野河支沟（黄金谷二期内—春明路西侧）全线长448.52m，规划河道宽度5m，两侧各5m绿化带。

地下室底板及侧墙防水等级为Ⅱ级，种植顶板、变配电室、弱电机房等防水等级为Ⅰ级，采用钢筋混凝土自防水（防水等级P6）、卷材防水和防水涂料。屋面防水等级为Ⅰ级，采用两道防水设防。

主要结构类型及使用功能：主楼为筏板基础，车库基础为独立基础+防水板；主楼主体为剪力墙结构，车库主体为框架结构。使用功能为住宅、配套商业、配套教育、地下汽车库、城市道路等。

项目主要难点在于塔式起重机的合理安装，详细情况如下：

（1）塔式起重机安装满足施工需要，尽可能不出现施工盲区。

（2）保证塔式起重机安拆方便，标准节边距待建结构外沿不小于 3m，起重臂、平衡臂等部件边缘到已有、待建结构距离不得小于 3m。

（3）为在结构内的塔式起重机预留洞口，塔身边缘到洞口边缘距离不得小于 250mm，如塔身距离梁、柱边缘较近，还应考虑梁、柱的模板空间。

（4）保证塔式起重机附着方便，塔机中心距离附着位置不宜大于 8m。

（5）塔式起重机处于初始安装高度时，起重臂、平衡臂等可回转部件能够整周回转而不碰到周围的树木、已有建筑等实体结构。

总体来说，塔式起重机作业中存在交叉作业的情况，在调试防碰撞系统时需要重点关注。塔式起重机监控系统的目标在于充分利用塔式起重机性能，合理安全地设置防碰撞报警参数，使施工现场 40 多台塔式起重机能顺利进行群塔作业（图 7-28）。

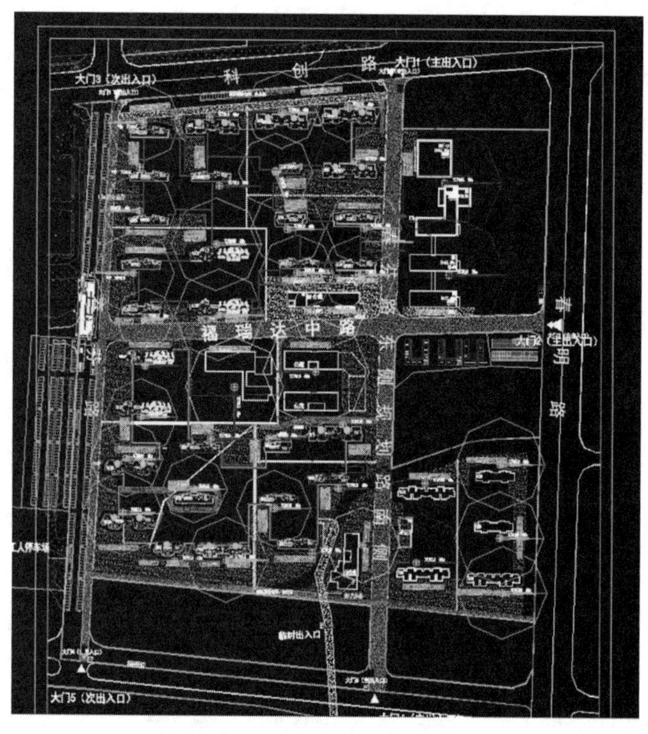


图 7-28　项目施工平面布置图

### 7.4.2 安全方案

塔式起重机安全监控管理系统，是一套可用于复杂施工环境下多塔式起重机作业的安全区域保护 + 防碰撞报警系统，可对工地特定区域内的多台塔式起重机进行路径防碰撞报警及保护。该系统是一种三维动态监视系统，能够帮助塔式起重机驾驶员避免由于操作失误造成的安全事故。因此，利用塔式起重机安全监控系统，能够极大地提高建筑施工作业效率，保障施工环境安全。

该系统主要功能包括：

（1）起重量及起重力矩超限超载报警功能。

（2）变幅、高度、回转限位功能。

（3）群塔动态防碰撞预警功能。

（4）限制区保护功能。

（5）远程传输功能。

系统能与远程在线监控平台同步进行数据对接，不但能将过往数据云端存储至服务器，便于事后追溯，也能通过网络端与移动端进行同步数据查看，确保各方主体随时“安全看得见”。

监控系统利用变幅传感器检测塔式起重机吊钩的运动轨迹，回转传感器检测塔式起重机的起重臂运动轨迹，利用无线通信模块，实时广播每台塔式起重机的运行情况，如图 7-29 所示。

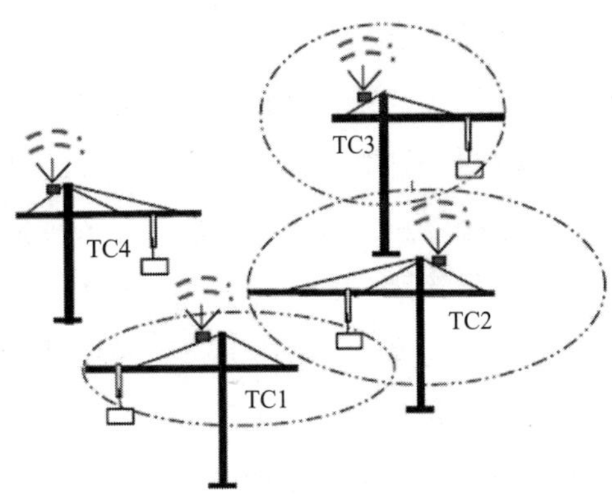


**图 7-29 塔式起重机安全监控系统防碰撞数据交互示意图**

每台塔式起重机上的监控系统都能实时接收周围塔机的运行情况信息，利用防碰撞算法，监控系统可以判断当前塔式起重机运动是否会与周围塔式起重机发生碰撞。当预判有碰撞发生时，监控系统会及时发出声光语音报警提示塔式起重机驾驶员，同时切断塔式起重机危险方向的动作，限制塔式起重机继续运行。

监控系统的防碰撞控制分为两级，在碰撞点与当前位置夹角达到一级时，监控系统会发出预警信号，同时切断塔式起重机回转危险方向的高速运动。此时塔式起重机只能以低速挡位动作，如果塔式起重机继续运行与碰撞点夹角达到二级时，监控系统会发出持续的报警信号，切断塔式起重机的低速运动，使塔式起重机能够在碰撞之前减速停止。上述角度参数可根据塔式起重机的机械情况和司机的使用习惯进行调整。

塔式起重机安全监控系统可以对塔式起重机的五大限位状态进行监测与控制，控制参数包括：

（1）力限位参数：当塔式起重机起重量达到额定起重量的 90% 时，系统发出预警减速信号，限制塔式起重机向上起升高速运动。当塔式起重机起重量达到额定起重量的 100% 时，系统发出报警停止信号，限制塔式起重机向上起升运动。

（2）力矩限位参数：当塔式起重机起升力矩达到额定起重力矩的 90% 时，系统发出预警减速信号，限制塔式起重机向外高速运动和起升高速运动。当塔式起重机起升力矩达到额定起重力矩的 100% 时，系统发出报警停止信号，限制塔式起重机向外运动和向上起升运动。

（3）变幅限位参数：当塔式起重机距离最大或最小限位 4m 时，系统发出预警减速信号，限制变幅向外或向内高速运动。当塔式起重机距离最大或最小幅度 2m 时，系统发出报警停止信号，限制变幅向外或向内运动。

（4）高度限位参数：当吊钩距离最大起升高度还有 4m 时，系统发出预警减速信号，限制高度向上高速运动。当吊钩距离最大起升高度还有 2m 时，系统发出预警停止信号，限制高度向上运动。

（5）回转限位参数：当塔式起重机左转或右转旋转至 ±520° 时，系统发出预警减速信号，限制回转左转 / 右转高速运行。当塔式起重机左转旋转至

± 540° 时，系统发出报警停止信号，限制回转左转 / 右转运行。

（6）风速报警参数：当塔式起重机当前位置风速大于 11 ～ 13m/s，系统发出报警信号防碰撞报警参数。当塔式起重机回转运动与相关塔式起重机碰撞点之间弧长距离小于 18m 时，系统发出预警减速信号，限制塔式起重机左 / 右高速运动；当塔式起重机回转运动与相关塔式起重机碰撞点之间弧长距离小于 10m 时，系统发出报警停止信号，限制塔式起重机左 / 右转运动；当塔式起重机变幅运动与相关塔式起重机碰撞点之间距离小于 10m 时，系统发出预警减速信号，限制变幅向外 / 内高速运行；当塔式起重机变幅运动与相关塔式起重机碰撞点之间距离小于 5m 时，系统发出报警停止信号，限制变幅向外或向内运行。

### 7.4.3 实施总结

本项目共包含 3500 多套安置房，未来将承担周边居民的回迁、安置任务，是济南市高新区政府的重大民生工程，也是广大人民群众的“民心工程”。项目采用塔式起重机防碰撞系统，实现塔式起重机安全“0”事故，使项目能够安全、高效地完成建设任务。

## 7.5 西安地铁 1 号线三期 &2 号线

### 7.5.1 工程概况

西安地铁 1 号线三期标段施工范围：秦都站 ~ 宝泉路站 ~ 中华西路站 ~ 安谷路站 ~ 秦皇南路站 ~ 白马河站 ~ 韩非路站 ~ 森林公园站（不含），共包含 7 个车站（明挖施工）、7 个区间（盾构施工）、珠泉路停车场及停车场出入场段线、1 座主变电站及外电源引入。工程内容包含部分前期工程、车站和区间的土建工程、人防工程、轨道工程（含正线、停车场）、停车场工程（含设备采购、安装装修）、主变电站工程（含设备采购、安装装修）、外电源引入工程。

西安地铁 2 号线北延段南起北客站（不含），止于草滩北站北侧风井，下穿车辆段后主要沿尚稷路东西向敷设，设 2 座车站（明挖施工）、3 个区间（盾构 + 明挖），工程全长 3.505km。

总体来说，地铁施工现场存在以下几方面问题，采用信息化、智能化手段能帮助施工企业降低安全风险，提高科学管理水平和现场效率：

（1）人员方面：现场施工人员整体学历偏低，安全意识差，使用信息化手段进行安全教育可以提高现场人员安全意识，信息化的用工管理方式也更加高效，可以降低因人员因素导致的安全风险。

（2）安全质量方面：部分地下施工现场存在有毒有害气体，在施工过程中基坑、支护、建筑物有沉降风险，使用自动监测技术可以进行实时风险预警，避免安全事故发生。

（3）现场环境方面：地铁施工现场多处于市区，周边环境复杂，施工距离近，使用扬尘噪声监测、监控出场车辆冲洗等可以最大限度地减少施工对周边的影响。

另外，在本项目中施工的主要难点还在于工程盾构区间下穿渭河等河流、郑西高速铁路等既有铁路线，技术要求和施工风险都比较高。区间盾构下穿徐兰高速铁路为地铁首次下穿高速铁路无砟轨道路基段施工，盾构施工期间做好高速铁路路基沉降控制，是确保高速铁路运营安全和地铁施工安全的重点。

### 7.5.2 安全方案

1. 暗挖隧道智能管控

项目采用暗挖法进行隧道开挖施工，施工过程结合多个系统进行叠加式管理，包括实名制出入管理、视频监控、人员定位及隧道智能管控系统，整套系统数据与工地管理云平台进行对接，可在云端查看掌子面的实时数据及历史统计记录，也可通过移动端接收报警通知。

2. VR 体验智能管控

对地铁施工可能出现的主要安全事故场景，如隧道坍塌、基坑坍塌、高处坠落、物体打击、隧道涌水等进行定制化设计，结合虚拟现实技术对工人进行针对性安全教育，强化工人的安全意识，减少工地施工过程中的潜在风险。

3. 盾构隧道工程视频监控

采用枪机和球机结合的方式，在盾构隧道正线施工管片拼装处、出渣口、

联络线施工作业面盾构始发、接收井等处安装摄像机；在地面管片堆放区、渣土堆放区安装球机；运渣车清洗处、出入口大门内侧和外侧、门禁闸机出入口处、显示屏处安装枪型摄像机；做到全程监控，全程联动，指挥部通过大屏监控，以专业化软件——“视频中心”对各个工区和掌子面的视频进行实时查看和历史回溯。

4. 塔式起重机监测管理

使用塔式起重机监测系统，对塔式起重机运行的全过程进行数据采集，并回传至服务器提供在线实时监测，保障操作安全。另外，系统支持塔式起重机运行数据分析，为施工单位提供翔实的运行效率报告，进一步提高整个项目的施工进度。

5. BIM 可视化技术交底

使用 VR、BIM 等技术呈现三维模型，给现场施工人员、技术人员进行可视化技术交底。通过模拟技术构造 VR 场景，利用虚拟元素创造施工沉浸式体验。

6. 隐患排查系统

针对工程项目“检查难、整改难、管理难”等问题，项目部采用隐患排查系统。这一系统可以通过移动端直接上传安全和质量问题，并进行数据分析及安排后续整改，全链条呈现检查整改过程，责任到人。此外，还能根据问题分布和态势，智能分析问题趋势和完成情况，并将安全和质量问题自动分类统计分析，智能生成各种报表，问题高发区一目了然，便于及时有效地整改。

### 7.5.3 实施总结

在本项目施工中，为解决地铁施工安全问题、人员管理以及施工难点，应用了包含数字监测和数字施工管理的智慧工地平台系统，极大地提升了项目工地的机械设备监测、施工人员管理以及施工模拟等工作流程的效率和质量。智慧工地平台对施工现场人、机、料、法、环的全面监控与分析，为项目管理决策提供了有力支撑。

## 7.6 富闽时代广场

### 7.6.1 工程概况

富闽时代广场是福州海峡金融街核心板块高品质项目，集高端住宅、5A写字楼和街区式商业于一体。项目包含3栋建筑，其中1号、2号楼地上高度均超过100m，3号楼为地上4层商场，地下室分为2层。项目总建筑面积115387.6m$^2$，其中地上建筑面积78968.29m$^2$，地下建筑面积36419.31m$^2$。

项目建设的安全质量目标为获得“榕城杯”，力争“闽江杯”，争创福建省建设工程安全文明标准化示范工地。

### 7.6.2 安全方案

1. 场地布置三维策划

施工场地布置是施工设计的重要部分。施工场地布置恰当与否、布置执行的效果好坏，对现场施工组织、安全文明标准化施工及工程整体成本等都将产生直接影响。传统的二维CAD平面布置图只包含平面场布信息，不能直观地体现不同施工阶段的场地信息。在一些场地狭小的项目上，随着施工过程的推进，材料堆放区、加工区等设施常因道路不通畅、阻碍施工作业区等原因，需要不停地根据现场情况变换位置，造成资源浪费、材料多次搬运等情况。本项目进行施工场地布置时，BIM小组在施工开始前利用软件对土方开挖阶段、地下室施工阶段及主体工程阶段进行三维场地布置策划，直观地审查项目场地空间布局在各个施工阶段的科学合理性，对安全文明施工及对外形象进行计划，便于后期管控。

2. 模板方案优化

利用Revit结构模型与BIM模板工程软件进行模板智能布置，并根据现场要求对结果进行手动调整，完成模板方案精细化建模。在施工前对方案进行模拟，保证其可行性，并使用三维模型对施工人员进行交底工作，将施工中的重点难点提前预警，保证施工过程可以安全有序地进行，见图7-30。

BIM模板工程软件可以输出各楼层平面图、各位置剖面图、大样图以及配模图、详细模板编号、下料清单、材料统计表。能够指导现场裁板拼装，

降低施工技术门槛，节省模板用料，且有效地保证混凝土观感以及模板布置合理安全，见图 7-31。

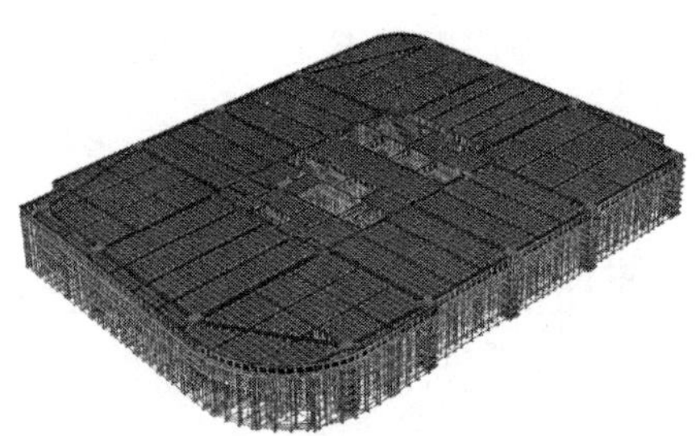

图 7-30 模板方案模拟

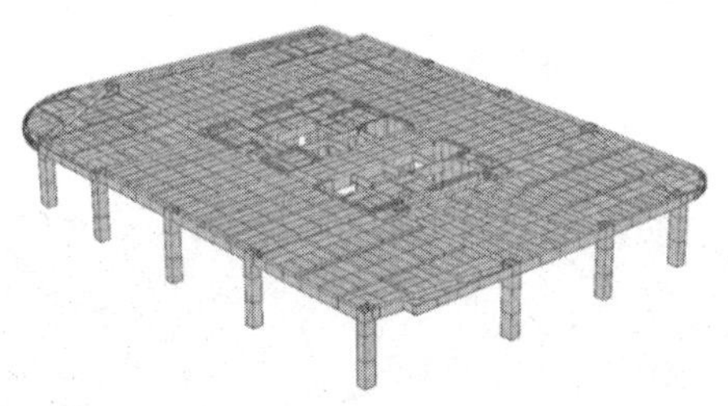

图 7-31 模板切割方案

利用 Revit 结构模型与 BIM 脚手架工程软件进行智能布置，并根据现场实际情况进行手动调整，完成脚手架方案精细化建模。在施工前对脚手架方案进行模拟，复核连墙件、剪刀撑、悬挑架排底等关键节点，使用三维模型进行施工交底，杜绝隐患、保证安全，见图 7-32。

图 7-32 脚手架方案模拟

3. 施工模拟

在项目施工阶段采用BIM施工模拟技术进行项目管理（图7-33），项目管理人员能随时了解施工信息，及时准确地根据现场情况下达施工指令，减少沟通成本，实现集约化管理，提高工作效率和管理水平，有效减少施工管理费用。

此外，可以根据现场进度情况在软件中形成工程量统计，也可以根据现场实际情况录入施工信息以及反映和预估生产情况的内业资料，作为计算项目成本、安排材料进场等的参考依据。

4. 钢构深化

采用Tekla软件建立钢结构模型，并详细拆分构件，对每个构件进行编号，形成构件清单。利用3D打印技术制作构件模型用于模拟施工，在模拟中找出施工重点难点，从而合理安排工序，见图7-34。

**图7-33　BIM施工模拟**

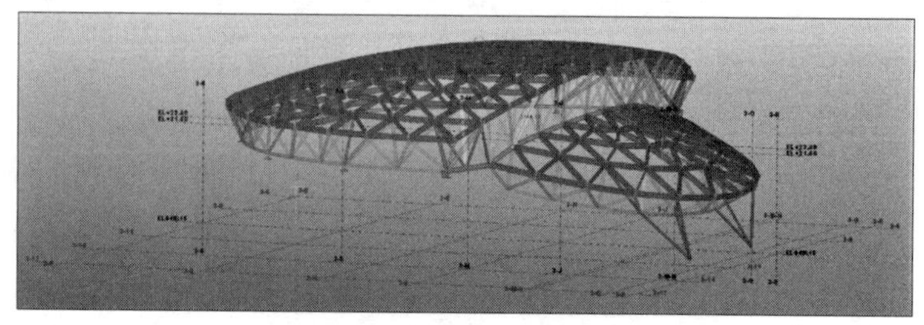

**图7-34　钢网壳模型**

5. 三维交底

对模板、脚手架、样板施工、砌体排砖、钢筋梁柱节点等部位在施工前进行三维交底，更形象直观地展示施工工艺和施工工序，减少沟通成本，提升交底水平，解决技术交底时枯燥、不直观、不到位等问题，从交底层面提高项目施工安全、施工质量，见图 7-35 ~ 图 7-37。

图 7-35　施工样板交底

图 7-36　柱、梁、墙交界交底

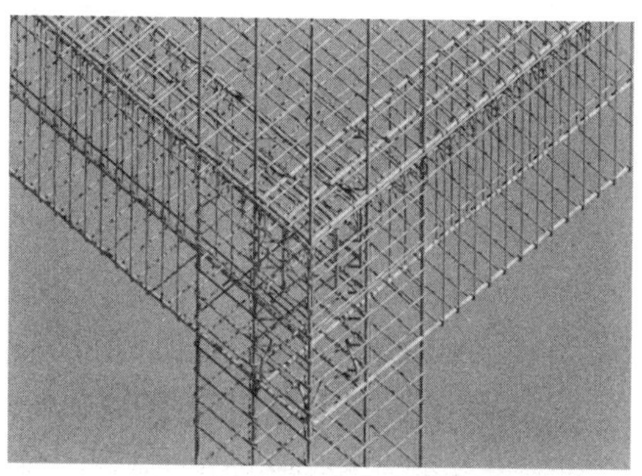

图 7-37 梁柱节点钢筋交底

6. VR 体验

在三维施工交底中使用 VR 技术，采用品茗 VR 安全教育体验馆，针对基础施工、主体施工、装饰施工三个阶段进行 18 种伤害模拟，让工人实景体验施工现场事故，达到安全交底和安全教育的目的，也可进行建筑物内实景漫游，身临其境，见图 7-38。

此外 VR 技术可以配合三维模型进行施工交底，使交底过程更直观，效果更理想。

图 7-38 VR 安全教育

### 7.6.3 实施总结

福建建工集团有限责任公司在福州分公司富闽时代广场项目上，针对施工策划、图纸会审、施工方案、质量交底、安全交底、深化设计等目前比较普遍的应用点，进行 BIM 技术的探索，对 BIM 技术在一般工程项目施工中的场景化应用进行了验证。

在本项目施工阶段应用数字技术主要效益如下：

（1）在施工策划阶段合理布置场地，减少施工过程中建筑材料的二次周转，为文明施工、创建标准化工地等打下良好基础。

（2）图纸会审阶段发现问题 80 多项，其中设计变更 36 条，避免返工，节约工期。

（3）方案优化过程中对模板、脚手架进行合理布置，在保证施工安全的基础上节约建筑材料。

（4）结合三维模型，采用 VR 展现的形式进行质量交底、安全交底，提升交底水平与交底质量，从侧面保证施工安全与工程质量。

（5）从砌体排砖、管线综合、净高分析、预留孔洞、支吊架布设等多方面进行深化设计。在施工开始前完成深化设计，能保证砌体排布合理美观、用料节省；在整个项目周期解决管线碰撞总计 2000 多处，避免二次开凿，保证楼层净高不受影响；指导施工，提升工程质量和业主口碑。

（6）与福建省建筑设计研究院开展合作，采用 3D 打印技术打印 3 号钢网架模型，并进行模拟施工，验证了吊装后拼装的施工方案，从而对工序进行合理性安排。在 BIM+ 的探索使得三维技术不再止步于设备上的虚拟模型，这为施工方案设计带来更丰富的技术形式。

# 8 安全建造技术发展趋势

近年来，得益于信息科学及通信技术的进步，有关物联网、机器人、人工智能等技术发展迅速，在工业领域得到快速推广应用并落地许多成熟的应用，极大地提高了生产效率。与此同时，建筑业也正朝着数字化、智慧化的方向不断发展，许多成熟技术也开始在建筑业寻找合适的落脚点，赋能建筑业的转型升级。尤其是在安全方面，一些用于保障人身安全、提高工作效率的软硬件产品有望在建筑业大展身手。在这些产品中，有一部分能为现场作业人员提供更有力的安全保护，另一部分则可以替代现场作业人员在施工一线的工作，从根本上杜绝施工作业可能带来的人身伤害。在本章中，将对这些正逐渐找到与建筑业融合的方向、可能改变建筑业生产方式的技术或产品进行探讨，展望未来建筑业在安全方面的进步。

## 8.1 可穿戴设备

广义上，可穿戴设备是指进行智能化设计改造后的日常穿戴设备，包括手表、眼镜、服饰等，是物联网概念的一个子集。可穿戴设备并不仅指代硬件设备，同时也包含配套支持的软件系统和数据信息交互系统。近 10 年，随着全球移动互联网的兴起、工业生产技术的发展和高性能低功耗处理芯片的应用，智能可穿戴设备从概念中走到市场，以智能手表、智能手环为代表的主流消费可穿戴产品增长迅猛，同时可穿戴设备形式也越来越多样化。得益于可穿戴设备的广泛应用，产品技术不断成熟和厂商在市场上不断的研发投入，当下这类智能可穿戴设备通常具备一定的通用计算能力，并且可以与手机及其他便携式终端进行连接，配合不同场景的软件及云端数据平台，极大地变革了人们的生活方式。通过这些穿戴式设备，使用者可以更容易也更完

整地感知外界与自身的信息，也能在设备和网络的辅助下更及时、更高效率地对信息进行处理。

目前，可穿戴设备主要集中于安全类、教育类和健康运动类。其中安全类可穿戴设备应用技术门槛较低，针对群体明确，还能满足刚性需求，因此是今后可穿戴设备行业发展的主要方向。

随着消费市场的旺盛增长，专业领域的可穿戴设备也得到极大的发展，许多企业都在该领域开始新的尝试。除了最常见的腕戴式设备，智能眼镜、智能外骨骼等设备也在不断发展，用以保证生产过程安全和提高生产效率。

### 8.1.1　可穿戴设备在制造业的应用

物联信息系统的数据化、智慧化是实现工业 4.0 的核心，而智能可穿戴设备在其中将发挥不可替代的作用。

在制造业领域应用最广泛的可穿戴设备是智能眼镜，整合了 AR 屏幕的智能眼镜可以让工人在作业的同时能够即时查看指导说明文档和相关图表，完成数据填写传输、拍摄图像、截图标注等工作，甚至执行多人实时视频通话，提升工作质量和效率。同时，智能眼镜能对操作流程进行完整的数字化记录，减少使用者在文档处理上花费的大量时间，也提高了文档填写的标准化、准确性和管理便利性。目前，智能眼镜在远程医疗、工业设备维修、电力巡检、安全管理、物流仓储等多个领域都已经获得成功实践，见图 8-1。

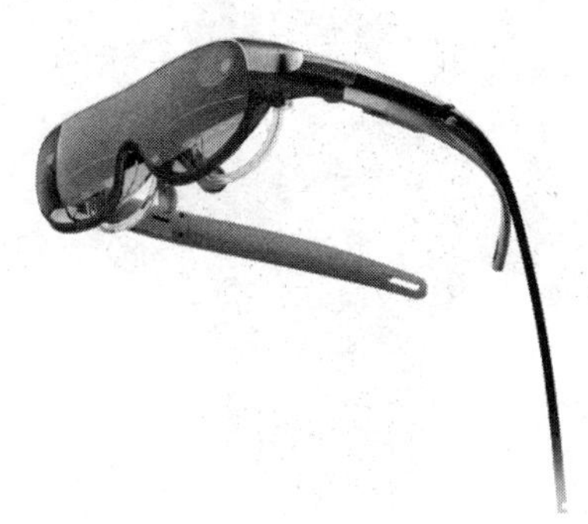

**图 8-1　工业上使用的 AR 智能眼镜**

成本更低、更容易广泛配备的智能手环也在制造业中发挥了很大的作用。在制造车间中，智能手环可以提供工人身份识别功能，便于对不同岗位的工人进行管理，同时也可以作为数据信息分享传输的终端，提高整个团队信息共享的效率。

更具有科技感的智能外骨骼设备已经被引入工业生产中使用。在汽车生产工业中，底盘组装工人需要长时间举起工具在抬起的汽车底盘上进行操作，这样高强度重复的工作会引起工人肩背部位肌肉及关节的过度使用，导致多种病症，影响工人高效工作。一种上肢外骨骼设备被引入底盘生产线供工人使用，这种外骨骼可以为使用者的上臂提供支撑，将受力分散到身体的多个位置，从而使工人更稳定、更快速地完成工作，同时其自身也受到保护（图 8-2）。此外，由于汽车车身结构垂直方向尺度较大，有时工人需要长期半蹲状态进行操作。这种半蹲操作的姿势对体力消耗非常大，影响工人持续工作的能力。下肢外骨骼设备可以在这种场合派上用场，通过机械结构的支撑固定，下肢外骨骼可以为半蹲状态的人体提供支撑力，减轻操作人员腿部负担（图 8-3）。在重物搬运工作上，外骨骼技术也得以充分利用，保护工人的身体健康。

**图 8-2　上肢外骨骼防止底盘工人上身肌肉损伤**

图 8-3　下肢外骨骼保护工人腿部肌肉

智能外骨骼在工业生产中的应用效果已经得到实践肯定，在建造业生产中也将有其适用的场景。在施工现场，钢筋、沙子、混凝土等建筑材料的搬运在现有技术下不能全部依靠机器完成，最后一段搬运或布置工作需要依靠人力劳动完成。使用外骨骼装备可以为工人提供肌肉和骨骼支撑，让工人在操作或者搬运重物时降低受到伤害的风险，也能提升工人的工作能力和工作效率，从而加快施工进度。外骨骼装备提供的额外力量，也能让工人在进行大型构件装配式安装时更加轻松，减少安全风险。

### 8.1.2　可穿戴设备在建筑业的应用展望

由于建筑业的行业特性，在施工过程中存在许多高风险因素，而施工质量不过关则会影响产品后期的安全稳定运行，因此，降低安全风险对建筑业来说事关重大。可穿戴设备的技术进步可以为行业生产带来改变。可穿戴设备能够从全新的维度解决人工操作精准度不足的问题，提升工作效率，从而减少工人人身安全风险及产品质量风险。

事实上，可穿戴设备在建筑业的应用很早就已经开始了。反光安全背心、安全帽、防尘口罩等早已经是施工作业中常见甚至必需的配置。因此，可穿戴设备的智能化进程渗透到建筑业是发展的必然。一批功能更强大、更实用的穿戴产品正在不断地推出，势必取代传统产品在施工中的作用。

安全帽主要用于防护人体头部受坠落物及其他因素引起的伤害，是施工现场强制要求佩戴的安全防护用品。因此，可穿戴设备技术成熟后，智能安全帽应运而生（图 8-4）。现在的智能安全帽普遍具备身份识别、高精度定位、语音通话、体征监测、环境监测等功能，而这些功能可以衍生出丰富的应用，在保证施工作业安全、提高管理效率方面发挥了很大的作用。例如身份识别和定位系统配合电子围栏可以实现人员精细化考勤，也可以实时监测人员是否在规定区域内活动，在危险源附近进行报警提醒等；环境监测系统可以在周围温湿度环境变化时提醒人员注意，检测到危险气体浓度超出阈值时发出警报；体征监测系统可以实时获取人员生命体征数据并回传，通过人工智能算法对采集到的数据进行分析并与人体正常生理指标进行比对，判断人员实时身体状态，发现异常立即报警。

相比集成了更多功能组件的智能安全帽，智能手表或智能手环可以以更低的物料成本实现关键功能，且硬件开发门槛更低，日常佩戴更加便捷，因此腕戴式设备也在施工现场得到广泛应用。利用物联网技术，腕戴式设备具有实时定位的功能，因此可以实现自动化考勤、工作人员实时位置及历史位置数据查询、重要及危险区域越界实时预警等功能。同时，智能腕戴设备也能集成“一键报警”按钮，工作人员在紧急情况下可以及时通知管理人员前来救援，对危急情况进行及时处理，最大限度地保障施工作业安全进行。

**图 8-4　智能安全帽**

在建造施工中，高处坠落是占比最大的安全事故类型之一，很多事故是由建筑工人在高空作业过程中违规操作、擅自解开安全绳造成的，因此，高空作业智能安全穿戴设备应运而生。这套系统包括智能安全扣、安全绳和智能安全作业管理平台（图 8-5）。工人通过固定在身上的智能安全扣与安全绳

连接，当安全扣内置的高度感应仪器检测到上升高度超过施工基准面 2m 后（即达到规定的高处作业范畴），智能安全扣会自动锁死，防止工人随意打开造成安全隐患。而当遇到火灾、地震等紧急情况需要解除安全绳时，工人只需按下安全扣上的紧急按键即可立刻通知地面管理后台，一键远程开锁方便逃生。这套系统的管理后台中可以显示每名工人的作业状态、所在高度以及安全扣锁定状态等，在出现非正常状态（如安全扣在高空作业时松开）时，可以第一时间报警提示管理人员做出应急响应。

**图 8-5　带有自动锁死功能的智能安全绳**

除了上述已经投入使用的成熟设备和技术，一些公司试图把更先进复杂的技术和硬件从实验室中带出来，集成到施工用可穿戴设备中，为施工人员提供更好的安全保障和作业能力。

相比智能手表、手环等小体积的可穿戴设备，安全帽拥有更大的体积容纳硬件设备，可以集成更多功能组件，获得更丰富强大的性能，因而成为高性能设备的最佳载体。

目前，带有 AR 功能的智能头盔正在研发中，这种头盔装有透明的显示面板，并且采用实感技术（Real Sense），能够模仿人眼完成立体成像（图 8-6）。这个系统利用红外传感器进行三角定位，收集场景中物体的距离信息，可以感知周围环境情况，并绘制、重建出 3D 环境地图。当工作环境内有多人共同作业时，每个人佩戴的头盔收集的数据可以互相连通，并汇总重建出该区域完整的 3D 地图。可以在重建的 3D 地图上标识出正在运行设备的具体状态，当操作者靠近危险源时，在头盔的显示面板上能获得安全警告信息。

另外，头盔可以独立运行 BIM 软件，从而帮助工作人员识别复杂的建筑结构，标识出工作区域;也可以识别出设备，在头盔上提供设备安全使用指南。遇到施工作业问题时可以与专业技术人员进行实时远程连线，得到及时准确的专业技术支持，大幅度提高工作效率及生产质量。同时，工作人员也可以使用头盔进行模拟训练，在作业前查看施工计划、安全注意事项等，或者利用模拟施工图像提前熟悉施工部位。由于头盔可以内置容量较大的电池，这种智能头盔能够满足长时间室外作业需求。

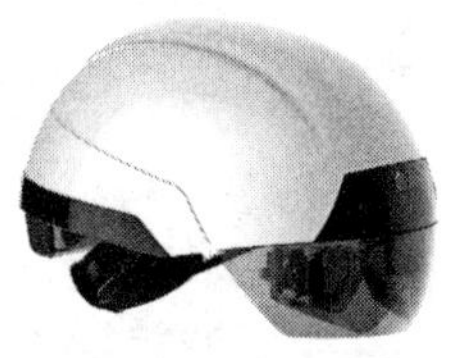

**图 8-6　带有 AR 辅助显示的智能头盔**

## 8.2　机器人

机器人是指一种能够半自主或全自主工作的智能机器，可以辅助甚至替代人类完成危险、繁重、重复的工作，提高生产效率和质量。机器人科学的研究发展过程，可以说是从“机器”逐渐转变到“人”的过程。而在这个过程的不同阶段，可以把机器人分为三代。第一代机器人完全由内部存储的程序控制进行操作，每一次执行程序都是重复完全相同的操作，被称为示教再现机器人。一旦工作环境发生变化，就需要人工介入，重新进行程序设计以适配新的工作场景。这代机器人与后两代机器人的区别是不具备对环境的感知能力，无法对环境变化做出反馈。在第一代机器人的基础上，第二代机器人具备了对环境的感知能力，并逐步从程序化向智能化进步。这种机器人通常配备了一种或几种感觉传感器，具备与之对应的感觉能力，例如视觉、触觉、听觉等，可以观察到物体的形状，感受力的大小和相对滑动等信息，并由内置的计算机系统进行分析处理，在无人干预下做出相应动作，因此被称为离线编程机器人。但是这种智能机器人大多也只是根据人类对智能的理解，配合神经网络模型、遗传算法和数据训练让机器模拟智能，从而达到能够学习完成某一类别任务的目的，同时其装备的传感系统也存在局限性，因此不能在未受人类编程设计的其他任务类别中进行自主学习并创造出新的能力，工作能力并不具有普适性。理想的第三代机器人则是一种具有通用能力，装备更全面、更灵敏的传感器系统，可以自主对事物进行认知学习的人工智能机器。这种机器人可以对感知到的所有环境信息进行分析，在“思考”后做出与之相适应的反馈，可以完成复杂的任务。而且这种机器人可以随着时间不断成长，根据积累的经验进行归纳总结，不断进行优化，能在无人干预的情况下自主学习完成任务。随着人工智能技术的不断发展，理论和技术不断成熟，这类机器人已经初具雏形，但是仅停留在用于沟通交流的阶段，而要把这类机器人应用到生产服务中，除了人工智能算法以外，机械控制、材料等技术都仍有很长的路要走。

### 8.2.1 机器人在制造业的应用

历经几十年的发展，在众多制造业领域中，工业机器人已经显示出其强大的作用，其中应用最广泛的领域是汽车及汽车零部件制造，而在机械加工、电子电气、橡胶塑料、木材家具等制造行业中，切割、焊接、打磨、喷涂、搬运等功能的机器人也已经被大量采用。工业机器人的应用不仅降低生产管理难度，降低生产成本，提高生产效率，还能减少由于工人工作失误带来的潜在安全风险，见图 8-7。

随着消费升级，千篇一律的量产商品已经难以满足日益增长的个性消费需求，多样化、定制化生产是消费品新的利润增长点，因此柔性生产是制造业的必然趋势。而传统工业机器人难以满足新的生产需求，在这种背景下，协作机器人被开发出来以适应新的生产方式。这种机器人可以在高质量完成重复流程的基础上，实现灵活、便捷的功能调整；并具备完善的传感系统，不仅可以感知生产对象，也可以识别协同工作的人员，保证与人交互的安全性，避免产生人身伤害。这使得人和机器人可以在生产线上配合工作，充分发挥机器的效率和人的灵活性，以较低成本实现灵活、快速的工业产品生产，见图 8-8。

图 8-7　混凝土 3D 打印机器人正在打印曲面结构

图 8-8　人机协作机器人

### 8.2.2　机器人在建筑业的应用展望

尽管在制造业中，工业机器人已经得到大范围应用，然而其应用多半是在结构化的环境中执行某一类特定类型的任务，其面临操作灵活性不足、感知与实时作业能力弱等问题。不同于制造业的流水线生产作业，建筑业的施工过程绝大部分是在室外环境中进行，且造型多变、尺寸重量也远大于工业产品，这让机器人技术在施工中的应用受到更严苛的考验。

目前受限于机器人科学技术，机器人在建筑业的应用还处于非常早期的阶段。能够在施工现场正式使用的机器人，进行的仍然是复杂程度较低的辅助性作业任务。

2015年以来，为推动建筑业标准化、数字化改革，提高工程质量，降低对环境的影响，装配式建筑的规划密集出台，显然装配式建筑是建筑行业工业化改革的主要发展方向。装配式建筑的构件一般经由工厂标准化浇筑生产后运至项目现场以降低物料成本，提高施工效率，而工业机器人则是这种工业化生产线上的完美解决方案。这种重复、标准化的生产方式对机器人的技术需求较低，机器人在生产时可以严格遵照统一标准进行操作，保证生产出的构件质量稳定。构件现场安装相比现浇混凝土是一种更加结构化的施工方式，这也将成为机器人在建筑业得以广泛应用、解放劳动力的重要场景。

除了与建筑主体结构搭建、浇筑直接相关的生产环节，在施工现场其他配套作业项目上，机器人也已经在部分岗位就任。移动式测量机器人，也叫作自动全站仪，由观测仪器、计算机、集成传感器和移动系统构成。这种机器人可以完成自动行驶、自动调平、自动设站、自动测量等功能，能够在施工现场进行自主测绘工作，并将测绘数据上传至服务器绘制成图，工作人员无需出门即可查看测绘进度和测绘成果。由于工程现场多种机械设备运行，地面多有开挖，部分位置人工测绘难以到达或者存在安全隐患，测量机器人在此时可以替代测绘人员完成工作，保障人员安全。另外，测量机器人也可以从事固定点监测工作，对固定位置进行定时观测，精度可达毫米级。当开挖的边坡、基坑等短时间发生明显形变时，可以发出警报，提醒工作人员及时处理，避免事故发生。

此外，建筑施工作业后，一般会在施工现场留下许多建筑垃圾，人工清理费时费力，同时大量施工后的粉尘会影响施工人员的身体健康。建筑清洁机器人，可以在施工完成后替代工人进行清洁打扫工作，既不会与施工作业流程产生冲突影响施工进度，又能高效完成施工现场的清洁工作。

在室内装饰方面，涂料喷涂、地砖铺贴等机器人也已经得到工程应用。这类机器人的应用可以减少工人在高粉尘、有害气体等的环境中的暴露时长，还有长时间重复劳动对肌肉的损伤，降低施工作业对工人身体健康的危害，同时提高了施工作业的质量及效率。

在建筑施工现场，建筑材料、施工设备的搬运在所难免，人工搬运物料单次数量少、速度慢，工人体力消耗大，影响工人施工作业效率和质量。搬运机器人在施工工地的使用，可以替代人力劳动，无论是钢结构构件还是混凝土材料，搬运机器人都能够完成搬运工作。此外由于机器人严格按程序工作，可以让施工现场的物料堆放更标准，便于工地的材料和设备管理，也能与其他搬运吊装机械设备更好地配合，避免施工人员受到重物意外伤害。

## 8.3 深度学习

目前互联网产业迅猛发展，数据规模不断增加，大数据时代已经到来，在计算机性能不断提升的基础上，深度学习有了发展的土壤。深度学习是一种基于对数据进行表征学习的算法，可以使用非监督式或半监督式的特征学习和分层特征提取高效算法替代人工获取特征的过程，也就是说，可以让算法自己学习如何对数据特征进行获取和分类，找出数据的隐藏模式或内在结构。相比传统的机器学习，深度学习通常可以得到更理想的结果，然而算法自主学习提取出的特征，只存在于数字空间，超出人类所能理解的范畴，因此想对这种特征进行优化难度很高。

与传统机器学习相比，深度学习在数据较少的情况下，并不能表现出更加优越的性能，然而作为复杂系统的代表，提供充足的数据量训练后，深度神经网络的表现将显著强于传统算法，并且性能可以随着数据量的增加而不断增强。此外，深度学习使用的人工神经网络更大的潜力在于理论上可以以任意进度逼近任意复杂度的连续函数，也就是说，只要能提供足够的数据和算力，理论上足够复杂的人工神经网络可以解决任何类型的问题。

### 8.3.1 深度学习在其他行业的应用

1. 计算机视觉缺陷检测

计算机视觉经过数十年的发展，已经成为人工智能各类别研究中最成熟、应用最广泛的技术。在工业上，计算机视觉已经被广泛用于产品外观缺陷检测。在工业产品生产过程中，产品表面往往容易出现划伤、凹坑、粗糙、波纹等外观缺陷，人工检测效率低且难以满足日益提高的精度要求。计算机视觉缺

陷检测系统能实时对产品进行高速扫描，形成高分辨率的图像素材进行实时识别处理，精准捕捉产品表面各种缺陷，并实现自动报警、自动报表、质量分析和配合机械臂自动分拣处理等功能，有效提高缺陷检出效率和准确率，见图 8-9。

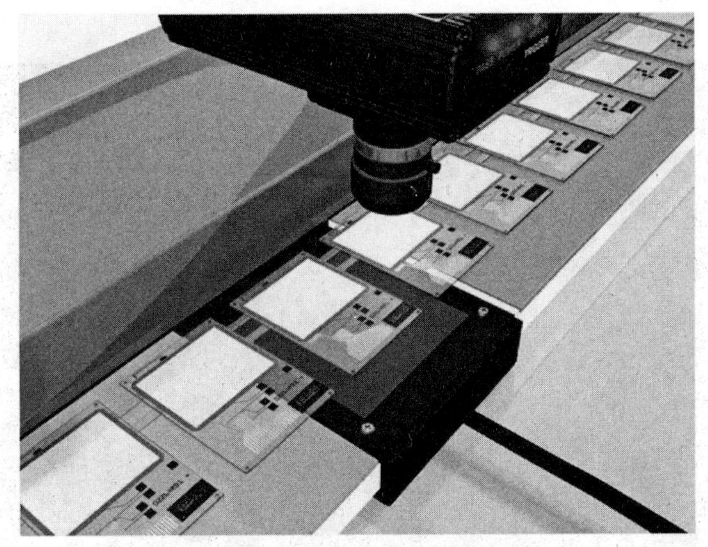

**图 8-9　计算机视觉识别工件缺陷**

2. 医疗诊断

面对医疗资源严重不足的现状，人工智能技术可以给医疗领域带来许多改变，为更多的人提供医疗服务。近年来，随着医疗技术的发展，可以用来训练算法的病理样书数量不断增加，采集的病理数据类型也在不断丰富。在使用充足医疗数据样本对机器学习算法进行训练后，可以结合医疗档案中病人的历史身体指标、过往病史等数据进行分析，对病人未来的身体状况发展进行预测，使医生能给出更合理的治疗方案。此外，在诊疗时利用计算机视觉技术，可以对病人影像资料进行分析，判断病变组织位置，甚至可以根据多维度图像对其进行三维可视化重建，在不影响病体的情况下为诊疗过程提供更加丰富的图像信息，确保治疗过程的准确可靠。

例如在新冠肺炎疫情早期，针对部分医生看片经验不足和医疗资源紧张的情况，使用AI技术的“新型冠状病毒肺炎智能辅助筛查和疫情监测系统”可以为医生在看片时提供辅助判断信息，提高诊断速度，降低疫情扩散的风险。此外，该系统还能根据CT片测算新冠肺炎严重程度，辅助医生制定符合病症的诊疗方案，提高新冠肺炎诊疗质量。在该系统中还可以对前后CT片进行对比和智能计算，方便医生进行病程管理和疗效评估，见图8-10。

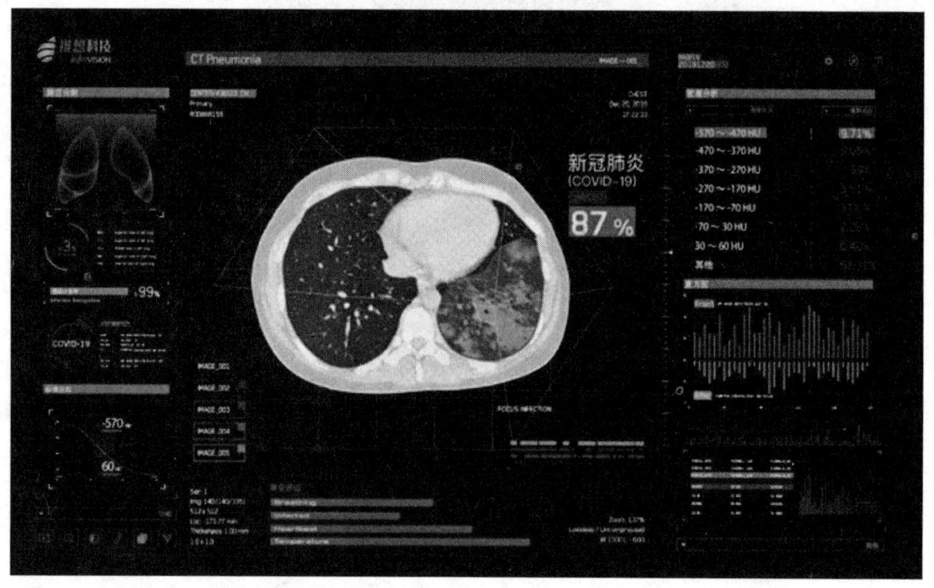


**图8-10　计算机视觉辅助新冠肺炎筛查（图片来源：推想科技）**

### 8.3.2　深度学习在建筑业的应用展望

建筑业的信息化、数字化转型核心在于BIM技术的应用，建筑全生命周期的所有信息都可以汇集在BIM平台中展现，建筑工地中所有施工人员、工程机械和建筑材料都将源源不断地产生数据，然而这种前所未有的巨大数据量已经超出人工处理的最大能力限度。要对这些数据、信息进行实时分析处理用以辅助建筑业生产，唯一的解决方案就是使用人工智能技术，而且随着数据量的逐步积累，人工智能将越来越高效、准确。

2020年，AI审图产品已经开始试点运行，通过将图纸信息数字化，结合图像处理和深度学习技术，AI审图产品可以智能识别图纸中的设计信息，并结合设计标准等要求，快速发现设计错误或缺陷，自动完成图纸审查，提高审图效率。但是在建筑业施工过程中，与设计工作的过程截然不同，大部分作业都在高度非结构化的环境中进行。受限于技术水平和使用成本，目前得以应用机器学习的基本属于高度结构化的任务。因此目前在建筑业施工过程中应用的机器学习技术也都暂时集中在施工过程中结构化的工作要素，尤其是安全要素。

在建筑业施工现场，出入工地人脸识别实名考勤、安全设备合规使用、工地异常情况检测等安全监控功能已经通过计算机视觉技术得到广泛的成熟应用。随着技术的进一步发展，机器学习将在建筑工地中有新的突破。例如结合大数据与 BIM 模型，对建设周边的地形进行完整分析预测，将原本需要人工实地考察的施工组织工作，由 AI 系统产生多种解决方案，达到效率最优、成本最佳的效果；通过对施工现场影像资料和语音进行分析，AI 系统可以动态识别或预测潜在危险，给施工人员提出警告；施工现场物料种类繁杂、数量众多，使用 AI 技术可以对进场物料进行自动识别归类，形成进场物料报表以便于现场物料管理；另外在结构设计方面，AI 系统能对结构模型进行分析，预测结构缺陷或者薄弱点并给出加固方案，使建筑物更加可靠；同样，AI 系统能对建筑物内部机电管线布置进行规划，探究多种可能性并得出最优方案，快速建立管线 3D 模型，保证管线施工和检修能安全顺利进行；在健康监测领域，机器学习也正在迅速发展，利用可穿戴设备对现场施工人员身体状况进行实时监测，可以给出预警信息，防止疲劳作业导致的安全隐患。

## 8.4 自动驾驶和远程控制

### 8.4.1 自动驾驶技术在建筑业的应用展望

比起备受关注的乘用车自动驾驶，商用卡车的自动驾驶则是在大众视野外默默发展。相比乘用车，卡车的运行路线更加固定，这为自动驾驶落地商用提供了很好的条件。截至 2020 年，国内的卡车企业已全部对自动驾驶领域进行相关场景布局。

在建筑业施工中，建筑材料、建筑废料都会大量进出工地，物料运输对施工有着非常大的影响。自动驾驶卡车能避免工地中的交通混乱，减少调度管理工作，也能带来更高的物流效率，减少因为物料短缺导致的工期推迟。

此外，自动挖掘机也已经被研发出来（图 8-11），这种挖掘机的感知模块集成了多种传感器，可以对 3D 环境进行感知并识别材料种类。实验中该挖掘机可以在无人干预下连续工作 24h 以上，每小时挖掘量 67.1m$^3$，与人工操作的效率相当。这种挖掘机系统的应用可以极大地提高工程作业效率，也能减少恶劣环境下操作人员的安全风险。

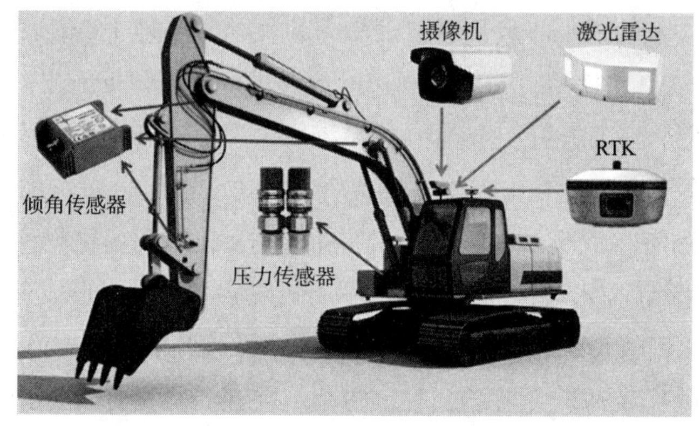


**图 8-11　自动挖掘机系统**

### 8.4.2　远程控制技术在建筑业的应用展望

施工现场的大型机械设备通常都是施工危险源，容易对作业人员产生人身伤害；同时机械设备的部署位置也通常存在安全风险，威胁操作人员的人身安全，比如塔式起重机驾驶员需要爬上高处并在驾驶舱中长时间作业，挖掘机经常在复杂地形上作业等。

近 10 年来，4G、5G 无线通信技术得到不断的发展，无线传输带宽飞速增长、网络延迟大幅优化，这为机械设备实现远程控制奠定基础。目前，已经有厂商推出可以对接多种机械设备的远程遥控硬件，其操作台包含显示屏和操作装置，通过无线网络连接机械设备上的电控系统和传感器，在 5G 网络环境下能够实现图像延迟不超过 20ms、操作延迟不超过 150ms 的优越性能，遥控距离甚至可以超过 2500km。在同一操作台上，可以随时切换操控不同的工程机械并自动匹配适应的操作方式（图 8-12）。此外，这种系统还能通过一系列智能辅助技术帮助操作人员判断环境景深、监测周边人员，提高作业效率，防范安全风险。利用这种设备远程遥控，操作人员不再需要进入施工现场完成作业任务，而是可以在后方安全的环境中对机械进行操控；对管理人员而言，机械设备的实时运作情况不再难以触及。

**图 8-12　双屏机械设备遥控操作台**

# 参考文献

[1] 丁烈云 . 数字建造导论 [M]. 北京：中国建筑工业出版社，2019.

[2] 毛志兵，李云贵，郭海山 . 建筑工程新型建造方式 [M]. 北京：中国建筑工业出版社，2018.

[3] 牛慧硕 .BIM 技术在装配式建筑中的应用 [J]. 居业，2020（10）：154-156.

[4] 刘占省，史国梁，孙佳佳 . 数字孪生技术及其在智能建造中的应用 [J]. 工业建筑，2021，51（03）：184-192.

[5] 林建昌，何振晖，林江富，吴晓伟 . 基于 BIM 和 AIoT 的装配式建筑智能建造研究 [J]. 福建建设科技，2021（04）：120-123.

[6] 黄毅 . 关于安全发展的哲学思考——学习总书记关于安全生产重要论述的体会 [J]. 中国安全生产，2018.

[7] 杨致远 . 我国建筑企业的安全风险及管理体系研究 [D]. 武汉工程大学，2014.

[8] 冯浩 . 浅析建设工地远程数字化管理的应用 [J]. 绿色环保建材，2020.

[9] 国务院建设工程安全生产管理条例 [G]. 中华人民共和国国务院，2003.

[10] 中华人民共和国住房和城乡建设部办公厅 . 推广使用房屋市政工程安全生产标准化指导图册 [G]. 中华人民共和国住房和城乡建设部，2019.

[11] 杨勋 . 超高层建筑施工实测实量质量控制 [J]. 中国房地产业，2015，（4）（08）：138.

[12] 中国人大网 . 中华人民共和国安全生产法（第三次修正）[G]. 全国人民代表大会常务委员，2021.